防汛抗旱
行政首长培训教材

国家防汛抗旱总指挥部办公室　编著

中国水利水电出版社
www.waterpub.com.cn

内 容 提 要

本书从我国水旱灾害特点入手，分析了防汛抗旱存在的主要问题，按照中央水利工作方针和治水新思路，阐述了新时期防汛抗旱思路。作者从我国防汛抗旱实际出发，全面、系统地介绍了我国防汛抗旱工作的基本情况、防汛抗旱指挥机构及行政首长责任制、防汛工作程序、抗旱工作程序、防汛抗旱基本知识、防灾减灾措施、防汛抗旱有关法律法规、全国典型防汛抗旱案例等，还收录了防汛抗旱有关法律法规、重要防汛抗旱会议文件汇编。

本书立足于实效性和实用性，对提高各级行政首长防汛抗旱指挥决策能力具有积极作用。

本书可作为各级防汛抗旱行政首长的培训教材，也可供各级防汛抗旱部门及相关部门的工程技术人员阅读参考。

图书在版编目（CIP）数据

防汛抗旱行政首长培训教材/国家防汛抗旱总指挥部办公室编著 . —北京：中国水利水电出版社，2006（2017.4重印）
ISBN 978-7-5084-3599-2

Ⅰ.防… Ⅱ.国… Ⅲ.①防洪-干部教育-教材②抗旱-干部教育-教材 Ⅳ.TV87 S274

中国版本图书馆 CIP 数据核字（2006）第 011138 号

书　　名	**防汛抗旱行政首长培训教材**	
作　　者	国家防汛抗旱总指挥部办公室　编著	
出版发行	中国水利水电出版社	
	（北京市海淀区玉渊潭南路 1 号 D 座　　100038）	
	网址：www. waterpub. com. cn	
	E-mail：sales@waterpub. com. cn	
	电话：（010）68367658（营销中心）	
经　　售	北京科水图书销售中心（零售）	
	电话：（010）88383994、63202643、68545874	
	全国各地新华书店和相关出版物销售网点	
排　　版	中国水利水电出版社微机排版中心	
印　　刷	北京嘉恒彩色印刷有限责任公司	
规　　格	184mm×260mm　16 开本　16.25 印张　301 千字	
版　　次	2006 年 3 月第 1 版　2017 年 4 月第 11 次印刷	
印　　数	32601—35600 册	
定　　价	**49.00 元**	

凡购买我社图书，如有缺页、倒页、脱页的，本社营销中心负责调换

版权所有·侵权必究

《防汛抗旱行政首长培训教材》
编写委员会

主　　　任　张志彤

副　主　任　田以堂　程殿龙　邱瑞田　李坤刚

委　　　员　（按姓氏笔画排列）

丘汀萌　巨安祥　刘学峰　张家团

张效武　沈新平　肖坤桃　周一敏

周　毅　徐英三　陶庆学　程启竟

詹晓安

主　　　编　周一敏　肖坤桃

副　主　编　王章立　朱　毅

参加编写人员　（按姓氏笔画排列）

万群志　刘　斌　成福云　李兴学

杨卫忠　杨名亮　杨　昆　沈寿珊

姚文广　赵会强　聂芳容　贾　汀

序

  我国幅员辽阔，地形地貌复杂，气候多变，自然灾害频繁，史书记载，不绝于笔，其中尤以洪涝干旱灾害最为严重。据统计，我国自公元前 206 年至 1949 年的 2155 年间，发生较大的洪水灾害 1092 次，发生较大旱灾 1056 次，平均每年发生一次。千百年来，人们就在与洪水旱魔抗争中求生存、谋发展。

  从人与水的关系上看，在历史长河中，我国的防汛抗旱活动大体上经历了两个阶段，即以人类适应自然为主要特征的远古洪荒时代和以人类改造自然为主要特征的近现代。远古时代，人类发展处于初始阶段，生产力水平低，认识自然、改造自然的能力有限，人类更多的是惧怕水，许多地方甚至把水尊为神，一旦洪水来临，人类以躲避洪水为主，"择丘陵而处之"。随着人类认识水平、生产力水平的提高，人类改造自然的意愿和能力随之增强。在洪涝、干旱等自然灾害面前，逐渐总结、采取一些措施，从而修建水利工程控制洪水、蓄水备旱、引水抗旱，达到抵御洪水侵扰、减少洪旱损失的目的。这个阶段是一个异常艰难、复杂和漫长的过程，它的实质是试图调整人与洪水、人与干旱、人与自然的关系。在强大的自然界面前，作为个体的人当然显得渺小和微不足道，于是人们不得不动员起来、组织起来，用群体的力量和智慧来抵御洪旱自然灾害。

  人类发展到现代，从整体上看，防汛抗旱处在第二阶段。一方面，人们对洪水、干旱等自然灾害的认识更加深刻，所采用的抵御水旱灾害的手段更加科学；另一方面，基于现代社会组织体系的要求，人们的分工越来越细，对国家的依赖越来越强，因而面对自然灾害，动员和组织社会一切力量有效地防灾减灾，则是一种必然。长期的实践和经验表明，在我国防汛抗旱已成为各级政府的一项重要工作职责，《中华人民共和国防洪法》明确的以行政首长负责制为核心的一整套防汛抗旱责任制是行之有效的。

  在防洪实践中，人们也在不断反思、总结对待洪水、对待自然方面的成败得失，不断调整人与自然的关系。1998 年大洪水后，党中央、国务院提出了新时期的治水方针，水利部也确立了新的治水思路，并进行了一系列富有成效的治水实践。在防汛抗旱上，提出了"两个转变"的新思路，即坚持防汛抗旱并举，实现由控制洪水向洪水管理转变，由单一抗旱向全面抗旱转变，为我国经济社会全面、协调、可持续发展提供保障。"两个转变"的实质是在继承过去防汛抗旱成功经验的基础上，遵循"人与自然和谐相处"的理念，坚持以人为本，承担适度风险，有效规范人类活动，合理利用雨洪资源，扩大抗旱领域，增加抗旱手段，变被动抗旱为主动抗旱。

"两个转变"的提出，为实现人与自然和谐相处提供了实现途径，同时也对进一步做好新时期防汛抗旱工作提出了更高要求。其中最重要的是，各级政府要在全面履行以行政首长为核心的防汛抗旱责任制的同时，围绕"两个转变"，统筹决策，科学调度。正是基于这样的新形势和新要求，国家防汛抗旱总指挥部办公室组织一批专家学者和防汛抗旱一线人员，专门编写了这本实用的培训教材。该书全面总结了我国防汛抗旱方面的成功经验，系统阐述了以行政首长为核心的防汛责任制的主要内容和基本要求，特别是围绕"人与自然和谐相处"的目标，重点阐述了"两个转变"要解决的突出问题。相信本书的出版，对各级领导了解防汛抗旱工作、熟悉防汛抗旱知识、指挥防汛抗旱斗争具有较高的参考价值。

2006. 2. 11

前　言

　　洪涝和干旱灾害是我国危害最大、造成损失最严重的自然灾害，是我国国民经济和社会持续发展的心腹之患。防御水旱灾害，减少灾害损失，关系到社会安定、经济发展和生态与环境的改善。

　　中华人民共和国成立以来，中国共产党和政府领导全国人民进行了大规模的水利建设，在防洪抗旱减灾方面成绩斐然。各主要江河基本形成了以水库、堤防、蓄滞洪区或分洪河道为主体的拦、排、滞、分相结合的防洪工程体系和水文预测预报等防洪非工程体系，防洪减灾效果明显；同时，兴建了大量的蓄水、引水、提水工程，形成了比较完善的供水保障体系，提高了抗御旱灾的能力。

　　尽管我国在防御洪涝和干旱灾害方面做出了很大努力，并取得巨大成就，但由于自然、社会和经济条件的限制，我国现在的防洪抗旱减灾能力仍较低，江河和城市防洪标准普遍偏低，不能适应社会、经济迅速发展的要求，防灾减灾仍是一项长期而艰巨的任务。

　　编写本书的目的，旨在向各级行政首长介绍防汛抗旱工作程序和普及防汛抗旱减灾的基本知识，以期提高行政首长的防汛抗旱指挥决策能力。全书共分八章，分别介绍了我国防汛抗旱工作的基本情况、防汛抗旱指挥机构及责任制、防汛工作程序、抗旱工作程序、防汛抗旱基本知识、防灾减灾措施、防汛抗旱有关法律法规和防汛抗旱案例。

　　在本书的编写过程中，参考了国家防汛抗旱总指挥部办公室编写的《防汛手册》、《中国防汛抗洪指南》及湖南、浙江、陕西等省防汛抗旱指挥部办公室编写的有关技术手册和基本资料，水利部淮河水利委员会防汛办公室和湖北、安徽、上海、四川等省（直辖市）防汛抗旱指挥部办公室为本书提供了许多资料。在本书的编写过程中，刘宁、朱尔明、赵春明、杨淳、翟家瑞、李宪文、赵宝玉、朱元生、赵英林、王先甲、曹生荣等专家、教授参与了审查和修改，提出了许多宝贵意见，在此一并向他们表示衷心的感谢。

本书立足于实效性和实用性，可作为各级防汛抗旱行政首长的培训教材，也可供各级防汛抗旱部门及相关部门的工程技术人员参阅。由于编写时间仓促，书中不妥之处在所难免，敬请广大读者给予批评指正。

编者

2006 年 1 月

目　　录

序

前言

第一章　我国防汛抗旱工作的基本情况……………………………………… 1

　　第一节　自然地理气候及水旱灾害特点 ……………………………… 1

　　第二节　水旱灾害情况 …………………………………………………… 6

　　第三节　防汛基本情况 …………………………………………………… 10

　　第四节　抗旱基本情况 …………………………………………………… 15

　　第五节　防汛抗旱工作成就 ……………………………………………… 21

　　第六节　防汛抗旱工作经验 ……………………………………………… 24

　　第七节　防汛抗旱工作思路 ……………………………………………… 25

第二章　防汛抗旱指挥机构及责任制 ………………………………………… 33

　　第一节　概述 ………………………………………………………………… 33

　　第二节　防汛抗旱组织机构 ……………………………………………… 33

　　第三节　防汛抗旱指挥机构的职责和权限 …………………………… 35

　　第四节　防汛抗旱指挥部各成员单位的职责 ………………………… 37

　　第五节　防汛抗旱责任制 ………………………………………………… 39

　　第六节　责任状的签订 …………………………………………………… 43

　　第七节　表彰与处罚 ……………………………………………………… 45

第三章　防汛工作程序 …………………………………………………………… 47

　　第一节　汛前准备 ………………………………………………………… 47

　　第二节　防汛会商与决策 ………………………………………………… 52

　　第三节　防汛调度与抢险指挥 …………………………………………… 60

　　第四节　人员安置和灾后重建 …………………………………………… 65

　　第五节　总结 ………………………………………………………………… 71

第四章　抗旱工作程序 …………………………………………………………… 75

　　第一节　抗旱工作准备 …………………………………………………… 75

第二节　旱情监测及墒情预报 ………………………………………………… 79

第三节　抗旱会商 …………………………………………………………………… 81

第四节　抗旱调度 …………………………………………………………………… 81

第五章　防汛抗旱基本知识 ………………………………………………… 83

第一节　气象知识 …………………………………………………………………… 83

第二节　水文知识 …………………………………………………………………… 95

第三节　防汛知识 ………………………………………………………………… 103

第四节　抗旱知识 ………………………………………………………………… 115

第五节　台风灾害知识 …………………………………………………………… 125

第六节　山洪灾害知识 …………………………………………………………… 127

第六章　防灾减灾措施 …………………………………………………………… 130

第一节　防洪工程措施 …………………………………………………………… 130

第二节　防洪非工程措施 ………………………………………………………… 133

第三节　抗旱工程措施 …………………………………………………………… 136

第四节　抗旱非工程措施 ………………………………………………………… 139

第五节　台风灾害的防御措施 …………………………………………………… 144

第六节　山洪灾害的防御措施 …………………………………………………… 146

第七节　防汛抗旱决策指挥系统 ………………………………………………… 149

第七章　防汛抗旱有关法律法规介绍 ……………………………………… 155

第一节　法律 ……………………………………………………………………… 155

第二节　行政法规 ………………………………………………………………… 157

第三节　部门规范性文件 ………………………………………………………… 158

第八章　防汛抗旱案例 …………………………………………………………… 159

第一节　洪水调度 ………………………………………………………………… 159

案例1:1998年长江隔河岩、葛洲坝等水库(水利枢纽)联合调度 ………… 159

案例2:1983年汛期丹江口调度 ………………………………………………… 161

案例3:2003年淮河洪水调度 …………………………………………………… 163

第二节　山洪防御 ………………………………………………………………… 165

案例4:湖南省防御和治理山洪灾害的总结与反思 …………………………… 165

第三节　防凌 ……………………………………………………………………… 170

案例5:1993～1994年度黄河宁蒙河段防凌 …………………………………… 170

第四节　防台风 …………………………………………………………………… 172

案例6:浙江省抗御9711号台风 ………………………………………………… 172

第五节　紧急防汛期 ································· 175

案例 7：2003 年淮河流域紧急防汛期 ········· 175

第六节　险情抢护 ································· 177

案例 8：长江干流九江大堤堵口抢险 ········· 177

案例 9：长江武汉丹水池漏洞抢险 ········· 180

案例 10：青海省沟后水库垮坝失事 ········· 182

案例 11：湖南省郴州市四清水库抢险 ········· 183

第七节　河道清障 ································· 185

案例 12：武汉市外滩花园清障情况 ········· 185

第八节　抗旱应急调水 ································· 186

案例 13：引黄济津应急调水 ········· 186

案例 14：引岳济淀生态应急补水 ········· 188

案例 15：珠江流域压咸补淡应急调水 ········· 189

附录　防汛抗旱法律法规及规范性文件 ········· 192

一、《中华人民共和国水法》 ················· 192

二、《中华人民共和国防洪法》 ················· 204

三、《中华人民共和国防汛条例》 ················· 215

四、《中华人民共和国水库大坝安全管理条例》 ········· 222

五、《中华人民共和国河道管理条例》 ········· 226

六、《蓄滞洪区运用补偿暂行办法》 ········· 232

七、《特大防汛抗旱补助费使用管理办法》 ········· 236

八、《中央级防汛物资储备及其经费管理办法》 ········· 240

九、《各级地方人民政府行政首长防汛抗旱工作职责》 ········· 243

十、《国家防总关于加强山洪灾害防御工作的意见》 ········· 245

参考文献 ································· 248

第一章　我国防汛抗旱工作的基本情况

第一节　自然地理气候及水旱灾害特点

我国幅员辽阔，江河纵横，地理环境复杂，山地、丘陵、高原占国土面积比例高，地势落差大，地形复杂多样，自然气候变异强烈。南北方、东西部自然地理气候条件差异很大。从地理气候环境看，我国受季风的影响大，降雨量分布呈空间上的不均衡性、时间上的不平衡性和年际间的不稳定性，一年中降水季节分布不均，有明显的汛期和枯水期。全国大部分地区全年降水量主要集中在汛期，特别是北方的一些河流年降水量更是集中在汛期，甚至集中在一两场暴雨，极易形成洪水。从地域来看，我国相当一部分地区非旱即涝，旱涝交替发生，水旱灾害严重而又频繁。北方大部分地区旱情频繁，东北、西北、华北地区十年九旱；长江以南地区洪涝灾害严重，几乎年年都有，只是程度不一而已，有的年份还出现严重的伏旱；东南沿海受台风影响，风暴潮的危害极大。我国中、东部地区处于东亚季风的强烈控制下，它的进退、强度、时限成为我国大面积干旱和洪涝灾害的根本原因。就全国而言，不同的地区和不同的季节，每年都会不同程度地发生水旱灾害，防汛抗旱任务十分艰巨。

一、自然地理气候

（一）地形、地势

我国地形复杂，山地、高原和丘陵占有很大比重。海拔在 500m 以下的地域仅占全国陆地面积的 16%，海拔在 500～1000m 之间的约占 19%，海拔在 1000～2000m 之间的约占 28%，海拔在 2000～5000m 之间的约占 18%，而海拔超过 5000m 的达 19%。我国整个地势西高东低，自西向东按高程分为三级阶梯。最高的一级是西南部的青藏高原，平均海拔为 4500m，面积约 250 万 km²，为世界上海拔最高的高原，降水稀少。第二级阶梯在青藏高原以北和以东，地面高程迅速下降到海拔 1000～2000m，浩瀚的高原与广阔的盆地相间分布，包括有云贵高原、黄土高原、内蒙古高原、四川盆地、塔里木盆地、准噶尔盆地等，这一阶梯的年降水量较青藏高原明显增多。第三级阶梯在大兴安岭、太行山、巫山及云贵高原东缘一线以东，由海拔 1000m 以下的丘陵和

200m 以下的平原交错分布，自北至南有东北平原、华北平原、长江中下游平原、珠江三角洲等。这一地带夏季风活动频繁，降水量丰沛，经济发达，人口密集，是我国重要的工农业基地。

（二）山脉

我国的山脉按其走向的不同，可大致分下列三个体系。

（1）东西走向的山脉。包括天山—阴山—燕山山系、昆仑山—秦岭—大别山山系、喜马拉雅山以及南岭等。天山山脉阻挡了来自西北大陆的水汽。秦岭是我国南方和北方气候不同特点的分界。秦岭以南气候温暖，降水十分充沛。

（2）南北走向的山脉。包括贺兰山、六盘山、西南横断山脉等。横断山脉阻挡来自孟加拉湾的水汽东进，西侧降水大于东侧。

（3）西南—东北走向的山脉。主要有长白山、大兴安岭、太行山、巫山、武夷山等。这些山脉拦阻来自东南方海洋的水汽，降雨量较多，且易形成暴雨中心。

这些山脉与山间的高原、盆地、平原等纵横交错，形成了许许多多大小不等的网格状地貌组合。水汽输送受其影响，使我国降水分布形成大尺度带状的特点。

（三）河流、湖泊

我国江河众多，流域面积为 100km² 以上的有 5 万多条，其中流域面积在 1000km² 以上的有 1500 多条；流域面积在 10000km² 以上的有 79 条。绝大多数河流分布在我国东部和南部。我国较大的河流有：黄河、长江、淮河、海河、辽河、松花江和珠江，统称"七大江河"；还有黑龙江、图们江、鸭绿江、闽江、钱塘江、塔里木河、玛纳斯河、拉萨河、雅鲁藏布江、怒江、澜沧江等江河。

我国天然湖泊遍布全国。长江中下游和淮河流域淡水湖较多，青藏高原和内蒙古、新疆等地多咸水湖。湖泊对调节洪水和影响地区气候环境有重要作用。据初步统计，水面面积大于 1km² 的湖泊有 2305 个（不包括时令湖），其中面积在 1000km² 以上的有 12 个。湖泊总水面面积约 70988km²，约为全国国土总面积的 0.8%，总储水量约 7088 亿 m³。

（四）降水

我国平均年降水量为 648mm，比全球陆地平均年降水量（800mm）少19%，属降雨偏少的国家。

1. 降水量的地区分布

我国平均年降水量自东南向西北变化显著，东南沿海及西南部分地区平均年降水量在 2000mm 以上，黄河流域以北地区 400～600mm，西北地区西部不足 200mm，离海岸线越远，年降水量越小。自大兴安岭向西南穿越张家口、兰州和拉萨北部，一直到喜马拉雅山的东部，为平均年降水量 400mm 的等值线。此等值线西北部为典型的亚洲中部干燥地带，等值线东南部为受季风控制的相对湿润地带。湿润地带中，东北平原年降水量一般为 400~600mm；华北平原年降水量一般为 500~750mm；淮河流域和秦岭山区以及昆明到贵阳一线至四川的广大地区，一般年降水量为 800~1000mm；长江中下游两岸地区年降水量为 1000~1200mm；东北鸭绿江流域约为 1200mm；云南西部、西藏东南角因受西南季风影响，年降水量超过 1400mm。

2. 降水量的季节分配

我国大陆受夏季风进退影响，降水的季节变化大。各地多年平均连续 4 个月最大降水量的分布，在淮河及长江上游干流以北以及云贵高原以西、华北、东北等广大地区，均发生在 6~9 月；江西大部、湖南东部、福建西部和南岭一带发生在 3~6 月；长江中游、四川、广东、广西大部为 5~8 月；黄河中游渭河和泾河一带以及海南岛东部为 7~10 月，其他地区为 4~7 月或 7~10 月。连续 4 个月最大降水量占全年降水量的比值，北方大于南方。如淮河和秦岭以南、南岭以北的广大地区，多年平均连续 4 个月最大降水量占多年平均年降水量的 60%，而北方地区这个比值大部在 80% 以上。降水在过程上集中程度较高的地区，在 7 月、8 月两个月降水量可占全年降水量的 50%~60%，甚至其中 1 个月的降水量可占全年降水量的 30%。这种情况常导致暴雨成灾。

（五）气候

我国位于欧亚大陆的东南部、太平洋的西岸，具有明显的季风气候特点。夏季一般受海洋气流影响，冬季主要受大陆气流影响。每年 9 月、10 月至次年 3 月、4 月间，冬季风从西伯利亚和蒙古高原吹到我国，向东南逐渐减弱，形成冬季寒冷干燥、南北温差很大的气候特点。每年 4~9 月间，大兴安岭、阴山、贺兰山、巴颜喀拉山、冈底斯山一线以东以南的广大地区，受海洋上吹来的暖湿空气的影响，形成高温多雨，南北温差较小的气候。夏季风最盛的 7~8 月份为明显的多雨季节。夏季季风又可分为东南季风和西南季风。来自太平洋的东南季风主要影响中国东部，而来自印度洋的西南季风主要影响中国西南和南部地区。

我国大部季风地区，天气的变化和雨季的移动随着西太平洋副热带高压脊线的西伸、东退、北进和南撤而发展。一般每年 6 月以前，副热带高压脊线位于北纬 20° 以南，雨季于 4 月份在华南形成。自 6 月中旬至 7 月中旬，副热带高压脊线北跳至北纬 25° 一带，雨区也移至长江中下游，江淮地区梅雨开始。7 月中旬后副热带高压移至北纬 30° 附近，雨区北进到淮河以北，黄河流域、华北地区开始进入雨季盛期，即俗称之为"七下八上"时期，此时多发生暴雨。8月下旬以后，副热带高压南撤，降水自北向南逐渐减弱。在上述雨季期间，受西南暖湿气流北上影响，常常会引起长江、淮河流域和华北大范围暴雨。

（六）气温

我国冬季因受极地大陆气团控制，不论南方和北方都比世界上同纬度的其他地区气温低，愈靠北偏低愈多；而夏季气温南北方温差远小于冬季，但都比世界上同纬度的大多数地区气温高，且雨热同期，有利于作物生长。各种作物的种植范围普遍比世界同纬度的其他地区偏北，如水稻可以种植到黑龙江，是世界水稻种植的最北位置。这一地区冬季封冻，地面蒸发减弱，有利于在土壤中蓄存夏秋降雨，在春季化冻后供作物利用。东北平原与华北平原年降水量相近，但东北平原气温较低，蒸发量较小，干旱程度不像华北平原那么严重。

（七）水资源

我国多年平均河川径流量为 27115 亿 m^3，地下水资源量为 8288 亿 m^3，扣除重复水量后，水资源总量为 28124 亿 m^3。

我国河川径流量与降水量相似，年际、年内变化很大，南方地区每年 5～8 月、北方地区每年 6～9 月 4 个月径流量占全年径流总量的 60％～80％，集中程度超过欧美大陆，与印度相似。年际间河川径流量的变化也很大，南方各江河年径流量极值比在 5 以下，而北方河流年径流量极值比可达 10 以上，各大江大河都曾出现过连续枯水年和连续丰水年的现象。

我国水资源的地区分布很不均匀，南多北少，相差悬殊。水资源地区分布与生产力布局不相匹配，与人口、耕地和经济的分布不相适应。淮河及其以北的北方地区，人口占全国总人口的 46.5％，耕地占全国的 65.2％，GDP 占全国的 45.2％，但水资源量只占全国的 19％，人均水资源占有量为 1127m^3，为南方地区的 1/3。

二、水旱灾害特点

我国水旱灾害有以下基本特点。

1. 灾害范围广

我国 2/3 以上的国土面积受到洪涝灾害的严重威胁，而这些地区大都经济相对发达、人口稠密。由于降雨引发的山洪、泥石流、滑坡灾害是造成人员伤亡的主要原因。干旱危害的范围更为广泛，不仅降雨量稀少的西北部地区常常遭受严重旱灾，就是降雨量较多的其他地区，由于雨量集中，年内分配不均，也经常出现季节性干旱。

2. 灾害频率高

据历史记载，自公元前 206 年到 1949 年的 2155 年间，全国发生较大洪水灾害 1092 次，较大旱灾 1056 次，平均每年发生一次较大水灾或旱灾。新中国成立以来，水旱灾害年年都有，据统计，已发生较大洪水 50 多次，发生较大范围的严重干旱 15 次。20 世纪 50 年代出现大灾一次、灾害发生频率（指中灾以上发生频率）为 12.5%；60 年代出现中灾一次、特大灾 2 次，灾害发生频率为 42.9%；70 年代出现中灾 4 次、大灾 2 次，灾害发生频率为 60.0%；80 年代出现中灾 3 次、大灾 4 次，灾害发生频率高达 70.0%；特别是 20 世纪 90 年代的 10 年中，有 6 年发生严重水灾，4 年发生严重干旱，出现中灾 1 次、大灾 5 次、更大灾 2 次、特大灾 2 次，灾害发生总频率❶最高，为 100%，即年年遭灾。一些地区一年之内连续遭受两三次水灾或旱灾，水旱灾害交替的情况也屡屡发生。在上述统计中我们发现，出现灾害的频率在不断提高，出现大灾害以上的频率也在提高。❷

3. 灾害损失重

洪水和干旱是当今世界上发生频率最高和造成损失最大的自然灾害。据联合国统计，每年全世界各种自然灾害的 60% 是洪灾和旱灾。在我国，水旱灾害造成的损失是巨大的。1920 年陕西、河南、河北、山东、山西等 5 省大旱，灾民 2000 万人，死亡 50 万人；1931 年江淮大水，洪灾遍及河南、山东、江苏、湖北、湖南、江西、安徽、浙江等 8 省，淹没农田 973.4 万 hm^2，死亡 40 万人。新中国成立以来，水旱灾害所引起的粮食损失和直接经济损失越来越大。20 世纪 50 年代平均每年因灾害粮食减产约为 380 万 t，占粮食总产量的 2.1%；90 年代平均每年因灾害粮食减产量约为 2300 万 t，相当于 50 年代减产的 6 倍，占粮食总产量的 5.0%。据国家统计局和民政部统计，20 世纪 50 年代因各种水旱灾害造成的直接经济损失平均每年约 480 亿元（1990 年价格，下同），单位面积综合损失值为 21.9 万元/km^2；60 年代平均每年约为 570 亿元，单位面积综合损失值为 32.5 万元/km^2；70 年代平均每年约为 590 亿元，单位面积综合损失值为 58.8 万元/km^2；80 年代平均每年约为 600 亿元，单位面积综合损失值为 121.2 万元/km^2。近年来，国家虽然加大了防洪工程建设的投入，但是洪涝灾害造成的直接经济损失仍然比较严重，与 20 世纪 50～60 年代相比，同等量级洪水淹没面积减少、死亡人口减少，但经济损失有增加的

---

❶　总频率是指中灾以上总次数除以样本年数的百分比。

❷　各类型灾害定义是按不同受灾率定义的（指受灾面积占农作物总面积的比率），26%～30% 为中灾，31%～35% 为大灾，36%～40% 为更大灾，大于 41% 为特大灾。

趋势。20 世纪 90 年代，平均每年受灾人口约 3.8 亿人，成灾人口 2.4 亿人，平均每年因洪涝灾害造成的直接经济损失达 1100 亿元，占当年 GDP 的比例约为 2.38%，其中最高为 1994 年的 3.84%，最低为 1999 年的 1.13%。同期，美国的这一比例在 0.01%～0.05%，日本约在 0.22% 左右。随着我国经济快速发展和人口的增长，水旱灾害造成的经济损失呈上升趋势。

第二节 水 旱 灾 害 情 况

一、洪涝灾害

我国是世界上洪涝灾害最为频繁的国家之一。自古以来，洪涝灾害就是中华民族的心腹之患，历史上有"治国先治水，治水即治国"的名训。据史料记载，黄河在历史上三年两决口，百年一改道。1931 年黄河大水，黄河下游南北两岸共决口 60 余处，受淹面积 6600km²，受灾人口 273 万人，死亡 1.27 万人。

新中国成立后，各级政府加大了投入，全国主要江河初步形成了堤防、水库、蓄滞洪区为主的防洪工程和水文、通信等非工程措施结合的防洪减灾体系，江河防洪能力有了较大提高。但随着经济发展，人口的增长，固定资产的积累，洪涝灾害损失呈上升趋势。详见表 1-1 和图 1-1，1950～1989 年数据出自《中国水旱灾害》（中国水利水电出版社，1997），1990 年后数据来自国家防汛抗旱总指挥部办公室（以下简称国家防总办公室）统计。

表 1-1　　　　　　　　　　1950 年以来洪涝灾情

年 份	洪涝受灾面积（万亩）	洪涝成灾面积（万亩）	死亡人口（人）	直接经济损失（亿元）
1950	9838	7065	1982	
1951	6260	2214	7819	
1952	4191	2321	4162	
1953	10780	4927	3308	
1954	24197	16958	42447	
1955	7870	4600	2718	
1956	21566	16358	10676	
1957	12124	9048	4415	
1958	6419	2162	3642	
1959	7219	2726	4540	
1960	15232	7462	6033	

续表

年 份	洪涝受灾面积 （万亩）	洪涝成灾面积 （万亩）	死亡人口 （人）	直接经济损失 （亿元）
1961	13307	8092	5074	
1962	14715	9477	4350	
1963	21107	15719	10441	
1964	22400	15057	4288	
1965	8381	4219	1906	
1966	3770	1425	1901	
1967	3899	2110	1095	
1968	4005	2488	1159	
1969	8164	4898	4667	
1970	4693	1851	2444	
1971	5983	2222	2323	
1972	6125	1889	1910	
1973	9352	3865	3413	
1974	9646	4106	1849	
1975	10226	5201	29653	
1976	6296	1993	1817	
1977	13643	7484	3163	
1978	4240	1386	1796	
1979	10163	4305	3446	
1980	13719	7538	3705	
1981	12937	5959	5832	
1982	12541	6695	5323	
1983	18243	8621	7238	
1984	15948	8042	3941	
1985	21296	13424	3578	
1986	13733	8402	2761	
1987	13029	6156	3749	
1988	17924	9192	4094	
1989	16992	8875	3270	
1990	17706	8407	3535	239.01
1991	36894	21921	5113	779.08

续表

年　份	洪涝受灾面积 （万亩）	洪涝成灾面积 （万亩）	死亡人口 （人）	直接经济损失 （亿元）
1992	14135	6696	3012	413.00
1993	24581	12915	3499	641.74
1994	28288	17234	5340	1796.60
1995	21550	12001	3852	1653.30
1996	30582	17734	5840	2208.36
1997	19202	9772	2799	930.11
1998	33438	20678	4150	2550.90
1999	14408	8064	1896	930.23
2000	13567	8094	1942	711.63
2001	10707	6380	1605	623.03
2002	18576	11158	1819	838.00
2003	30547	19499	1551	1300.50
2004	11673	6025	1282	713.00
平均	14328	8056	4894	1088.56

注　1 亩＝0.067hm² （即 1hm²＝15 亩）。

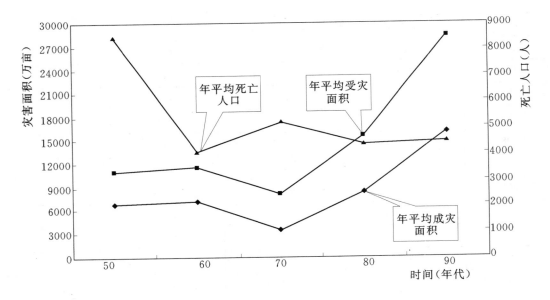

图 1-1　20 世纪 50～90 年代洪涝灾害损失趋势

二、干旱灾害

我国也是干旱灾害严重的国家之一。1875～1878 年，黄河流域发生连续的特大旱灾，饿死、病死 1300 多万人。新中国成立后，虽然抗灾能力有了较大提高，但随着经济快速发展和人口的增长，水资源供需矛盾越来越突出，旱灾波及的范围已从传统的农村扩展到城市，并对生态环境造成严重影响，旱灾损失呈增加趋势。农业方面，20 世纪 90 年代我国农作物因旱年均受灾面积、损失粮食及其占粮食产量的比例已由 50 年代的 1160 万 hm²、435 万 t 和 2.5% 分别上升到 2713.4 万 hm²、2450 万 t 和 4.7%。另外，每年还造成上千万人饮水困难和粮食短缺。工业方面，因干旱缺水平均每年直接影响工业产值 2300 多亿元。1950～2004 年，多年平均因旱受灾面积 3.26 亿亩，成灾 1.39 亿亩，因旱损失粮食 147 亿 kg。详见表 1-2、表 1-3 和图 1-2，1950～1989 年数据出自《中国水旱灾害》（中国水利水电出版社，1997），1990 年后数据来自国家防总办公室统计。

表 1-2 不同年代受旱成灾面积及粮食损失

年 份	受灾面积（亿亩）		成灾面积（亿亩）		粮食损失（亿 kg）	
	合 计	年平均	合 计	年平均	合 计	年平均
1950～1959	17.40	1.74	5.55	0.56	435	43.5
1960～1969	26.88	2.69	12.69	1.27	825	82.5
1970～1979	39.18	3.92	11.18	1.12	925	92.5
1980～1989	36.84	3.68	17.64	1.76	1922	192.2
1990～2004	56.12	3.74	29.66	1.98	3966	264.4
1950～2004	176.42	3.26	76.72	1.39	8073	146.78

表 1-3 1990～2004 年旱灾情况统计表

年 份	受 灾（亿亩）	成 灾（亿亩）	绝 收（亿亩）	因旱减收粮食（亿 kg）
1990	2.73	1.17	0.23	128
1991	3.74	1.58	0.32	118
1992	4.95	2.56	0.38	210
1993	3.16	1.29	0.21	112
1994	4.54	2.56	0.38	262
1995	3.52	1.56	0.32	230
1996	3.02	0.94	0.11	98
1997	5.03	3.00	0.59	476
1998	2.14	0.76	0.14	127

续表

年　份	受　灾（亿亩）	成　灾（亿亩）	绝　收（亿亩）	因旱减收粮食（亿 kg）
1999	4.52	2.49	0.59	333
2000	6.08	4.02	1.20	599
2001	5.77	3.55	0.96	548
2002	3.33	1.99	0.39	313
2003	3.73	2.17	0.45	308
2004	2.59	1.19	0.25	231
合　计	561197	296636	62773	39659
多年平均	37413	19776	4185	2644

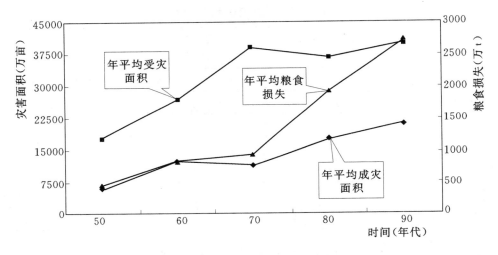

图 1-2　20 世纪 50～90 年代旱灾损失趋势

第三节　防汛基本情况

一、江河防洪能力

我国长江、黄河、淮河、海河、辽河、松花江和珠江七大江河中下游的广大冲积平原，土地肥沃，雨热同期，适合于人类的生存和发展，但也受到洪灾的严重威胁。这些地区内居住着全国 1/2 的人口，集中着全国 1/3 的耕地面积和 3/4 的工农业产值，涉及 25 个省（自治区、直辖市），是我国经济最发达的地区。

在党中央、国务院的领导下，各级政府带领广大群众大力兴修水利，江河防洪能力有了显著提高。目前，我国各主要江河的防洪标准为：长江中下游主要堤防防御标准约 10～20 年一遇，运用蓄滞洪区可防御 1954 年型洪水（1954 年宜昌流量为 66800m³/s，汉口 30 天洪量为 2182 亿 m³），荆江河段约为 40 年一遇，武汉河段约为 200 年一遇；黄河下游按 1958 年型洪水设防，设防流量为花园口 22000m³/s，充分发挥中游水库和东平湖滞洪水库的作用，防洪标准可达千年一遇；淮河按 1954 年型洪水设防，在充分运用行蓄洪区的情况下，防洪标准达百年一遇，沂沭泗防洪标准约为 20 年一遇；海河南系按 1963 年型洪水设防，北系按 1939 年型洪水设防，防洪标准接近 50 年一遇；辽河可防御 30～50 年一遇洪水；松花江干流可防御 20 年一遇洪水；珠江流域西江的防洪标准为 10～20 年一遇，北江、东江可防御 100～200 年一遇洪水；太湖流域治太骨干工程基本完成，防洪标准可以达到 50 年一遇。详见表 1－4。

表 1－4 全国主要江河防洪能力表

流 域	河 段	规划防洪标准（年一遇）	现状防洪标准（年一遇）	
			不使用蓄滞洪区	使用蓄滞洪区
长江流域	荆江河段	按防御 1954 年型洪水设计	10	40
	城陵矶河段		20	200
	武汉河段		20～30	200
	湖口河段		20	200
	汉江中下游	按防御 1935 年型洪水设计	20	100
黄河流域	黄河下游	按防御 1958 年型洪水设计	100	1000
淮河流域	淮河干流上游	按防御 1954 年型洪水设计	10	
	淮河干流中游		5～7	100
	淮河干流下游			100
	沂沭泗中下游	20～50	不足 20	20
	主要支流	20	不足 10	
海河流域	滦河（下游）	50	50	
	永定河	100	20	50
	北三河	20～50	10～20	不足 20～50
	大清河	按防御 1963 年型洪水设计（相当于 50 年一遇）	10～20	不足 50
	子牙河		5	不足 50
	漳卫南运河		10	不足 50
	徒骇马颊河	按防御 1961 年型洪水设计（相当于 50 年一遇）	20～50	

续表

流　域	河　段	规划防洪标准（年一遇）	现状防洪标准（年一遇）	
			不使用蓄滞洪区	使用蓄滞洪区
辽河流域	辽河干流	50	30	50
嫩江、松花江流域	嫩江	50	20	20
	松花江干流	20～50	20（哈尔滨50）	哈尔滨100
	第二松花江	50	50	
珠江流域	西江	100	10～20	
	北江（下游）	100～300	100	200
	东江	100	20（城市100）	
太湖流域		100	30～50	50

二、防汛的主要措施

1. 气象预报

气象部门密切监视天气变化，对天气形势作出长期（年、季度）、中期（月、旬）趋势预报和短期（3～7天）预报。

2. 水文预报

水文部门通过对江河、湖泊和水库水情进行实时测报，根据降雨情况对江河、湖泊和水库洪水及时进行预报。

3. 巡查和防守

洪水位达到警戒水位，按照防汛责任制的要求，应组织专业干部和群众防汛队伍巡堤查险并进行防守，必要时动用部队参加重要工程的防守和抢险。

4. 指挥调度

根据实时水情和洪水预报，按照规定的调度权限，各级防汛抗旱指挥部利用防洪工程对洪水实施的调度。各级政府和防汛抗旱指挥部按照《中华人民共和国防洪法》赋予的职责，在防汛紧急期，对防汛抢险和抢险救灾实施统一指挥，防止各自为政、政出多门而贻误战机，造成（或扩大）不必要的损失。

5. 分蓄洪水

江河水情达到洪水调度方案规定的蓄滞洪区运用条件，按照启用程序，根据管理权限由防汛指挥部下达蓄滞洪区分蓄洪命令实施分洪。

三、存在的主要问题

当前我国防御洪水的能力仍然较低，主要江河防洪标准不足以抵御大洪水，每年还有相当范围的地区遭受洪水灾害。防汛抗洪中还存在一定问题，潜在的危险还很大，防汛抗洪面临的问题很多，形势并不乐观。当前，我国防汛抗洪的主要问题如下。

1. 防洪能力不足

（1）大江大河控制性工程不足，防洪工程体系还没有达到规划设计标准。新中国成立以后，全国主要江河初步形成了由堤防、水库、蓄滞洪区组成的防洪减灾体系。但是按原定的防洪规划，还有许多骨干工程没有修建。例如：在黄河流域，虽然小浪底已经建成并发挥了效益，但与之配套的堤防、河道和重要支流的控制性水库等工程建设尚未完成；长江三峡水利枢纽正在建设，但重要支流的控制性水库等工程没有完成，长江中下游蓄滞洪区一旦分洪运用将造成大量财产损失；在淮河流域，治淮骨干工程尚未完成，洪水入海出路也没有完全解决；在松花江流域，主干流嫩江尼尔基水利枢纽正在建设；在珠江流域，西江的控制性枢纽还没有建设；在海河和辽河流域，也没有完成规划中的骨干工程。1998年以后，虽然加大了对长江、黄河、松花江等流域干流堤防的加固力度，防洪能力有了一定的提高，但是整体防洪能力仍不能满足经济社会发展的需要。

（2）中小河流和城市防洪问题突出。长期以来中小河流投入不足，建设进展缓慢，防洪标准仍然很低，一般只有5～10年一遇，是近年来洪涝成灾的主要原因。全国639座有防洪任务的城市中只有236座达到国家规定的防洪标准。由于城市防洪管理体制还没有完全理顺、防洪规划滞后等，严重影响了城市防洪工程的建设，致使城市经常发生严重的洪涝灾害，影响当地经济发展。

（3）防洪工程病险多。由于种种历史原因，已建工程还存在不少质量问题。多数堤防是经历年加高加固形成的，由于地质条件复杂，施工质量不一，堤身隐患很多，高水位行洪时往往形成管涌、坍塌甚至溃口。特别是汛期临时抢修的堤防，质量难以保证，汛期过后又未按质量要求翻修加固，安全问题严重。以长江为例，1995年干堤发生险情2562处，1998年大水又发生9000多处；松花江堤防1998年大洪水出现各类险情6000多处。许多涵闸，设计、施工中的质量问题很多，并且老化失修，至今仍有很多病险工程，有的不能充分发挥效益，有的成为防洪中的隐患。在已建成的8万多座水库中，病险水库约占水库总数的1/3。1950～1990年，全国平均每年垮坝81座，绝大部分为小型水库。近年来，虽然加大了病险水库除险的力度，但由于病险水库多，资金有限，仍有1/3以上的水库带病运行。这些病险水库严重威胁下游城镇人民生命财产安全，已成为当前防汛工作的主要隐患。

（4）山洪灾害频繁，损失严重，已经成为防汛抗洪中的突出问题。统计表明，在没有发生流域性大洪水的年份，山洪、泥石流、滑坡等山洪灾害是造成人员伤亡的主要原因，死亡人口约占整个洪涝灾害死亡人数的2/3。2002年，全国洪涝灾害死亡人数 1818 人，其中因泥石流、山体滑坡死亡 921 人，因山洪冲淹死亡 636 人，死亡人数占洪涝灾害死亡总人数的 80%。陕西省汉中、安康地区因暴雨山洪引发泥石流灾害，一次造成 187 人死亡、294 人失踪。湖南郴州因突发山洪、滑坡和泥石流灾害，一次造成 99 人死亡。

（5）台风影响频繁，往往造成严重人员伤亡和财产损失。我国大陆海岸线长近 1.9 万 km，汛期台风和热带风暴频繁，平均每年有 7 个台风在我国沿海登陆。近年来，沿海各地在落实责任制，建设标准海堤，编制和完善防台风预案，加强预警预报和防汛通信系统建设等方面取得了很大成绩。但是，各地抗御台风灾害的综合能力还较低，还不能适应沿海地区经济发展的需要，群众防台风减灾意识还需要加强，避险自救能力有待进一步提高。1994 年 17 号台风在浙江温州登陆，造成 1200 人死亡。

（6）蓄滞洪区建设滞后，启用困难。新中国成立初期，为缓解江河来水量大与河道泄洪能力不足的矛盾，许多江河都利用沿岸的湖泊洼地，安排了临时的分蓄（行）洪区，这些设施在过去的防洪中都发挥了很大作用。但经过几十年的发展变化，许多当年人口稀少、贫穷荒凉的分蓄洪区和行洪河滩，人口迅速增长，经济快速发展，有的已建了小城镇。加之蓄滞洪区安全建设普遍滞后，安全设施严重不足，要落实原定的分蓄（行）洪任务困难很大。在长江、黄河等天然行洪的河滩上，由于缺乏应有的管理，还修建了许多侵占河滩、妨碍行洪的设施，并有大量人口定居。这些问题如不能及时解决，实际的洪水位将大大超过规划设计的水位，从而降低原有的防洪能力。

2. 防洪保障体系建设滞后

我国的防汛法制建设刚刚起步，配套法规还很不完善，人们的法制意识还十分淡薄，很多领域的立法工作还没有引起重视，防汛法规建设是当前的一项重要任务。防洪投入机制不健全，防洪建设资金投入没有保障。补偿机制不完善，影响防洪调度决策，同时也加大了灾后救助负担。防洪社会保障体系还没有建立，影响了防洪减灾和救灾能力的提高。

3. 缺乏全流域的统一管理

多年来，由于缺乏统一的流域管理，无序开发，人与水争地、与河争地的现象屡禁不止，加上河道淤积，造成一些河流在同样洪水条件下，洪水位不断抬高。

4. 防洪非工程措施薄弱

防御和减轻洪涝灾害，使非工程措施同工程措施有机地配合，才能收到良好的效果。但是，相对于防洪工程措施，防洪非工程措施现在还是较为薄弱的一环，表现在许多方面。例如：水情测报系统各地很不平衡，有的水系测站设置比较合理，已掌握了现代化的测验和信息传递手段，有的重要河段缺少测站，观测设施陈旧落后；有的流域防汛指挥系统中的预报预警和调度系统还不够完善，硬件和软件都有待改进；国家颁布了多项有关防洪的法律和规章，但是由于认识和工作上的差距，还没有建立起有力的法规实施保障制度，还不能完全做到依法治水；各大江河制定了超标准洪水的处置预案，但多缺乏实施保障措施，难于操作运用；防汛抗旱社会化保障体系尚未健全。洪水保险在一些发达国家已定为强制性的制度，我国曾在淮河流域试行，至今未能取得较为成熟的经验；多数流域未能建立灾后重建保障体系，灾后依赖国家救济；在防洪建设和防汛指挥调度工作中，如何处理上下游、左右岸和河湖泄蓄关系，不少江河都出现了一些新的问题，也缺乏系统的研究。

第四节　抗　旱　基　本　情　况

一、旱情概况

我国大部分地区属亚洲季风区，受海陆分布、地形、季风和台风影响，降水在地区间差异很大，东南多，西北少；在年季分配上，夏秋多，冬春少；年际变化大，丰水年与枯水年的降水量变幅，一般南方为 2～4 倍，东北地区为 3～4 倍，华北地区为 4～6 倍，西北地区则超过 8 倍。这些地区还经常出现连续丰水年或枯水年的情况。降水的分布及变化规律决定了我国干旱灾害具有普遍性、区域性、季节性和持续性的特点。各区域发生旱灾的一般规律是：东北地区以春旱和春夏连旱为主；黄淮海地区为春夏连旱，以春旱为主；长江中下游地区主要是伏旱或伏秋连旱；西南地区多冬、春旱，以冬春连旱为主；华南地区虽然降水总量丰沛，但因年、季分布不均，春、夏、秋也常有旱情；西北地区降水量稀少，为全年性干旱，农作物灌溉水源主要靠高山融雪和少量雨水，如果积雪薄，或气温偏低融雪少，灌溉水不足，将会产生严重旱情。

旱灾对经济社会的影响是非常严重的。我国干旱常常造成数千万人饮水困难，成千上万人因旱粮食短缺，生活需要救济。重旱区群众的主要精力放在找水上，无力顾及生产。严重旱灾还造成一些大中城市被迫实行限时限量供水，不仅影响了城市居民的正常生活，也对城市社会经济的发展造成不利影响。干旱还造成河道断流、库塘湖泊干涸、地下水位下降、树木枯死、草场退化、土地沙化，恶化了生态环境。20 世纪 90 年代黄河下游断流加剧，1997 年累计断流长达 226 天，华北明珠白洋淀 20 世纪 80 年代以来多次出现干淀，西北内陆河塔里木河、黑河下游长期断流，天然绿色走廊萎缩，尾闾湖泊长时间消失。

城市旱情也不容忽视。全国城市日供水能力由新中国成立初期的 240 万 m³ 增加到 2002 年的 2.35 亿 m³，为城市经济社会的发展提供了基础性保障。但由于特殊的气候地理条件、水资源短缺、供水工程建设滞后、水质恶化等多方面的原因，全国 600 多座城市中，有 400 座常年供水不足，110 个严重缺水。缺水城市遭遇干旱，不仅居民生活、工业生产受到直接影响，还对服务业、城市投资环境造成影响。20 世纪 90 年代以来，我国北方地区遭遇连年干旱，城市干旱缺水日趋严重。2000 年，我国北方地区发生了新中国成立以来最为严峻的城市干旱缺水局面，有 18 个省（自治区、直辖市）的 620 座城镇缺水（包括县城），影响人口 2600 多万人，天津、烟台、威海、大连等城市供水告急。从水资源占有量上看，2002 年人均占有水资源量为 2200m³，是世界平均水平的 1/4，其中有 10 个省（直辖市）人均水资源占有量少于 500m³，而海河流域人均只有 121m³。随着城市化进程加快，将有大量的农村人口和乡镇人口转为城市人口，用水量加大，城市水危机将会相当严重。

从大量的资料分析表明，我国干旱灾害主要表现为资源性、水质性、工程性和管理性缺水。旱灾造成的原因是多方面的，但归纳起来可以分为自然因素和经济社会因素。

自然因素是由我国所处的地理位置及气候特点决定的。一是降水总量少，地区分布差异大，年内分布不均，年际变化大。如东南沿海大部分地区平均年降水量在 1500mm 以上，少数地区年降水量达到 2000mm 以上，西北地区大部年降水量不足 200mm。二是人均、亩均占有水资源量低，全国人均只有 2300m³/s，亩均 1440m³。三是水土资源组合不平衡，南方水多、地少，北方地多、水少，常常造成南方多涝北方多旱的局面。

从经济社会因素来看，随着人口增加，经济社会发展，人民生活水平的提高，对水的需求不仅表现在水量的增加，而且对水质、供水保证率的要求也越来越高，水资源供需矛盾加剧，从而增加了干旱灾害的发生频率，受旱程度加重。一是经济社会的用水总量增加过快，比如全国农村用水由新中国成立初期的 1000 多亿 m³ 增加到目前的 4000 多亿 m³。二是对水资源的过度开发利用和浪费现象严重，如全国农业用水的有效利用系数仅为 0.43，工业用水重复利用率不到 60%，海河流域水资源开发利用率高达 96%。三是产业结构布局不合理。在水资源紧缺或供水能力不足的地区，仍然盲目发展高耗水产业，还有草场超载放牧等等。四是水污染加重，可用水量减少，一些地区水质性缺水的问题突出。

20 世纪 90 年代以来，我国旱灾呈现以下发展趋势：

（1）旱灾损失呈增加的趋势。全国年均受灾面积、因旱损失粮食及其占全国粮食总产的比例不断增加（见本章第二节），旱灾对经济社会的影响越来越大。

（2）不仅北方而且南方和东部一些多雨区旱灾发生的几率也在增加。例如，黑龙江东部的三江平原涝区近几年也发生干旱，2001年长江流域发生了春夏秋连旱，2002年广东东部、福建西南部发生了新中国成立以来最为严重的干旱，2003年长江以南部分省（自治区、直辖市）还发生了历史上罕见的大范围的严重伏旱和秋冬连旱，许多地区旱情还持续到2004年春季。

（3）旱灾影响的领域已由农业为主扩展到林业、牧业、工矿企业和城乡居民生活，甚至影响航运交通、能源等基础产业，旱灾已成为影响经济社会可持续发展的制约因素。如1997年黄河下游断流，对农田灌溉、油田生产、河口生态以至沿黄地区城乡人民生活都造成了影响。

（4）旱灾影响的范围从农村向城市蔓延。城市供水保证率要求高，在发生旱情时都给予了优先保证。但在连年发生干旱，水利工程蓄水严重不足时，城市也出现了供水紧张的局面。2000年我国北方地区出现了新中国成立以来最为严重的城市供水紧张局面。

（5）干旱缺水加剧了生态环境恶化。如北方地区一些河流有河皆干、有水皆污，牧区草场退化，土地沙化，大自然对干旱灾害的承受能力下降，又增加了干旱发生的频率和损失。

二、抗旱的主要措施

（一）常规措施

1. 引水蓄水

引水是利用自然落差，将河湖水、塘堰水、山泉水等零散的水资源通过沟渠或管道引入干旱缺水区，以解决生活、生产和生态用水。用沟渠引水一般为明渠无压流，其优点是可以组织群众从水源地挖沟，将水引入现有渠道，资金投入较少；缺点是在挖沟的过程中，如有局部高地，则工程量大，而且在沟渠输水过程中渗漏和蒸发损失都比较大，不能高效利用宝贵的水资源。用管道输水一般为有压流，其优点是在输水线路上如有局部高地可以利用虹吸原理以管道传水通过，避免挖方，而且渗漏和蒸发损失很小，可以高效利用水资源；但因需购买管材，资金投入较大。

蓄水主要是利用水库、塘堰、水池、水窖等蓄水工程把降水集蓄起来，用于生活、生产和改善生态环境。水库、塘堰、水池、水窖等蓄水工程主要靠平时建设，在干旱季节则可以发动群众因地制宜挖汇流水沟（或渠）、引水沟（渠），将降水径流最大限度地引入水库、塘堰等蓄水设施，也可以铺塑料布或塑膜，进一步提高集雨效果，或利用屋顶、水泥路面集雨，并将集雨引入水池或水窖，用于饮水或灌溉。

2. 筑坝拦水

筑坝拦水是一种在中小河流上实施的临时性应急抗旱措施。一般是在上游来水急剧减少，水位下降，沿河引水及提水设施难以发挥效益时，县（市）以上防汛抗旱指挥部门组织实施筑坝拦水。在筑坝之前要协调好上下游、左右岸之间的关系，再由水利工程技术人员进行科学论证，优选最佳筑坝方案，并经上级防汛抗旱指挥部门批准后组织实施。筑坝拦水时，坝址、坝型、坝材的选择要充分考虑它的临时性，既要安全实用，节省投资，又要便于清除。一般坝高在 3m 以下，坝体由块石或砾石构成，常见的有堆石坝和桩石坝，在石料缺乏的地方，也可就地取土，填筑土坝。

在运用筑坝拦水这一抗旱措施时，要集中力量，速战速决，筑坝拦水受益后，要严密注意天气变化，警惕天气突变而由旱转洪，做到提高防范，遇紧急情况，要采取应急措施，避免阻塞洪水。抗旱结束后，必须及时组织力量，拆除堤坝，恢复河道行洪能力。

3. 架机提水

当江河、湖泊、水库、塘坝水位降低，涵闸或输水管不能自流发挥效益时，可采取架机提水，这是一种常见的抗旱措施。其设备有水泵、动力泵和管件。抗旱水泵一般为离心泵和潜水电泵，还有一种新型水力全自动扬水机。新型水力全自动扬水机的特点是以水流落差为动力，无需其他动力和设备，在山丘区有较大的实用价值。离心泵的动力设备有电动机或柴油机。管件一般为铸铁管，无缝钢管或软管。

4. 开采地下水

开采地下水的构筑物一般有管井（又称深井、机井）、大口井、渗渠、辐射井等，比较常见的是管井和大口井。管井口径一般为 150～400mm，深度一般为 20～200m。管井一般需要专业施工队伍采用专用机械挖掘，井壁用专用过滤管衬砌，而且钻井时间较长，因而不适宜作为应急抗旱措施。

5. 应急运水

在干旱严重期间，对于那些水源条件特别差，已经采取了各种抗旱办法仍不能满足用水需求，而又不能实施引水蓄水、筑坝拦水、架机提水、地下挖水等措施的地方，就需要组织群众挑水，利用畜力拉水，或组织发动企事业单位以及有运输工具的集体、个人运用车辆拖水、送水。这是一种非常规的、紧急的抗旱措施。在实施运水的过程中，要特别注意加强机动车辆的安全管理，防止事故发生，同时，要组织好水量的分配，有计划、有秩序地进行，确保群众基本生活用水。

6. 节水保水

节水是指采取切实可行的综合措施，减少水资源的损失和浪费，提高用水效率和效益，合理和高效利用水资源。节水的措施很多，常用的有 4 种，即行政措施、工程措施、经济措施和科技措施，应根据本地的实际情况，具体研究，应用于农业、工业和服务业等各个领域。

农业节水保水的途径主要有两条：一是提高工程供水的有效利用率；二是充分利用天然降水和土壤水，尽量减少对工程供水的需求。

提高工程供水有效利用率的措施可分为工程类与管理类。其中工程类又可进一步分为渠道输水节水措施、田间灌水节水措施和渠井结合节水措施。渠道输水节水措施又可分为渠道防渗（如 U 形渠）和管道输水（如低压管灌、小白龙）；田间灌水节水措施包括改进地面灌水技术（如大畦改为小畦，长畦改为短畦）、平整土地、膜上灌或膜下灌、喷微滴灌等；渠井结合节水措施主要是在渠灌区辅以井灌，实现地表水与地下水的联合调用。

管理类节水措施包括科学调配水、计划用水、科学的灌水制度和合理确定水价等。这些节水措施中的绝大部分可以在抗旱斗争中发挥重要作用。其中作为临时抗旱措施，实用价值较大且应用广泛的措施有 4 种：一是在渠道底部和两侧边坡铺塑料布或塑膜，以减少渗漏；二是实施管道输水，如钢管、铸铁管，特别是软管（如小白龙）；三是大畦改小畦、长畦改短畦、平整土地、膜上灌、移动式喷灌等；四是计划用水，科学调配水和科学的灌水制度等。

（二）紧急措施

旱灾之年影响社会稳定的因素很多，如因争水抢水而械斗，因挖水挑水而摔死人，因缺粮而饿死人、偷窃抢劫、流离失所、露宿街头的现象，在过去的灾荒之年都曾发生过。因此，在大旱之年，各级人民政府必须关注民情民生，确保人民群众有水喝、有饭吃，确保不械斗、不出外逃荒，确保农村社会稳定。

1. 确保农村人畜饮水和城镇生活用水安全

遇到大旱之年，一定要采取技术的、经济的、行政的甚至法律的措施，确保农村人畜饮水和城镇居民生活用水安全。

（1）优先保证生活用水。干旱发生后，各级防汛抗旱指挥部门首先要逐个乡（镇）、村（组）落实饮水水源及备用水源方案，摸清水量、水质情况，并掌握其动态变化。当农村人畜饮水和城镇居民生活用水与工农业生产用水发生矛盾时，要无条件地优先保证生活用水。

（2）增水扩水。对水源不足难以保证饮水的乡（镇）、村（组），要发动群众引水蓄水、筑坝拦水、架机提水、地下挖水，千方百计地增水扩水，并派技术人员加以指导。必要时，还应跨流域或远距离调水，发动群众挑水，运用畜力拉水，组织机关、企事业单位、县乡抗旱服务队运用运输机械拉水送水。

（3）节约用水。要定期发布饮水水源公告和中长期气象预报，让群众知晓缺水的严峻形势，引导群众自觉节约用水。在城镇要适当提高集中式供水的水价，制定居民生活用水和工业企业生产用水定额标准；并按定额标准实行阶梯式水价，超计划用水累进加价收费，用经济手段促使工业企业提高水的重复利用率和居民节约用水。这方面的潜力极大。

（4）限制供水。当干旱持续发展，水源极度紧张时，在城镇要压缩企业生产用水，特别是用水量大、节约用水水平低的企业，限制甚至关闭洗浴中心、洗车、餐饮业等用水量大的消费行业用水；在农村，可以宰杀部分老弱牲畜，或转移畜禽饲养地方，进行异地饲养；对特别困难的村、组，可以有组织地迁移安置。

（5）加强水质消毒。要按照国家饮水水源地保护规定，加强饮水水源管理。在农村，严禁在饮水水源中洗衣、淘米、放鸭、养鱼、游泳、弃倒生活废水和垃圾等；在城镇，从河流取水时，严禁在取水口上、下游 1000m 以内洗衣或游泳，严禁向取水河流排放工业、生活污废水和垃圾。

2. 救灾赈灾

救灾赈灾是一项十分重要的工作，是党和政府关心人民群众疾苦，实践中国共产党人全心全意为人民的宗旨和发挥我国社会主义制度优越性的具体体现，对于密切党群、干群关系具有十分重大的意义。各级党委和政府应该把这项工作作为一项十分重要的政治任务，切实抓紧抓好，并结合工作实践探索、总结工作经验，逐步建立起规范、协调、高效的救灾赈灾工作机制。

救灾赈灾工作是一项复杂的社会系统工程，必须要有强有力的统一协调指挥，调动社会一切积极因素共同参与。我国确立的救灾减灾工作原则和方针是，"政府统一领导，上下分级管理，部门分工负责，地方为主，中央为辅"，"救灾工作分级管理，救灾资金分级负担"和"依靠群众，依靠集体，生产自救，互助互济，辅之以国家必要的救济和扶持"。

各级党委、政府要十分重视抗灾救灾工作，层层建立救灾责任制，通过生产自救、互助互济、开仓借粮、对口支援、政府救济、税收减免、政策优惠等措施，努力解决受灾群众的生活生产困难。通过调整种植结构，劳务输出，发展副业生产等措施，千方百计地增强农民抗灾自救的能力。

三、存在的主要问题

新中国成立以来，我国抗旱减灾能力大大增强，仅从粮食年生产能力来看，已由新中国成立初期的 1000 多亿 kg 增加到目前的 5000 亿 kg 左右，不仅解决了我国近 13 亿人的吃饭问题，而且在促进经济发展，保持社会稳定，改善人居环境和生态环境等方面做出了巨大的贡献。但是，由于特定的自然条件和气候特点，我国降水时空分布不均，人均占有水资源量较少，水资源与耕地、人口及经济布局不相匹配，加之长期以来水源工程建设严重滞后，供水增长速度不能满足国民经济发展、人口增长及城市化发展的要求，全国区域性缺水越来越严重，特别是北方地区的水资源供需矛盾十分突出。当前，抗旱存在的主要问题是：

（1）水利灌溉设施不足，工程老化失修，配套率低。目前全国有效灌溉面积不到总耕地面积的一半，大部分耕地丰歉受制于天。另外，现有的水利工程大部分是 20 世纪 70 年代以前修建的，标准低，质量差，不配套，加之长期以来重建轻管思想尚未从根本上扭转，管理粗放，手段落后，经费不足，缺乏工程良性运行机制，致使许多工程设施老化失修严重，抗旱效益衰减。根据对全国 195 处大型灌区的调查，骨干建筑物老化失修，损坏率达到 40%。全国约有 40% 的大中型水库存在不同程度的病险隐患。

（2）过度开发利用水资源，导致生态环境恶化。目前，北方的黄河、淮河、海河水资源开发利用率都超过 50%。全国地下水多年平均超采量高达 92 亿 m^3，已形成 164 个区域性地下水超采区，总面积达 6 万多 km^2，漏斗最深达 100 多 m，部分地区已经发生地面沉降、海水入浸现象。由于河道天然径流少，引水量大，导致江河断流及河流枯萎现象日趋严重。江河流量减少降低了对污水的稀释能力，从而使水环境污染更为突出。目前，在全国七大流域中，有近 50% 的河段受到不同程度的污染，其中 10% 的河段污染极为严重，已丧失了水体的使用功能，75% 的城市河段已不适宜作为饮用水的水源。

（3）水资源浪费严重。目前我国农业灌溉年用水量为 4000 多亿 m^3，占总用水量的 70% 以上。水的有效利用率仅为 0.43，而很多国家已经达到 0.7～0.8，每年农业灌溉浪费的水量相当大。我国工业万元产值用水量 100 多 m^3，是发达国家的 10～20 倍，水的重复利用率不到 60%，而发达国家水的重复利用率在 75%～85%，可见工业用水的浪费也是非常严重的。

（4）抗旱减灾能力滞后于经济社会发展的要求。目前，全国正常年份缺水量近 400 亿 m^3，其中灌区缺水约 300 亿 m^3；城市、工业年缺水 60 亿 m^3，影响工业产值 2300 多亿元。全国有 400 多座城市缺水，其中 110 座严重缺水，尤其是京津等特大城市，在连续遭遇枯水年时将会出现供水紧张的严峻局面。随着人口的持续增长和经济社会的快速发展，用水需求将不断增加，对供水量和水质的要求不断提高，水资源供需矛盾将更加突出，缺水已成为我国经济社会发展的严重制约因素。

第五节 防汛抗旱工作成就

新中国成立以来，党中央、国务院高度重视防汛抗旱工作，带领广大人民坚持不懈地开展江河治理，兴水利、除水害，在防汛抗旱工程措施和非工程措施方面取得了举世瞩目的成就。

一、工程措施方面

（1）全国已修建加固堤防近 27.8 万 km（1949 年大约 4.2 万 km），保护了 5.13 亿人口、4386.7 万 hm² 耕地和 100 多个大中城市。全国已达标堤防长度 8.8 万 km，其中，一、二级堤防达标 2.28 万 km，黄河下游大堤，长江的荆江大堤和无为大堤，淮河的淮北大堤和洪泽湖大堤、里运河大堤，珠江的北江大堤，海河的永定河大堤以及钱塘江海堤等是防洪堤的重点。

（2）修建各类水库 8.5 万多座，总库容 5658 亿 m³，其中大型水库 453 座，中型水库 2800 多座，控制流域面积达 150 万 km²，总库容 4230 亿 m³。这些水库控制了山丘区部分或大部分洪水，在防洪调度中发挥了分洪削峰的重要作用，大大减轻了平原地区的防洪压力。

（3）在长江、黄河、淮河、海河流域的中下游开辟主要蓄滞洪区 97 处，总面积约 3.0 万 km²，分蓄洪总量约 1025 亿 m³，分蓄洪区内耕地约 167.5 万 hm²，人口 1600 多万人，利用蓄滞洪区处理超额洪水，提高下游防洪能力，减少洪灾损失。

（4）对淮河和海河水系，扩大了排洪入海的出路，并普遍疏浚了黄淮海平原的排水系统；对南方圩区，改建和整修围垸，建立了机电排灌设施。

（5）随着长江三峡、黄河小浪底及其他大江大河控制性工程的建成运用，我国的江河防洪能力将进一步提高。

（6）初步治理水土流失面积约 70 万 km²，其中黄河中游黄土高原的治理，平均每年减少入黄河泥沙约 3 亿 t。

（7）建成供水工程 460 万处，年供水能力达到 5800 多亿 m³，累计解决了农村 2.6 亿人口、1.5 亿头大牲畜的饮水困难。

（8）修建基本农田 86.7 万 hm²，有效灌溉面积发展到 5586.7 万 hm²，万亩以上灌区达到 5729 处，有效灌溉面积为 2533.3 万 hm²，其中 30 万亩以上大型灌区 281 处，有效灌溉面积为 1346.7 万 hm²，机电排灌面积达到 3733.3 万 hm²，其中提灌面积为 3320 万 hm²。

（9）建成配套机电井 418 万眼，井灌面积为 1640 万 hm²；北方旱区还因地制宜建设了一大批抗旱水源工程，抗旱能力明显提高。

二、非工程措施方面

1. 法规建设

随着国家法制化进程的推进，我国的防汛抗旱立法工作进展很快。从 20 世纪 80 年代开始，国家已先后制定颁布了《中华人民共和国水法》、《中华人民共和国防洪法》、《中华人民共和国防汛条例》、《中华人民共和国河道管理条例》、《中华人民共和国水库大坝安全管理条例》、《蓄滞洪区运用补偿暂行办法》等与防汛抗旱相关的法律法规。各级地方人民政府结合实际，制定了本地区的相关配套法规。目前，防汛立法处于完善阶段，抗旱立法工作已经起步，防汛抗旱工作初步实现了有章可循、有法可依。

2. 组织体系

我国的防汛抗旱工作实行统一指挥，分级分部门负责。目前，全国有防汛抗旱任务的县级以上人民政府都建立了防汛抗旱指挥机构。根据流域防汛工作的需要，在黄河、长江、松花江、淮河等大江大河成立了流域防汛抗旱总指挥部，其他流域管理机构都设立防汛抗旱指挥部办事机构，负责组织协调流域内的防汛抗旱日常工作。我国的防汛抗旱工作实行各级人民政府行政首长负责制，一旦发生洪水，要求各级领导全面负责，靠前指挥。

3. 信息系统

目前全国已建立 3 万余处水文站，8600 多个水雨情报汛站点。建成防汛专用微波通信干线 15000 多 km，微波站 500 多个，保证了气象、水情、工情、险情、灾情信息的及时准确采集、传输，初步建立了全国防汛抗旱指挥决策支持系统。国家防汛抗旱指挥系统建设第一期工程正在组织实施。

4. 预案编制

1985 年国务院正式批准了黄河、长江、淮河、永定河防御特大洪水方案。近年来，根据我国经济社会的发展和防洪工程的变化，相继组织制定和完善了长江、黄河等大江大河防御洪水方案和洪水调度方案，并每年进行优化完善。2005 年修订后的《中华人民共和国防汛条例》重新发布施行，对防御洪水方案和洪水调度方案的编制审批工作作了明确规定。

5. 队伍建设

目前，全国县级以上各级防汛抗旱指挥部办事机构，陆续组建了专业抢险队伍，并逐渐成为全国防汛抗旱的主要力量。为提高抗洪抢险和抗旱救灾机动能力，在全国七大江河、重点水库和重点海堤已组建了 100 支重点防汛机动抢险队，44 支省级防汛机动抢险队，250 多支市、县级防汛机动抢险队。1999年，解放军组建了 19 支抗洪抢险专业应急部队。抗旱方面，全国已建成县级抗旱服务队 1653 个，乡镇级抗旱服务队 9038 个。防汛抗旱形成了专群结合、军民联防的新格局。

6. 物资储备

防汛抢险物资是夺取抗洪抢险胜利的重要保证。1998 年长江、松花江抗洪抢险期间，各地调用的抢险物资总价值达 130 多亿元。为防御特大洪水，国家防总办公室在全国 15 个中央防汛物资定点仓库储备了价值近 1 亿元的防汛抢险救生物资。各流域机构、各省级防汛部门也根据当地抢险需要，储备了价值约 20 亿元的防汛物资，并根据需要，集中管理，适时调动，保证了抗洪抢险工作的需要。

第六节　防汛抗旱工作经验

新中国成立以来，在党中央、国务院的正确领导下，经过广大军民的顽强拼搏，依靠水利工程的巨大作用，战胜了历次严重洪水和干旱灾害，最大限度地减轻了灾害损失，为确保人民群众生命财产安全、维护社会稳定和促进国民经济的快速发展提供了强有力的保障。特别是 1998 年以来的 7 年，是防汛抗旱工作不平凡的 7 年，我国人民经受了惊心动魄的抗洪斗争和历史罕见的持续干旱的考验。1998 年长江发生了有实测记录以来第二位全流域性大洪水，松花江、嫩江发生 20 世纪以来的最大洪水；1999 年长江中游发生了仅次于 1998 年水位的洪水，太湖发生了超过百年一遇的特大洪水；2003 年淮河发生了新中国成立以来仅次于 1954 年的第二位流域性大洪水。1999～2003 年，我国发生了新中国成立以来最为严重的持续干旱，农作物受旱面积累计 1562.3 万 hm^2，干旱缺水不但给农业生产带来很大困难，人民生活、工业生产、城市供水和生态环境受到很大影响。1998～2004 年，因水旱灾害共计造成直接经济损失 15000 多亿元，因洪涝灾害死亡 15796 人。在抗御水旱灾害的过程中，防汛抗旱工作积累了宝贵的经验。主要表现如下。

1. 坚持防汛抗旱并举

水旱灾害并存且交替发生是普遍的自然规律，洪涝灾害是我国的心腹之患，水资源短缺是制约我国经济社会发展的主要因素，必须实行防汛抗旱并举，有汛防汛、有旱抗旱，随时做好防大汛、抗大旱的各项准备，加强洪水管理，合理配置和利用水资源，确保防洪安全和用水安全。

2. 坚持以防为主，常备不懈

我国水旱灾害频繁，现有科学技术水平很难对灾害发生的时间、地点和程度作出准确预报，只有坚持以防为主，常备不懈，才能争取工作主动，才能立于不败之地。

3. 坚持依法防汛抗旱

完善法律法规是做好防汛抗旱工作的根本保证。1998 年，我国颁布实施了第一部防治自然灾害的法律《中华人民共和国防洪法》，2000 年国务院发布实施了《蓄滞洪区运用补偿暂行办法》，2002 年修改颁布了《中华人民共和国水法》，2005年修订了《中华人民共和国防汛条例》。各地还制定了《中华人民共和国防洪法》的配套法规和抗旱规章，防汛抗旱工作走上了法制化的轨道。

4. 坚持实行行政首长负责制

防汛抗旱工作是关系国计民生的大事，涉及社会的方方面面，必须依靠各部门、各行业和社会各界的共同努力，协同作战去夺取胜利，实行行政首长负责制，就是为了更加有效地组织各部门和动员全社会的力量，实行统一领导、统一指挥。

5. 坚持统一指挥，统一调度

防洪抗旱调度涉及上下游、左右岸、城镇和乡村的利益，要协调不同地区生活、生产和生态用水的关系，在现有水系和工程的条件下，通过统一指挥、统一调度，确保防洪安全，合理配置水资源，提高水资源的利用率。

6. 坚持工程措施和非工程措施相结合

既要注意加强工程措施，又要特别注意加强非工程措施，促进人与自然的和谐。两种措施的有机结合，互为补充，能够发挥最佳的防洪减灾作用。

7. 坚持"群""专"结合，军民联防

在抗洪抢险和抗旱斗争中，坚持群众队伍和专业队伍相结合，实行军民联防，建立机动专业抢险队和抗旱服务组织，为夺取防汛抗旱斗争的胜利提供了重要保障。

8. 坚持正规化、规范化、现代化建设

防汛抗旱工作的重要性、长期性、艰巨性和复杂性，要求防汛抗旱工作必须正规化、规范化和现代化。必须健全各级防汛抗旱指挥机构及办事机构，制定各类防洪预案和工作制度，充分运用现代科学技术和装备，满足防汛抗旱工作的需要。

上述基本经验，为夺取历次抗洪抢险和抗旱斗争的胜利奠定了基础。同时，我们也应该清醒地认识到，目前我国防汛抗旱整体能力与国民经济发展的要求还有很大差距，防汛抗旱的形势依然十分严峻。因此，我们必须与时俱进，分析新形式，思考新问题，提出新对策。

第七节　防汛抗旱工作思路

一、中央水利工作方针

长期以来，水利的定位是农业的命脉。20世纪80年代以来，可持续发展战略已成为各国经济社会与环境协调发展的共同准则，水利基础地位的提高，服务范围和对象的扩大，水利面临的形势和问题发生了巨大的变化。洪涝灾害、水资源短缺和水环境恶化已成为经济社会可持续发展的严重制约因素。尤其是进入 90 年代，洪涝灾害、干旱缺水、水环境恶化和水土流失等四大灾害问题越来越突出，对国民经济和人民生命财产造成的损失越来越大，直接影响了国民经济发展和社会进步以及环境的改善，直接影响了人民生活质量和健康水平的提高，对人类的生存和发展构成了威胁。随着国民经济的发展以及人们思想意识的提高，水利作为基础设施和基础产业，其定位不再仅仅是农业的命脉，而是整个国民经济和生态环境的命脉。

中央指出：水利建设要全面规划，统筹兼顾，标本兼治，综合治理。坚持兴利除害结合，开源节流并重，防汛抗旱并举，下大力气解决洪涝灾害、水资源不足和水污染问题。科学制定并积极实施全国水利建设总体规划和各大江河流域规划。加快大江大河大湖治理，抓紧主要江河控制性工程建设和病险水库加固，提高防洪调蓄能力。搞好中小水利工程维护和建设。加强城市防洪工程建设。搞好水利设施配套建设和经营管理，加快现有灌区改造。水资源可持续利用是我国经济社会发展的战略问题，核心是提高用水效率，把节水放在突出位置。要加强水资源的规划与管理，搞好江河全流域水资源的合理配置，协调生活、生产和生态用水。城市建设和工农业生产布局要充分考虑水资源的承受能力。大力推行节约用水措施，发展节水型农业、工业和服务业，建立节水型社会。抓紧治理水污染源。改革水的管理体制，建立合理的水价形成机制，调动全社会节水和防治水污染的积极性。采取多种方式缓解北方地区缺水矛盾，加紧南水北调工程的前期工作，尽早开工建设。

水资源可持续利用是我国经济社会发展的战略问题。必须按自然规律办事，人与自然和谐相处；淡水资源是有限的、不可替代的战略资源；在对水资源开发、利用、治理的同时，特别强调对水资源的配置、节约、保护；对洪涝、干旱、水污染等问题统筹考虑，综合治理；工程措施与非工程措施并重，加强科学管理；认识到水是资源，是商品，要按经济规律办事，注意发挥市场在水资源配置中的基础性作用。概括地说，就是从工程水利向资源水利，从传统水利向现代水利、可持续发展水利转变，通过水资源的优化配置，满足经济社会发展的需求，以水资源的可持续利用支持经济社会的可持续发展。

二、防汛抗旱新思路

(一) 防汛抗旱新思路的具体内容

党的十六大明确提出了我国未来 20 年全面建设小康社会的奋斗目标，对水利工作提出了更高的要求。水利部党组根据中央水利工作方针和新时期我国水利面临的新形势、新任务以及经济社会发展对水利的新要求，提出了当前和今后一个时期水利工作的指导思想：以邓小平理论和"三个代表"重要思想为指导，认真贯彻党的十六大精神，坚持中央的水利工作方针和可持续发展的治水思路，坚持全面规划、统筹兼顾、标本兼治、综合治理的原则，实行兴利除害结合，开源节流并重，防汛抗旱并举，对水资源进行合理开发、高效利用、优化配置、全面节约、有效保护和综合治理，以水资源的可持续利用保障经济社会的可持续发展，为全面建设小康社会做出贡献。

按照中央水利工作方针和治水新思路，新时期防汛抗旱工作的思路是：坚持防汛抗旱并举，实现由控制洪水向洪水管理转变，由单一抗旱向全面抗旱转变，为我国经济社会全面、协调、可持续发展提供保障。具体目标是：实现工程标准化、管理规范化、洪水资源化、技术现代化和保障社会化。

党的十六届三中全会强调要坚持以人为本，树立全面、协调、可持续的科学发展观，促进经济社会的全面发展。党的十六届四中全会作出了加强党的执政能力建设的决定，确定了当前和今后一个时期要坚持把发展作为党执政兴国的第一要务，提出了科学执政、民主执政、依法执政的要求，这些都对新时期的防汛抗旱工作提出了新的任务和要求。将坚持科学发展观与坚持新时期的治水新思路结合起来，进一步深刻把握"两个转变"的精神实质，从加强党的执政地位和执政能力的高度做好防汛抗旱工作，在当前和今后一段时期具有重要的意义。"两个转变"是对我国传统治水思路的历史总结和升华，是经济社会发展的必然要求，是防汛抗旱与时俱进的必然选择，适应了我国社会变革的新形势，体现了以人为本、全面、协调、可持续发展的原则。"两个转变"思路以唯物辩证法、科学发展观和风险理论为基础，紧密结合当前社会经济发展形势，顺应了时代发展的方向，主旨清晰，方向明确，指导性、实践性强，用"两个转变"指导防汛抗旱工作，是坚持科学发展观的具体体现。

（二）防汛抗旱新思路的实质内涵

1. 洪水管理的实质内涵

（1）实施风险管理。在防洪工作中实施风险管理，就是要通过防洪工程建设以及体制、机制创新和法制建设，有效地防范风险、承受风险和分担风险，提高化解和承担洪水风险的能力。所谓防范风险，就是要以防为主，防患于未然，并尽可能远离洪水。所谓承受风险，就是只能将洪灾风险控制在一定程度内，控制在通过经济、社会与生态等综合效益分析、利弊平衡后我们认为合理的程度之内，即不可能也没有必要控制所有量级的洪水，并要承受大等级的洪水风险。因此，修建防洪工程时标准要适度，不能过高，因为每修建一处工程都要增加洪水风险。防洪调度同样存在承受风险问题，既要确保安全，又要让工程更多地兴利，关键是要科学把握风险度。所谓分担风险，就是要按照风险管理的要求合理确定工程的功能，因为修建防洪工程时，有可能转移风险。同时，还要公平地对待风险转移，除国家财政承担必要的责任外，要根据利害相关因素在不同区域以不同形式合理分担风险，建立洪水风险补偿救助机制和洪水保险制度。

（2）规范人类活动。防洪工作中必须依法规范人类的经济社会活动，使之适应洪水的发生发展规律，避免或减少洪灾发生的社会动因，以趋利避害。洪灾是水与人相互作用的产物，这是同等重要并相关的两个方面，缺一不可。并不是有了洪水就有灾害，如果没有人、没有经济、没有财产，即使水再大，也形不成灾害。过去我们主要是对洪水进行控制，很少考虑人类行为造成的洪涝损失和影响，而洪水管理就是要更多地关注和规范人类的经济社会活动。首先，人的活动要尽可能规避风险，以免受洪水之害；其次，人的活动不要侵占洪水空间，尽可能给洪水以出路，给洪水以更大的滞蓄自由；再次，人的正常活动如受到洪水威胁，要主动采取保安措施。总之，在防止水对人类侵害的同时，要防止人对水、对自然的侵害，实现人与自然的和谐共处。

（3）推行洪水资源化。洪水是水资源的重要组成部分，我国从总体上讲是一个水资源严重短缺的国家，并且在时间和空间的分布上存在不均衡性。国情决定了我们必须在保证防洪安全的前提下，想方设法利用洪水资源。要将洪水资源化列为防汛工作中的一项重要任务。一是在修建防洪工程时，要有洪水资源利用的功能；二是在制定江河、水库洪水调度方案时，要增加洪水利用的条款；三是充分利用现有水利工程以及河湖洼淀调蓄洪水。但是利用洪水资源必须慎重决策，必须尊重科学，决不能以牺牲防洪安全为代价。

2. 全面抗旱的实质内涵

（1）扩大抗旱领域。抗旱领域从农业扩展到各行各业，从农村扩展到城市，从生产、生活扩展到生态，这是国民经济和社会协调发展的需要，也是社会进步的需要。

（2）抗旱手段的多元化。水是人类生存的基本需要，当人类面临干旱缺水威胁时，必须采取一切可能的措施解决水的问题，包括法律、行政、经济、工程、技术等手段。当前我国正在实行并逐步完善社会主义市场经济体制，抗旱工作更应注重经济与法律手段。

（3）变被动抗旱为主动抗旱。采取综合措施，加强工作的前瞻性，增强预案的可操作性，提高抗旱工作的主动性，防患于未然，这是我国经济发展和社会进步的必然要求。

（三）推进"两个转变"需要开展的工作

防汛抗旱"两个转变"是一个重大的理论命题，超越传统的防汛抗旱范畴，容纳了更为广泛的经济、社会、自然、体制、机制等众多因素。科学分析各地的基础条件，选择合适的突破口，正确推动"两个转变"，是一项十分重要而迫切的工作。当前要做好以下工作：

（1）建立标准适度、功能合理的工程体系。"两个转变"必然引起传统的防汛抗旱手段的重新调整。传统的防汛抗旱手段主要是不断提高防洪工程的标准和单向开发水资源。这种单纯依靠工程手段和单一的治水模式，难以避免地陷入人与自然对抗的非良性循环。"两个转变"指导下的防汛工作应转向适度确定防洪工程标准及合理确定工程功能，划分洪水风险等级，合理承担洪水风险；抗旱工作应转向促进节约水资源，降低耗水量，保护水资源，在此基础上构建化解干旱缺水风险的设施与工程。因此，要按"两个转变"的要求，规划设计和修建新的防洪抗旱工程，同时也要按此要求对已建防汛抗旱工程的功能进行反思和调整，使之达到标准适度、功能合理的目标。能够通过防汛抗旱工程建设，实现对水资源的合理开发、高效利用、优化配置、全面节约、有效保护和综合治理，实现人与自然和谐相处，保障人口、社会、环境与资源的协调发展。现在突出的问题是相当一部分江河防汛抗旱工程体系不完善，需要加快建设步伐；已建的个别防汛抗旱工程，其标准与功能需尽快调整。因此，要大力推进"两个转变"，加快防汛抗旱工程体系建设与调整。

（2）建立科学规范的管理体系。防汛抗旱工作涉及全社会的方方面面，是一项系统性、社会性和政策性极强的工作。防汛抗旱的有效管理包括对社会相关行为的管理和防汛抗旱部门的内部管理。推进管理规范化，一是要加快防汛抗旱现代化建设和加强各级防汛抗旱机构的能力建设；二是进一步健全和完善以行政首长负责制为核心的各项责任制，依法明确和细化社会各部门的防汛抗旱责任，做到统一指挥、各负其责；三是加强防汛抗旱基础工作，如洪水调度方案、抗旱预案等，为规范化管理提供依据；四是防洪抗旱的社会化管理，规范人类社会活动，增强风险意识。例如：建立洪水风险公示制度，增强人类活动的风险意识；建立洪水影响评价制度，规范人类活动；通过税收政策调节，使经营性行为尽可能避开防洪高风险区；通过价格政策，促使社会公众节约用水，提高水的利用率等。

（3）建立有效的社会保障体系。随着社会主义市场经济体系的不断完善，社会组织、人员结构、管理模式等都发生了深刻变化，抗御水旱灾害越来越需要全社会的广泛参与，共同承担防汛抗旱的责任和风险。要通过体制和机制创新，提高化解和承受洪水风险的能力。因此，要明确和落实政府及各部门、社会各行业承担的防汛抗旱责任，在依法完善各级政府行政首长负责制，加强政府社会管理、公共服务职责的同时，整合利用社会资源，建立有效的防汛抗旱社会保障体系，尤其要鼓励、扶持开展水旱灾害保险研究，通过保险手段实现风险共担，增强公众抗御水旱灾害的能力。对各级防汛抗旱部门来说，特别要加强防汛抢险队伍和抗旱服务组织建设，加强管理和培训，加大技术与设备的投入，确保在抗御水旱灾害时能够招之即来，来之能战，战之能胜。

（4）建立健全的政策法规体系。我国的防汛抗旱法制建设起步较晚，配套法规还很不完善，人们的法治意识还比较淡薄。各地要根据防汛抗旱工作的实际需要，从法律、行政法规、部门规章和技术标准4个层次上，抓紧制定立法和制度建设的计划，并积极开展工作。当前，要通过制定《抗旱条例》、《洪水影响评价管理办法》、《蓄滞洪区管理条例》等防汛抗旱法规，进一步明确和规范各级行政首长和相关政府部门在防汛抗旱工作中的管理权限、职责、任务和分工，建立工作评价和责任追究制度；推动洪泛区、蓄滞洪区、河道和防洪规划保留区的管理，规范经济社会发展的各项活动，减轻可能造成的灾害损失；规范汛期的工程抢险、防洪调度、救灾救助、防洪补偿、物资调运、宣传动员、灾害评价等行为，明确各类突发事件的处理工作程序；进一步规范台风和山洪灾害的防御工作；对已经正式实施的法律法规，要加强执法检查，维护法律的权威性和严肃性。

（5）建立先进的技术支撑体系。长期以来，防汛调度主要是凭借人的经验，抗旱工作习惯于应用传统手段，改革创新动力和接受新事物的能力还不够，从而使防汛抗旱新技术研究与应用总体上滞后，更缺乏国际交流合作。随着"两个转变"的不断推进，防汛抗旱工作领域的拓展和工作要求的提高，必须加大新技术、新材料和新设备的研究应用，努力提高灾害预测预报、信息处理、调度指挥和灾后评价等方面的科技水平。因此，要从防汛抗旱的实际出发，把防汛抗旱指挥系统建设作为实现防汛抗旱指挥决策现代化的重要支撑，作为培养防汛抗旱高级人才的重要平台。要不断引进更新防汛抗旱应用技术，实现气象、水文监测预报现代化，实现信息资源共享，信息准确，反应灵敏，传输迅捷，以防汛抗旱基础信息的数字化为防汛抗旱调度决策科学化提供支撑，提高指挥决策科学的水平。要利用先进技术，制定水旱灾害评价指标体系和制度，对洪水和干旱的影响进行科学的评价，以技术设备的现代化推动防汛抗旱指挥调度决策的现代化。

通过上述五大体系的建设，逐步实现防汛抗旱上述五大目标：工程标准化、管理规范化、洪水资源化、技术现代化和保障社会化。

（四）在实际工作中需要注意的几个问题

（1）强调防汛抗旱新思路，不要抛弃传统的成功经验和做法。中国几千年的文明史，从某种程度上讲，也是与水旱灾害作斗争的历史。国运的兴衰，老百姓的贫富，很大程度上取决于治水的成败。因此，长期以来我国积累了丰富的防汛抗旱经验，这是中华民族的宝贵财富。有许多成功的经验和做法，要很好地继承和发扬，绝不能简单地抛弃。推进"两个转变"，实际上就是用科学发展观来审视传统的防汛抗旱方略，克服其局限性，传承优秀，采取工程措施与非工程措施兼顾、行政加法律等综合措施，科学调度洪水和抗旱，在保证安全的前提下，适度承担水旱风险，规范人类行为，达到人与自然和谐共处。

（2）强调洪水管理，不是否定控制洪水。控制洪水是洪水管理的一个重要方面。洪水管理以控制洪水为前提和基础，克服了单纯控制洪水的缺陷和不足。洪水管理既考虑了利用工程控制洪水，又避免单纯用工程控制洪水的局限性，从而采取全方位的管理措施规范人与水的关系，两者并非对立。一些地区现阶段防洪工程体系尚不完善，应加强防洪工程建设，提高洪水调控能力，这也是实现洪水管理的重要步骤。需要强调的是，这部分地区在完善防洪工程体系时，要在"两个转变"理念的指导下，完善工程规划，既要使防洪工程达到规划设计的适度标准及合理功能，又要使工程建设为洪水管理奠定基础和条件，避免走回头路，避免重复建设。

（3）强调全面抗旱，不能削弱农业抗旱。目前，我国抗旱工作有三个"关键点"：重点在农村，因为农业是弱质产业，农民是弱势群体，即使是在城市化高度发展以后，确保农村群众饮水安全和国家粮食安全也是抗旱工作的重中之重；热点在城市，因为城市是一个地区政治、经济、文化的中心，人口密集，用水需求量大，对供水保证率、水质及水环境的要求高，一旦发生供水短缺，社会影响巨大；焦点在生态环境，要保证经济社会可持续发展，必须重视生态环境保护，目前生态抗旱正在越来越受到公众的关注。因此，全面抗旱要求在重视农业抗旱的同时，更加科学理性地做好城市的生活、生产和生态等全方位的抗旱工作，实现水资源的合理开发、优化配置和高效利用。

（4）强调洪水资源化，不可忽视防洪安全。从总体上看，我国是一个水资源短缺的国家，开发利用洪水资源是新时期防洪保安全、抗旱保供水、生态保良好的必然选择。但是，洪水资源化只是洪水管理的一个方面而不是全部，决不能片面地认为洪水管理就是利用洪水资源。并且，洪水资源利用必须以确保工程安全为前提，我们要的是安全之后的洪水资源利用最大化，因此必须建立在科学调度的基础之上。实现洪水资源化，要采取工程、预报和调度等综合措施，要科学论证，依法按规审批，严格监督。

（5）大力推进"两个转变"，不应搞"一刀切"。近几年来，"两个转变"在我国已经有了众多实践，取得了重大成效。这些成效的取得归根结底就在于能立足中国国情，立足于省情，创造性解决我国或省（自治区、直辖市）防汛抗旱中存在的实际问题。由于经济发展水平的差距，各地治水和水利工程建设所处的阶段不同，社会保障、社会管理等方面的水平不等，当前和今后一个时期，不同地区防汛抗旱所面临的任务和所要解决的问题也不同。各地要结合本地的实际大力推进"两个转变"，不应消极等待，要努力创造条件开展工作。对于经济发展水平较高，防御水旱灾害的工程和非工程体系相对完备的地区，要率先实现"两个转变"，在全国起到示范和带头作用。对于基础条件一般和较差的地区，要选择突破口，要以"两个转变"的思路审视和指导各项工作，从建立"五大体系"和实现"五化"上制定计划和目标，逐步推进。总之，各地要从本地的实际出发，既不应毕其功于一役，也不能等待观望。要合理地确定防汛抗旱工作的目标和任务，同时提出分阶段实施方案。

此外，全面推进"两个转变"，还需要让全社会都接受"两个转变"。首先各级防汛抗旱部门的同志必须对"两个转变"有正确的认识，要深刻理解和准确把握"两个转变"的内涵和实质。其次，水利行业的转变是全社会转变的前提和基础，各级防汛抗旱部门要促进水利行业在水利规划、建设、管理和产业政策的制定等工作实践中体现和遵循"两个转变"理念。为此，各级防汛抗旱部门要加强宣传，努力增强各级党委、政府对"两个转变"的认可度和重视度，努力提高公众特别是媒体对"两个转变"的认知度和参与度，为全面推进"两个转变"创造良好的社会氛围。

总之，推进"两个转变"一定要强调综合性，避免片面性；强调全局性，避免局限性；强调科学性，避免盲目性。要正确处理防汛与抗旱工作的关系，正确处理城市与农村的关系，正确处理经济建设与生态保护的关系，正确处理近期与长远的关系，努力提高防汛抗旱能力。

第二章　防汛抗旱指挥机构及责任制

第一节　概　　述

防汛抗旱是人们同自然灾害作斗争的一项社会活动。由于洪水和干旱灾害关系到国家经济建设和人民生命财产安全，涉及整个社会生产以及人们生活，国家历来把防汛抗旱作为维护社会安定的一件大事。《中华人民共和国防洪法》和《中华人民共和国防汛条例》对防汛的任务、组织、职责等作了明确规定。实践证明，建立强有力的防汛抗旱组织机构和制定严格的责任制度是做好防汛抢险、抗旱救灾的根本保证。

防汛抗旱的基本任务是：积极采取有力的防御措施，减轻洪水、干旱灾害造成的影响和损失，保障人民生命财产安全和经济社会的顺利发展。按照以上防汛抗旱任务，在总结了多年实践经验的基础上，确定我国防汛工作的方针是"安全第一，常备不懈，以防为主，全力抢险"；抗旱工作的方针是"以防为主，防重于抗，抗重于救"。随着社会的发展，我国防汛抗旱体系已经逐渐健全，江河防洪工程体系不断完善，对于各种类型的洪水制定了不同的防御方案，加强了非工程防洪措施的建设，开展了蓄滞洪区的安全建设与管理，提高了暴雨洪水预报精度，制定了科学调水方案，加强了防汛抗旱通信和指挥系统建设，建立了以行政首长负责制为核心的各项防汛抗旱责任制，防汛抗旱工作进入了新阶段。

第二节　防汛抗旱组织机构

防汛抗旱工作包括宣传知识、发动群众、组织社会力量，开展防洪建设，制订预案，指挥调度，科学决策等重要内容，需要各部门、全社会密切配合，通力合作。因此，必须建立起强有力的组织机构，发挥统一指挥、科学决策、统一行动、有机配合的防汛抗旱互动机制。

国务院设立国家防汛抗旱总指挥部，负责组织领导全国的防汛抗旱工作，总指挥由国务院副总理担任，成员由国务院有关部委和中央军委总参谋部、武装警察部队的负责人组成，其办事机构设在水利部。办事机构的主要职责是：组织全国防汛抗旱工作，承办国家防汛抗旱总指挥部的日常工作；按照国家防汛抗旱总指挥部的指示，统一调控和调度全国水利、水电设施的水量。为有效地组织、开展全国的防汛抗旱工作，《中华人民共和国防洪法》规定：有防洪任务的县级以上各级人民政府，都要成立防汛指挥机构，在上级防汛指挥部和同级人民政府的领导下，负责组织、领导本地区的防汛工作。各级防汛抗旱指挥部的指挥长，由当地人民政府行政领导担任。

跨省、自治区、直辖市防洪任务重的江河、湖泊防汛抗旱指挥机构，由有关省（自治区、直辖市）人民政府和该江河、湖泊的流域管理机构负责人等组成，负责本流域内的防汛抗旱工作。其主要职责是：组织防汛检查，及时沟通雨水情，协调上下游、左右岸的防汛抗旱方面的水事矛盾。其办事机构设在流域管理机构，负责日常工作。例如长江防汛总指挥部是长江流域的防汛指挥机构，由四川、重庆、湖北、湖南、江西、安徽、江苏、上海等省（直辖市）人民政府和长江水利委员会负责人组成，湖北省省长任指挥长，长江水利委员会主任任常务副指挥长，其他各省（直辖市）的主管副省（直辖市）长任副指挥长，负责指挥长江的防汛工作，其办事机构设在水利部长江水利委员会。

省级防汛抗旱指挥部负责组织领导全省防汛抗旱工作，由一位省领导任指挥长。省防汛抗旱指挥部由省军区及省政府有关部门组成，其日常工作由防汛抗旱指挥部办公室承担，办公室设在省水利行政主管部门。县级以上各级人民政府成立相应的防汛抗旱指挥部，由同级人民政府及有关部门、当地驻军和人民武装部组成，各级人民政府主要领导任指挥长，其日常办事机构设在同级水

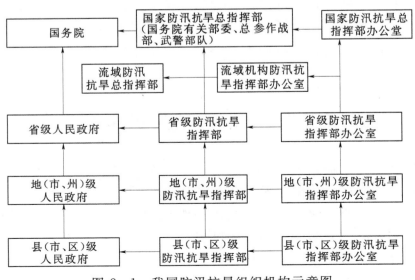

图 2-1 我国防汛抗旱组织机构示意图

行政主管部门，负责辖区内的防汛抗旱工作。我国防汛抗旱组织机构示意图如图 2-1 所示。

建设、电力、铁路、交通、电信以及所有有防汛抗旱任务的部门和单位，都应建立相应的防汛抗旱机构，在当地政府防汛抗旱指挥部的领导下，负责好本行业的防汛抗旱工作。防汛抗旱工作要按照统一领导、分级分部门负责的原则，各成员单位要根据职责分工，各司其职、各负其责，顾全大局、密切配合，共同搞好辖区内的防汛抗旱工作，防汛抗旱机构要做到正规化、规范化，在实际工作中要不断加强机构的自身建设，提高防汛抗旱工作人员的素质，装备现代化技术设施，充分发挥防汛抗旱机构的指挥战斗作用。

第三节　防汛抗旱指挥机构的职责和权限

一、防汛抗旱指挥机构的职责

各级防汛抗旱指挥部在同级人民政府和上级防汛抗旱指挥部的领导下，具有行使政府防汛抗旱指挥和监督防汛抗旱工作的职能。根据统一指挥，分级分部门负责的原则，各级防汛抗旱机构的职责是：

（1）贯彻执行国家有关防汛抗旱工作的方针、政策、法规和法令。

（2）组织制定并监督实施各种防御洪水方案、洪水调度方案和抗旱工作预案。

（3）及时掌握汛期雨情、水情、险情、旱情、灾情和气象形势，了解长短期水情和气象分析预报；必要时启动应急防御对策。

（4）组织防汛抗旱检查工作。

（5）负责防汛抗旱物资的储备、管理和防汛抗旱资金的计划管理。资金包括列入各级财政年度预算的防汛抗旱岁修费、特大防汛抗旱补助费以及受益单位缴纳的河道工程修建维护管理费、防洪抗旱基金等。防汛抗旱物资要制定国家储备和群众筹集计划，建立保管和调拨使用制度。

（6）负责统计掌握洪涝和干旱灾害情况。

（7）负责组织抗洪抢险，调配抢险劳力和技术力量。

（8）督促蓄滞洪区安全建设和应急撤离转移准备工作。

（9）组织防汛抗旱通信和报警系统的建设管理。

（10）组织汛后检查、防汛工程水毁修复情况等。

（11）开展防汛抗旱宣传教育和组织培训、推广先进的防汛抢险和抗旱新技术、新产品。

二、防汛抗旱指挥机构的权限

防汛工作具有战线长、任务重、突发性强、情况变化复杂等特点，为了在任何情况下确保国家和人民生命财产的安全，必须确立防汛指挥机构的权威性。

《中华人民共和国水法》和《中华人民共和国防洪法》赋予防汛指挥机构在紧急防汛期的权力，主要有以下内容：

一是在紧急防汛期，防汛指挥机构有权在其管辖范围内调用所需的物资、设备和交通运输车辆，事后应当及时归还或者给予适当补偿。

防汛指挥机构的管辖范围是指有防汛任务的地区。在该范围内的党政机关、企事业单位、部队、学校、乡村都必须服从防汛指挥机构的统一指挥，统一调动。在汛情紧急情况下，按照法律规定，防汛指挥机构根据需要调用上述单位的物资、设备和人员时，应对借用物资、设备和人员情况进行统计、登记。汛期结束时，防汛指挥机构对防汛中调用的物资、设备不能长期占用或挪作他用，应及时向原单位退还剩余物资和调用的交通运输工具和机械设备。对物资的消耗、设备的破坏、人员的劳动定额，防汛指挥机构应按照实际情况和国家有关规定适当给予经济补偿或赔偿。

二是在紧急防汛期，各级防汛指挥机构可以在其管辖范围内，根据经批准的分洪、滞洪方案采取分洪、蓄滞洪措施。

在河流上的适当地点，建造分洪闸、分洪道等，将洪水期间河槽不能容纳的水量，由此分往其他河流、湖泊，以减轻洪水对原河道下游的威胁，不致漫溢成灾，称为分洪。滞洪是指利用河流附近的湖泊、洼地或规定的蓄滞洪区，通过节制闸，暂时停蓄洪水，当河槽中的水的流量减少到一定程度后，再经过泄水闸将水放归原河槽。这种过程称为滞洪。河流上的水库蓄水也有滞洪作用。通过滞洪，可以降低河道洪峰水位高度，减少洪水对堤防的威胁。

分洪和滞洪是抗御洪水的重要手段。但是，由于采用分洪和滞洪手段，洪水将淹没一部分地区，危及该地区人民生命的安全，造成行蓄洪区内国家和人民财产的损失。因此，各级防汛指挥机构应根据气象、水文资料及历史上的洪水情况，在其管辖范围内，必须先制定分洪、滞洪方案。分洪、滞洪方案的重要内容之一是在确保能够做好分洪、滞洪的前提下，以把经济损失减到最低程度。分洪、滞洪方案必须报请上级主管部门审核批准后，方可纳入防汛抗洪计划，并依方案实施。实施运用蓄滞洪区分蓄洪水，必须由有管辖权的防汛抗旱指挥部下达命令，并提前做好蓄滞洪区内居民的转移安置工作。

在紧急防汛期，各级防汛指挥机构认为有必要采取分洪、滞洪措施减缓洪水威胁时，法律规定，防汛指挥机构可以当机立断，在其管辖范围内，按照经批准拟定的分洪、滞洪方案，采取分洪、滞洪措施。

如果采取的分洪、滞洪措施在某种情况下有可能使洪水漫出分洪、滞洪方案中规定的区域，波及其他地区，分洪、滞洪措施应采取慎重态度。《中华人民共和国水法》规定，采取分洪、滞洪措施对毗邻地区有危害的，必须报经上一级防汛指挥机构批准，并事先通知有关地区。按照法律规定，各级防汛指挥机构应该严格执行分洪、滞洪方案，如果采取的分洪、滞洪措施对周邻地区产生威胁时，应立即把采取分洪、滞洪措施的情况及影响报告上一级防汛指挥机构，上报的分洪、滞洪措施经批准后才可实施。在实施批准的分洪、滞洪措施时，防汛指挥机构必须将采取分洪、滞洪措施的时间、地点等情况通报有关地区，以便这些地区做好各方面准备，组织群众撤离，采取措施重点保护被淹地区的国家财产，避免或减轻损失。

蓄滞洪区分洪运用后，应按照《蓄滞洪区运用补偿暂行办法》的规定，及时对区内居民的财产损失给予补偿。

第四节　防汛抗旱指挥部各成员单位的职责

防汛抗旱工作是社会公益性事业，任何单位和个人都有参加防汛抗旱的义务。防汛抗旱指挥部各成员单位应按照《中华人民共和国防洪法》和《中华人民共和国防汛条例》的有关规定和各个阶段的工作部署，在政府和防汛抗旱指挥部的统一领导下，共同搞好防汛抗旱工作。防汛抗旱指挥部各成员单位的职责分工一般如下。

宣传部门：正确把握防汛抗旱宣传工作导向，及时协调、指导新闻宣传单位做好防汛抗旱新闻宣传报道工作。

发展和改革部门：指导防汛抗旱规划和建设工作。负责防汛抗旱设施、重点工程除险加固建设、计划的协调安排和监督管理。

公安部门：维护社会治安秩序，依法打击造谣惑众和盗窃、哄抢防汛抗旱物资以及破坏防汛抗旱设施的违法犯罪活动，协助有关部门妥善处置因防汛抗旱引发的群体性治安事件，协助组织群众从危险地区安全撤离或转移。

民政部门：组织、协调防汛抗旱救灾工作。组织灾情核查，及时向防汛抗旱指挥部提供灾情信息。负责组织、协调水旱灾区救灾和受灾群众的生活救助。管理、分配救助受灾群众的款物，并监督使用。组织、指导和开展救灾捐赠等工作。

财政部门：组织实施防汛抗旱和救灾经费预算，及时下拨并监督使用。

国土资源部门：组织监测、预防地质灾害。组织对山体滑坡、崩塌、地面塌陷、泥石流等地质灾害勘察、监测、防治等工作。

建设部门：协助做好城市防汛抗旱规划制定工作的指导，配合有关部门组织、指导城市市政设施和民用设施的防洪保安工作。

铁道部门：组织铁路防洪保安工程建设和维护。负责所辖铁路工程及设施的防洪安全工作，组织清除铁路建设中的碍洪设施。组织运力运送防汛抗旱和防疫的人员、物资及设备。

交通部门：协调组织交通主管部门做好公路、水运交通设施的防洪安全工作；做好公路、水运设施的防洪安全工作；做好公路（桥梁）在建工程安全度汛防汛工作，在紧急情况下责成项目业主（建设单位）清除碍洪设施。配合水利部门做好通航河道的堤岸保护。协调组织地方交通主管部门组织运力，做好防汛抗旱和防疫人员、物资及设备的运输工作。

信息产业部门：负责指导协调公共通信设施的防洪建设和维护，做好汛期防汛抗旱的通信保障工作。根据汛情需要，协调调度应急通信设施。

水利部门：负责组织、协调、监督、指导防汛抗旱的日常工作。归口管理防汛抗旱工程。负责组织、指导防洪排涝和抗旱工程的建设与管理，督促完成水毁水利工程的修复。负责组织江河洪水的监测、预报和旱情的监测、管理。负责防汛抗旱工程安全的监督管理。

农业部门：及时收集、整理和反映农业旱、涝等灾情信息。指导农业防汛抗旱和灾后农业救灾、生产恢复及农垦系统、乡镇企业、渔业的防洪安全。指导灾区调整农业结构、推广应用旱作农业节水技术和动物疫病防治工作。负责救灾化肥、救灾柴油等专项补贴资金的分配和管理，救灾备荒种子、饲草、动物防疫物资储备、调剂和管理。

商务部门：加强对灾区重要商品市场运行和供求形势的监控，负责协调防汛抗旱救灾和灾后恢复重建物资的组织、供应。

卫生部门：负责水旱灾区疾病预防控制和医疗救护工作。灾害发生后，及时向防汛抗旱指挥部提供水旱灾区疫情与防治信息，组织卫生部门和医疗卫生人员赶赴灾区，开展防病治病，预防和控制疫情的发生和流行。

民航部门：负责监督检查各民用机场及设施的防洪安全；负责协调运力，保障防汛抗旱和防疫人员、物资及设备的运输工作，为紧急抢险和危险地区人员救助及时提供所需航空运输保障。

广播电影电视部门：负责组织指导各级电台、电视台开展防汛抗旱宣传工作。及时准确报道经防汛抗旱指挥部办公室审定的汛情、旱情、灾情和防汛抗旱动态。

安全生产监督管理部门：负责监督、指导汛期安全生产工作，在汛期特别要加强对水电站、矿山、尾矿坝及其他重要工程设施安全度汛工作的督察检查。

气象部门：负责天气气候监测和预测预报工作。从气象角度对汛情、旱情形势作出分析和预测。汛期，及时对重要天气形势和灾害性天气作出滚动预报，并向防汛抗旱指挥部及有关成员单位提供气象信息。

部队、武警、人武部门：负责组织部队、武警、人武部门实施抗洪抢险和抗旱救灾，参加重要工程和重大险情的抢险救灾工作。协助当地公安部门维护抢险救灾秩序和灾区社会治安，协助当地政府转移危险地区的群众。

由于各级防汛抗旱指挥部的组成单位不同，各级人民政府可按照实际情况，因地制宜地调整各成员单位的职责。

第五节 防汛抗旱责任制

防汛抗旱工作责任重大，必须建立健全各项责任制度。防汛抗旱责任制主要包括地方防汛抗旱行政首长负责制、分级负责制、分包责任制、岗位责任制、技术责任制等。各级政府要加强对防汛抗旱工作的领导，按照《中华人民共和国防洪法》规定，必须实行地方行政首长负责制。行政首长负责制是各种防汛抗旱责任制的核心，在实际工作中不断健全及深化，对取得防汛抗旱工作的胜利起着决定性的作用。行政首长防汛责任制要落实到防汛抗旱全过程，即汛期的抗洪抢险救灾和非汛期的组织动员、工作部署、检查督促、队伍建设、预案制定、物资储备等工作中，都要落实行政首长负责制。同时，各地可根据实际情况和工程项目，落实单项防汛抗旱责任制，确保防汛抗旱工作各个环节都有人抓、落得实。

一、防汛抗旱行政首长负责制

为战胜洪水和干旱灾害，平时要组织动员广大干部群众，使其在思想上、组织上做好充分准备，克服各种麻痹思想。一旦发生洪涝和干旱，在一个地方当人民生命财产遭受严重威胁时，就需要发挥政府职能，加强有效管理，动员和调动各部门各方面的力量，发挥各自的职能优势，同心协力共同完成。特别是在发生特大洪水时，抗洪救灾不只是政府的事，党、政、军都要全力以赴投入抗洪抢险救灾，政府发挥领导核心作用。紧急情况时，要当机立断作出牺牲局部、保护全局的重大决策。因此，需要各级政府的主要负责人亲自主持，全面领导和指挥防汛抢险救灾工作，保障防汛抗洪统一领导、统一指挥、统一调度的方针得以实施。根据《中华人民共和国防洪法》和《中华人民共和国防汛条例》的有关规定以及实际工作需要，我国的防汛抗旱工作实行各级人民政府行政首长负责制。

1987年4月11日，国务院领导在听取防汛抗旱工作汇报的会议纪要指出，"要进一步明确各级防汛抗旱责任制"，并规定"地方的省（市、区）长、地区专员、县长在防汛抗旱工作中负主要责任。并责成一名副职主抓防汛抗旱工作，但如果发生工作上的失误，造成严重失职，首先要追究省长、市长、专员、县长的责任"。以后统称之为"防汛抗旱行政首长负责制"。1991 年 7 月 2 日，国务院发布的《中华人民共和国防汛条例》和 1997 年 8 月 29 日全国人大常委会通过的《中华人民共和国防洪法》都明确防汛抗洪工作实行各级人民政府行政首长负责制。

作为各级政府的行政首长，为保障人民生命财产的安全和国民经济持续、快速、健康发展和社会稳定，对本地区的防汛抗旱工作负总责，责无旁贷。

（一）防汛抗旱行政首长工作职责

为进一步加强防汛抗旱工作，全面落实各级地方人民政府行政首长防汛抗旱工作负责制，经国务院领导同意，国家防汛抗旱总指挥部 2003 年印发了《各级地方人民政府行政首长防汛抗旱工作职责》（国汛〔2003〕1 号），规定地方各级行政首长防汛抗旱主要职责有：

（1）负责组织制定本地区有关防汛抗旱的法规、政策。组织做好防汛抗旱宣传和思想动员工作，增强各级干部和广大群众水的忧患意识。

（2）根据流域总体规划，动员全社会的力量，广泛筹集资金，加快本地区防汛抗旱工程建设，不断提高抗御洪水和干旱灾害的能力。负责督促本地区重大清障项目的完成。负责督促本地区加强水资源管理，厉行节约用水。

（3）负责组建本地区常设防汛抗旱办事机构，协调解决防汛抗旱经费和物资等问题，确保防汛抗旱工作顺利开展。

（4）组织有关部门制订本地区的防御江河洪水、山洪和台风灾害的各项预案（包括运用蓄滞洪区方案等），制订本地区抗旱预案和旱情紧急情况下的水量调度预案，并督促各项措施的落实。

（5）根据本地区汛情、旱情，及时作出防汛抗旱工作部署，组织指挥当地群众参加抗洪抢险和抗旱减灾，坚决贯彻执行上级的防汛调度命令和水量调度指令。在防御洪水设计标准内，要确保防洪工程的安全；遇超标准洪水，要采取一切必要措施，尽量减少洪水灾害，切实防止因洪水而造成人员伤亡事故；尽最大努力减轻旱灾对城乡人民生活、工农业生产和生态环境的影响。重大情况及时向上级报告。

（6）水旱灾害发生后，要立即组织各方面力量迅速开展救灾工作，安排好群众生活，尽快恢复生产，修复水毁防洪和抗旱工程，保持社会稳定。

（7）各级行政首长对本地区的防汛抗旱工作必须切实负起责任，确保安全度汛和有效抗旱，防止发生重大灾害损失。如因思想麻痹、工作疏忽或处置失当而造成重大灾害后果的，要追究领导责任，情节严重的要绳之以法纪。

（二）防汛抗旱行政首长工作的主要内容

1. 汛前工作

（1）抓好防汛抗灾措施的全面落实。具体讲，要抓好防汛责任制的落实、防汛抗灾资金的落实、防汛抢险队伍的落实、防汛通信指挥设施的落实、防汛抗灾物资的落实、城市和行业防洪措施的落实、蓄滞洪区群众转移措施的落实等。

（2）组织汛前检查。检查的主要内容有：在思想方面，干部、群众对防汛工作的认识，是否存在麻痹、松懈思想和畏难情绪。防汛动员、宣传、教育工作是否得力。在组织方面，以行政首长负责制为核心的各项防汛责任制，包括分级、分部门和技术岗位责任制的落实情况；防洪工程管理和防汛抢险组织是否健全，队伍是否落实到位。需当地驻军、武警部队协助抢险救灾的，是否已经汇报或联系。在机构方面，防汛指挥和办事机构的建立健全情况、工作条件、指挥手段以及存在的问题。在物资方面，防汛抢险物资、机械设备的购置、储备、使用情况；防洪工程抢险物料的到位情况。在经费方面，国家预算内防汛经费、地方或部门配套经费、群众自筹等经费的筹集使用情况及存在问题。在度汛方案方面，分级洪水调度方案、不同险工抢险预案、蓄滞洪区人员转移、安置方案、水库度汛计划、在建工程度汛方案及重要国民经济设施度汛保安措施等的制定、落实情况及存在的问题。在防洪工程方面，河道、水库、堤防、蓄滞洪区、闸坝、排涝站等防洪工程状况及存在的问题。河道湖泊水面是否被盲目围垦，清障任务是否完成，行洪通道是否畅通。在通信预警方面，防汛指挥调度、通信预报警报系统工作状况和存在的问题。在防洪信息系统和预报方面，水文和气象资料采集传输和处理系统工作状况，洪水预报情况及存在的问题。

2. 汛期工作

（1）密切关注雨情、汛情变化，分析研究防汛形势，指导防汛工作的正常开展。

（2）当江河、湖泊、水库的水情接近或达到警戒水位或者安全流量，或者防洪工程设施发生重大险情，情况紧急时，组织动员本区各有关单位和群众投入抗洪抢险。

（3）当洪水威胁群众安全时，及时组织群众撤离至安全地带，安排好群众的生活。

（4）当河道水位或者流量达到规定的分洪、蓄洪标准时，根据已审批的分洪、滞洪方案，组织实施分洪、滞洪措施。

（5）根据汛情灾情发展，及时召开指挥部成员会或紧急办公会，及时对形势作出判断，提出对策，对抗洪、抢险、救灾工作作出部署。

3. 汛后工作

（1）组织汛后检查，总结防汛工作。要组织有关部门对当年发生的洪水特性、洪涝灾害情况、形成原因、发生与发展过程，洪水调度和防汛抢险救灾中的经验教训、洪水调度方案的执行情况、防洪工程水毁状况等组织深入的调查研究，进行全面系统的总结。

（2）部署防汛准备工作。要按照当年汛期结束之日就是下个汛期准备工作开始之时的精神，抓好水毁工程的修复、江河水位防洪调度方案和应急度汛方案的修订、防洪工程建设和除险加固、防汛物资的补充、防汛通信和洪水警报系统的完善等工作。

（三）防汛抗旱安全事故责任追究

为认真落实防汛抗旱行政首长负责制，严肃防汛抗旱纪律，依法追究防汛抗旱安全事故行政责任人的责任，2004年国家防汛抗旱总指挥部办公室根据《中华人民共和国防洪法》、《中华人民共和国行政监察法》、《中华人民共和国防汛条例》、《国务院关于特大安全事故行政责任追究的规定》等法律、法规和国家防汛抗旱总指挥部《关于各级地方人民政府行政首长防汛抗旱工作职责》的有关规定，组织制定了《防汛抗旱安全事故责任追究暂行办法》（以下简称《办法》）。

该《办法》规定：各级地方人民政府防汛抗旱行政责任人以及按照防汛抗旱责任制要求明确的具体区域或工程的有关行政责任人，对所管辖范围内发生的防汛抗旱安全事故，因失职、渎职或工作不力，造成重大经济损失、人员伤亡或者对社会稳定造成不良影响的，要依法追究其责任并按照有关规定给予行政处分；构成犯罪的，依法追究其刑事责任。

二、其他防汛责任制度

1. 分级责任制

根据河系以及水库、堤防、闸坝、水闸等防洪工程所处的行政区域、工程等级和重要程度以及防洪标准等，确定省（自治区、直辖市）、地（市）、县各级管理运用、指挥调度的权限责任。在统一领导下实行分级管理、分级调度、分级负责，落实分级责任制。

2. 分包责任制

为确保重点地区和主要防洪工程的汛期安全，各级政府行政负责人和防汛指挥部领导成员实行分包责任制。对于分部门承担的防汛任务和所辖防洪工程实行部门责任制。例如分包水库、分包堤段、分包蓄滞洪区、分包地区等。为了"平战"结合，全面熟悉工程情况，把同一河段的岁修、清障、防汛三项任务，实行"三位一体"纳入分包责任内，做到一包到底。分包责任制主要内容是：

（1）常年负责检查、督促责任区，贯彻落实省委、省政府、省防汛抗旱指挥部关于防汛、抗洪、抢险、救灾工作各项决策的情况。

（2）协同地方政府抓好汛前准备工作，及时处理险工隐患，完善调度方案。

（3）发生暴雨、洪水、险情和灾情，及时上岗到位，与地方政府一起组织好防汛抢险和救灾工作。

（4）督促执行防御特大洪水方案，发生特大洪水需要分蓄洪或溃垸时，做好安全转移工作。

（5）灾后要千方百计帮助灾区恢复生产，妥善安置灾民，修复水毁工程。

（6）及时协调处理有关防汛抗旱方面的问题，帮助地方政府总结和交流防汛抗旱的经验教训。

3. 岗位责任制

汛期管理好水利工程特别是防洪工程，对做好防汛工作、减少灾害损失至关重要。工程管理单位和管理人员以及护堤员、抢险队等要制定岗位责任制。明确任务和要求，定岗定责，落实到人。岗位责任制的范围、项目、责任时间等，要做出条文规定，要有几包几定，一目了然。要制定评比、检查制度，发现问题及时纠正，以期圆满完成岗位任务。在实行岗位责任制的同时要加强政治思想教育，调动职工的积极性，强调严格遵守纪律。

4. 技术责任制

在防汛抢险中为充分发挥工程技术人员的技术专长，实现优化调度，科学抢险，提高防汛指挥的准确性和科学性。凡是有关预报数值、评价工程抗洪能力、制定调度方案、采取抢险措施等技术问题，应由各专业技术人员负责，建立技术责任制。关系重大的技术决策，要组织相当技术级别的人员进行咨询，博采众长，以防失误。

第六节 责任状的签订

为保证落实各级防汛抗旱责任制，我国各地经过长期防汛抗旱工作的实践，探索了一些落实各项责任制的办法，即：省与市（州）、市（州）与县（市、区）、县（市、区）与乡（镇）层层签订了责任状。责任状的签订，对防汛抗旱责任人予以通报，确保了责任到人，促进了防汛抗旱工作的开展，落实了江河、水库、堤垸及城市的防汛抗旱责任人，加强了对因官僚主义、玩忽职守、工作不力造成严重损失者的责任追究。

防汛抗旱责任状的主要内容有：防汛抗旱行政首长负责制落实、防汛抗旱检查工作、防洪抗旱预案修订、防汛抗旱物资与抢险队伍落实、防汛抗旱经费落实和防洪度汛工程建设等。

责任状的签订、形式和种类可根据各地实际需要，灵活多样。下面一例是××省人民政府与所辖各市（州）人民政府签订的防汛工作责任书式样，供参考。

××省防汛工作责任书

为贯彻落实全省防汛抗旱工作会议精神，切实做好今年的防汛工作，确保安全度汛，依据《中华人民共和国防洪法》、《国务院关于特大安全事故行政责任追究的规定》和国家防汛抗旱总指挥部（以下简称国家防总）《关于各级地方人民政府行政首长防汛抗旱职责》、《防汛抗旱安全事故责任追究暂行办法》的规定和要求，防汛工作实行地方人民政府行政首长负责制，省人民政府与_____市人民政府签订_____年度防汛工作责任书。

一、目标和要求

1. 目标

遇××年型洪水，平原区不溃一堤一垸；遇设计标准内洪水，不垮一库一坝，山洪灾害尽量减少人员伤亡。遇超标准洪水，实现"四个确保"，即确保重要城市安全、确保大中型水库安全、确保重点堤防安全、确保重要交通干线安全。

2. 要求

（1）防汛责任人要认真履行职责，切实担负起指挥防汛抗灾的重任。

（2）认真搞好汛前检查督促，落实各种防汛责任制，切实做好各项防汛准备工作。

（3）建立健全防汛抢险组织，加强抢险技术人员的培训，对区域内的工程，要全力做好防汛抢险工作。

（4）按照确定的标准和分级负责原则，储足备齐各类防汛抢险物资器材。

（5）完善防汛抗灾的各类预案，包括各类水库等防洪工程的调度方案、堤防防守及紧急转移和救生方案、山洪灾害防御预案、城市防洪预案、各类险情抢护预案等。

（6）市级财政要增加防汛投入，加大对汛前应急除险工程处理力度，同时，要督促县级财政增加防汛投入，保证配套资金落实到位，确保工程安全度汛。

二、考核与奖惩

年底，省人民政府将对各市（州）人民政府防汛责任书的执行情况进行考核，对成绩显著的要给予表彰或奖励；对执行不好的要给予通报批评；对未认真履行职责，造成本地区发生严重灾害损失的，应根据情节轻重，给予警告、记过、降级或者撤职的行政处分；对玩忽职守、工作不力造成严重后果，社会影响特别恶劣的，依法追究刑事责任。

省人民政府代表（签名）：

市（州）人民政府代表（签名）：

年　　　月　　　日

第七节　表　彰　与　处　罚

一、表彰

《中华人民共和国防汛条例》在第七章对在抗洪抢险中的奖励和处罚条件作了明确规定，县级以上人民政府可以给防汛抗旱先进个人和先进集体进行表彰奖励。防汛抗旱先进集体和个人的评选条件是：

（1）在执行抗洪抢险任务时，组织严密，指挥得当，防守得力，奋力抢险，出色完成任务者。

（2）坚持巡堤查险，遇到险情及时报告，奋力抗洪抢险，成绩显著者。

（3）在危险关头，组织群众保护国家和人民财产，抢救群众有功者。

（4）为防汛调度、抗洪抢险献计献策，效益显著者。

（5）气象、雨情、水情测报和预报准确及时，情报传递迅速，克服困难，抢测洪水，因而减轻重大洪水灾害者。

（6）及时供应防汛物料和工具，爱护防汛器材，节约经费开支，完成防汛抢险任务成绩显著者。

（7）有其他特殊贡献，成绩显著者。

防汛抗旱先进集体、先进个人的评选工作，要本着突出防汛抗旱第一线的基层单位和基层干部、群众的原则，严格按照评选条件，充分发扬民主，走群众路线，采取自下而上的方法评选产生。各地基层单位认真组织好民主评选推荐工作，各级防汛抗旱、组织、人事部门按干部管理权限层层审核把关，逐级签署意见。把为防汛抗旱工作作出贡献的先进集体和先进个人评选出来，进行表彰与鼓励，促进今后防汛抗旱工作的有力发展。

二、处罚

在防汛抗旱斗争中，按照《中华人民共和国防洪法》和《中华人民共和国防汛条例》的规定，有些行为对防汛抗旱工作造成了不良的影响和后果。视情节和危害程度，由其所在单位或者上级主管机关给予行政处分；应当给予治安管理处罚的，要依照《中华人民共和国治安管理处罚条例》的规定处罚；构成犯罪的，要依法追究刑事责任。

（1）拒不执行经批准的防御洪水方案、洪水调度方案，或者拒不执行有管辖权的防汛指挥机构的防汛调度方案或者防汛抢险指令的。

（2）玩忽职守，或者在防汛抢险的紧要关头临阵逃脱的。

（3）非法扒口决堤或者开闸的。

（4）挪用、盗窃、贪污防汛或者救灾的钱款或者物资的。

（5）阻碍防汛指挥机构工作人员依法执行公务的。

（6）盗窃、毁损或者破坏堤防、护岸、闸坝等水工程建筑物和防汛工程设施以及水文监测、测量设施、气象测报设施、河岸地质监测设施、通信照明设施的。

（7）其他危害防汛抢险工作的。

第三章 防汛工作程序

在长期抗御洪水灾害的过程中，我国人民积累了丰富的抗洪抢险经验。特别是 20 世纪 80 年代以来，我国防汛工作逐步走上了正规化、规范化、制度化的轨道，形成了一系列规范运作、行之有效的防汛工作程序。

第一节 汛 前 准 备

洪水灾害的发生有一定的规律性，防汛工作就是根据掌握的洪水特征，有针对性地做好预防工作，采取积极预防措施，减少洪水灾害损失。对汛期洪水，首先是立足于防。每年汛期到来之前，必须按照可能出现的情况，充分做好各项防汛抢险准备，通过周密安排部署，完善组织机构，组建抢险队伍，储备防汛物料，修订防洪预案，开展汛前检查、度汛工程建设等，落实思想、组织、工程、物质、通信、水文预报和防御方案等方面的准备工作，做到有备无患，为战胜洪水打下可靠的基础。

一、汛前准备和部署

防汛工作涉及面广，需要各有关部门的共同参与。每年汛前，各级政府和防汛抗旱指挥部都必须召开专门的防汛工作会议，对防汛工作进行全面部署。防汛准备在各项准备工作中占有首要的地位。准备工作是否充分，将直接影响到各项防汛工作的落实。各级防汛机构要结合部署防汛工作，大力宣传防汛抗灾的重要意义。通过认真总结历年防汛抢险的经验教训和抗洪减灾的成就，从而使广大干部和群众，切实克服麻痹思想和侥幸心理，坚定抗灾保安全、抗灾夺丰收的信心，增强防洪减灾意识，树立起顾全大局、团结协作的思想。同时要加强法制宣传，张贴印发有关防汛工作的法规、办法，增强人们的法制观念，坚持依法防汛，自觉履行法律赋予的防汛抢险义务，抵制一切有碍防汛工作的不良行为。

二、防汛组织机构完善

防汛是动员组织全社会的人力和物力防止和抗御洪涝灾害，必须要有健全而严密的组织系统。防汛指挥机构是一个综合协调的参谋机构，按照《中华人民共和国防洪法》、《中华人民共和国防汛条例》的规定，有防汛任务的县级以上地方人民政府必须设立由有关部门、当地驻军、人民武装部负责人等组成的防汛指挥机构，领导指挥本地的防汛抗洪工作。

每年汛前，各地要根据防汛指挥机构部门人员的变化情况，对防汛指挥机构进行调整，以政府文件印发落实。同时，各级防汛指挥机构还要根据防汛工作的实际需要，对防汛指挥机构中的各部门职责任务进行明确，下发文件执行。每年汛前要做好的各项组织准备工作主要有：

（1）建立健全防汛机构。各级政府由有关部门和单位组成防汛指挥机构。各级政府在年初及时明确防汛指挥长和指挥部组成人员，完善指挥机构，汛前召开指挥长会议，充实防汛抗旱办公室力量。

（2）做好水情测报传输组织准备工作。

（3）做好各部门协作配合的组织准备，完善汛期互通信息网络。

（4）各级有防汛岗位责任的人员，要做好汛期上岗到位的组织准备。

（5）各级防汛部门要做好防汛队伍的组织准备。

（6）做好当地驻军和武警部队投入防汛工作的部署准备。

三、防汛队伍组建及培训

防洪工程是抗御洪水的屏障，但为了取得防汛抢险斗争的胜利，必须要有坚强有力的防汛抢险队伍。长期与洪水灾害斗争的经验教训告诉人们，每年汛前必须组织好人员精干、组织严密、责任分明的防汛抢险队伍。

（一）防汛队伍组建

防汛抢险队伍的组建，要坚持专业队伍与群众队伍相结合，实行军（警）民联防。做到组织严密，调度灵活，听从指挥，服从命令，行动迅速，并建立技术培训、抢险演练制度。真正做到思想、组织、技术、物资、责任"五落实"，达到"招之即来，来之能战，战之能胜"的目的。各地防汛队伍名称不同，基本上可以分为专业队、常备队、预备队、群众抢险队、机动抢险队等。

1. 专业队

专业队是防汛抢险的技术骨干力量，由水利、防汛专家和河道堤防、水库、闸坝等工程管理单位的管理人员、护堤员、护闸员等组成。平时根据管理养护掌握的情况，分析工程的抗洪能力，划定险工、险段的部位，做好出险时抢险的准备。进入汛期即投入防守岗位，密切注视汛情，加强检查观测，及时分析险情。专业队要不断学习管理养护知识和防汛抢险技术，并做好专业培训和实战演习。

2. 常备队

常备队又称防汛基干班，是群众性防汛队伍的基本组织形式，人数比较多。由沿河道堤防两岸和闸堤、水库工程周围的乡、村、城镇街道居民中的民兵或青壮年组成。常备防汛队伍汛前登记造册编成班组，做到思想、工具、料物、抢险技术"四落实"。汛期按规定达到防守水位时，分批组织出动。在蓄滞洪区、库区以及水库下游影响区也要成立群众性的转移救护队伍，如救护组、转移组、留守组等。

3. 预备队

预备队是防汛的后备力量，当防御较大洪水或紧急抢险时，为补充加强一线防守力量而组建的，人员条件和范围更宽一些。必要时可以扩大到距河道堤防、水闸、闸坝较远的县、乡和城镇，并落实到户到人。

4. 群众抢险队

抢险是抢护工程设施脱离危险的突击性活动，关系到防汛的成败，这项活动既要迅速及时，又要组织严密，统一指挥。汛前，由群众防汛队伍中选拔有抢险经验的人员组成抢险队，汛期当发生险情时立即抽调抢险队，配合专业队投入抢险。

5. 机动抢险队

为了提高抢险效果，在一些主要江河堤段和重点工程可建立训练有素、技术熟练、反应迅速、战斗力强的机动抢险队，承担重大险情的紧急抢护任务。机动抢险队要与管理单位结合，人员相对稳定。平时结合工程的管理养护，提高技术，参加培训和实践演习。机动抢险队应配备必要的交通运输和施工机械设备。

除上述防汛队伍外，要实行军民联防，人民解放军、人民武装警察是防汛抢险的突出力量，是取得防汛抗洪胜利的主力军。每当发生大洪水的紧急抢险时，他们不怕艰难，勇敢地承担了重大的防汛抢险和抢救任务。汛前防汛指挥部要主动与当地驻军联系，通报防御方案和防洪工程情况，明确部队防守任务和联络部署情况。

（二）防汛队伍培训

防汛抢险工作技术性强，各级防汛领导和各类防汛抢险专业队伍在汛前进行学习和培训，讲授抢险知识，要举行必要的实战演习，熟练技能。各级防汛指挥部要根据职责范围分级培训，特别注重专业培训和基层队伍培训，提高技术水平。

四、防汛抢险物资储备

防汛物料是防汛抢险的重要物质条件，是防汛准备工作的重要内容。汛期在防洪工程发生险情时，要根据险情的种类和性质尽快选定合适的抢险材料进行抢护。这就要求抢险物料必须品种齐全，保证足够的数量，并且迅速运送到险工险段，才能化险为夷。

每年汛前，各级防汛部门要核查防汛物料库存情况，根据防汛任务的大小，下达防汛物料储备计划，落实采购任务。常用的防汛物料主要有：块石、砂料、碎石、木桩、楠竹、草袋、麻袋、编织袋、土工膜布、铅丝、绳索、芦柴、油料、照明器材、救生设备、运输工具等。汛前还要对防汛砂石堆场、防汛木材、铅丝等器材仓库逐个盘查。检查所备防汛物料品种是否齐全，数量定额是否达标，储放分布是否合理，调运计划是否落实，料堆、库房是否安全等。汛前要对照明、救生、机械设备等进行检修和测试。堤防应备好预备土料和划定取土区。对于用量多的防汛物料应采取依靠群众就地取材的办法进行筹集和储备，或者是所辖区内的工商企业等单位筹集，但应在汛前预估可用数量，进行登记造册，制定调运计划。运送抢险物料的交通道路要保持畅通。

由于防汛抢险物料一般需求数量大，品种繁多，常用的防汛物料除由防汛部门储备外，还有相当的大宗物料需要各地因地制宜，就地定点储存。国家防总制定了《中央级防汛物资储备及其经费管理办法》，对不同地区防汛抢险物料的储备品种和数量作出规定。近年来，各地采取地方定点储备、社会团体储备和群众储备相结合，实物储备和资金储备相结合的方式，形成了行之有效的防汛物资储备管理体制，满足了防汛抗洪抢险需要。

五、防汛预案修订

防洪预案是指防御江河洪水灾害、山地灾害、风暴潮灾害、冰凌洪水灾害和水库溃坝洪水灾害等灾害的具体措施和实施步骤，是在现有工程设施条件下，针对可能发生的各类洪水灾害而预先制定的防御方案、对策和措施，是各级防汛指挥部门实施决策和防洪调度、抢险救灾的依据。主要的预案：大江大河流域防御洪水方案和洪水调度方案、流域度汛方案和蓄滞洪区洪水调度预案、水库汛期调度运用计划、城市和围（圩）垸度汛方案、内湖防洪排涝调度方案、蓄滞洪区救生和转移安置方案、特大洪涝灾害应急预案等。

按照《中华人民共和国防汛条例》的规定，国家防总办公室于1996年印发了《防洪预案编制要点（试点）》，对防汛预案的编制原则、基本内容提出了具体要求，规范了防洪预案编制工作。防洪预案主要包括：汛情传递、人员撤离安置、工程调度、通信联络、物料调用、抢险队伍调度、后勤保障等方面的内容。各级防汛指挥部门根据流域规划和防汛实际情况，按照确保重点，兼顾一般的原则，制定所辖范围内的防御洪水方案，并报上级审批，以备实施。对于原有的防御洪水方案要检查有无补充修订。

对防御洪水方案要做好宣传教育工作，做到统一思想、统一认识。要善于总结上年度防洪方案执行情况，不断改进措施。有防洪任务的水库和蓄滞洪区要根据政府批准的江河防洪方案制定汛限水位和运行调度计划，加强河道岸线管理，清除河道阻水障碍，提高防汛抗洪效益。只有制定详尽全面、可操作性强的防洪预案，才能保证抗洪抢险工作有条不紊、忙而不乱。各级防汛指挥部门要把防汛预案编制作为防汛工作的一项重要内容，抓好落实。汛前，要根据流域内经济社会状况、工程变化等因素，对防御洪水预案进行全面修订完善。江河、水库、蓄滞洪区等单项工程的防洪运用方案，要随情况的变化予以补充完善，并按照有关规定分级审批执行。防洪预案制定后，要按照《中华人民共和国防洪法》规定的权限审批，一经审批，就具有绝对权威性和法律性，一般不得随意改变。如有重大改变，则要上报原审批部门重新审批。

六、汛前检查及查险除险

汛前检查是消除安全度汛隐患的有效手段，其目的就是发现和解决安全度汛方面存在的薄弱环节，为汛期安全度汛创造条件。汛前，各级防汛指挥部门要提早发出通知，对各级、各部门汛前大检查工作提出具体要求，自下而上组织汛前大检查，发现影响防洪安全的问题，责成责任单位在规定的期限内处理，不得贻误防汛抗洪工作。

在汛前检查过程中，要制定检查工作制度，实行检查工作登记表制度，落实检查人和被检查人的责任。对检查中发现的问题，将任务和责任落实到有关单位和个人，明确责任分工，限汛前完成任务，堵塞不安全漏洞，消除安全度汛隐患。

各有关部门和单位要按照防汛指挥部的统一部署，对所管辖的防洪工程设施进行汛前检查后，必须将影响防洪安全的问题和处理措施报有管辖权的防汛指挥部和上级主管部门，并按照防汛指挥部门的要求予以处理。

（一）汛前检查

每年汛前各级防汛抗旱指挥部要组织工作组，对辖区的防汛准备工作进行大检查，重点检查的主要内容：

（1）水利防洪工程建设扫尾情况。

（2）重点水利防洪工程及水毁工程修复的质量和进度情况。

（3）防汛组织机构，城市、水库、堤防防汛责任制的落实情况。

（4）防汛抢险队伍的组建与抢险技术培训情况。

（5）防汛思想准备及防汛工作部署情况。

（6）防汛信息系统、防汛通信、水文设施的运行状况。

（7）堤防、水库除险加固情况。

（8）各类防汛物资器材储备及防汛除险资金落实情况。

（9）各类防汛预案的修订及蓄滞洪区蓄洪安全转移预案的修改完善情况。

（10）在建水利工程的安全度汛预案制定情况。

（11）当前防汛工作中存在的突出问题和困难。

（二）查险除险

汛前江河水库水位低、雨水少、施工条件较好、汛前处理隐患有事半功倍之效，应抓住时机处理完险工。汛前水位较低时发现的塌陷、裂缝等隐患要及时处理；枯水期开堤破口的工程要在汛前堵复；各类阻碍行洪的物体在汛前及时清除。对汛前不能完工的除险项目，要制定安全度汛措施，确保度汛安全。

第二节　防汛会商与决策

由于气象、水文等自然现象随机性很大，在现在技术条件下我们还不可能准确地预报降水和洪水，所以给防汛指挥带来了很大的困难。因此，在防汛指挥决策过程中，必须召集涉及防汛的有关方面专家，对指挥调度方案进行会商分析，作出准确的决策。防汛会商是防汛指挥机构集体分析研究决定重要洪水调度和防汛抢险措施的手段。

一、防汛值班

防汛值班是防汛抗洪工作的一项最基本的工作。做好防汛值班工作，时刻掌握汛情信息，及时传递反映，是取得防汛抗洪工作胜利的先决条件。防汛值班工作责任重大，一定要严明防汛值班纪律，建立健全制度，落实防汛值班工作责任制。为了使防汛抗旱指挥部办公室的工作进一步规范化、制度化，更好地满足防汛抗旱工作的需要，各级防汛抗旱办公室制定颁布了有关工作制度，作为日常工作的准则。

（一）防汛抗旱指挥部值班制度

1. 防汛指挥长值班制度

（1）汛期主持防汛日常指挥，保持 24h 与防汛值班联系。

（2）及时召开防汛会商会，对紧急抢险及时作出决策。

（3）及时向上级首长汇报重大事宜。

（4）及时督促职责范围内各级行政首长执行国家防总的决议。

2. 防汛办公室值班制度

（1）汛期，各级防汛抗旱办公室和有防汛任务的指挥部成员单位要实行昼夜值班，值班室 24h 不离人。

（2）值班人员必须坚守岗位，忠于职守，熟悉业务，及时处理日常防汛工作中的问题。要严格执行领导带班制度，汛情紧急时，有关领导要亲自值班。

（3）积极主动抓好情况搜集和整理，及时了解和掌握气象、水文、灾情、工险情信息，认真做好值班记录。

（4）重要情况及时向有关领导和部门报告，做到不迟报、不误报、不漏报，并详细登记处理结果。

（5）值班人员应在班内处理完本班日常事务，特殊情况需要下一班继续办理时，应交待清楚，签名交接。

（二）雨、水、工、灾情的监视制度

气象、水文是防汛抗洪的耳目。及时准确的雨水情和工情、险情、灾情信息，是防汛指挥决策和组织抗洪抢险救灾的关键条件。各级防汛指挥部门要落实雨水情监测责任体系，确保汛情信息畅通。

气象部门每天要定时向当地防汛指挥部门传递天气预报和雨情信息，定期提供中、长期天气趋势预测。遇有重要天气，要及时加密测报，根据情况紧急进行分析会商。

水文部门完善水文预报方案，做到及时、准确、安全地测报洪水，按照水文预报规定向防汛部门发布洪水预报和水情报汛。当江河洪水达到设防标准时，加密测报，每 1h 测报一次。

建立严格的洪涝灾情和工情报告制度。洪涝灾害发生后，各级防汛部门必须在第一时间逐级迅速上报洪涝灾情和工程险情报告。同时，按照规定在灾害发生 24h 内，把洪涝灾情统计简表逐级报告。

1. 气象和雨水情收集、汇报制度

（1）及时了解并准确掌握雨情、水情，定时定点收集，做好统计分析工作。做好中短期雨情、水情预报和每天雨水情汇报。

（2）对灾害性气象、水文信息，应加强纵、横向联系，主动通报。

（3）发生暴雨洪水或出现其他灾害性天气，应立即收集雨情、水情和灾情并及时上报。

（4）堤防进入警戒水位，逐日填报堤防水情表等。

2. 险情汇报、登记制度

（1）及时做好各类水利工程的清隐查险工作，发现险情分类登记造册，逐级上报。

（2）水利工程发生较大险情，应及时报告并迅速组织抢险。重大险情和工程事故应查明原因，并写出专题报告。

（3）水利工程发生险情需要上级派潜水员和专家抢险时，按有关规定办理。

（4）汛后提出险情处理意见。根据先急后缓的原则，分项列出当年急需处理的病险工程，对暂时无力解决的工程，督促当地防汛部门落实临时度汛方案和抢险措施。

3. 洪涝灾害汇报登记制度

（1）洪涝灾害发生后，应及时汇报灾害情况，并密切注视灾情发展变化，随时上报灾情和抗灾动态。

（2）洪涝灾害统计上报时间分为时报、月报和年报。时报在发生灾害后及时核实上报。

（3）发生洪涝灾害时，要及时填报抗洪情况统计表（上防汛劳力后每日一次）、排渍情况表（发生渍灾后每日报一次）。

（4）及时用电话、传真、网络、简报、专题报告、照片、录像等方式反映情况。

二、会商形式和类型

在多年防汛工作实践中，各级防汛指挥机构逐渐形成了一套会商制度。进入汛期后，各地根据天气和水情变化，不定期地召集水文、气象等部门举行会商会议。进入主汛期后，如果汛情严峻，各级防汛抗旱指挥部定时召开防汛会商会议，通报汛情形势和防汛工作情况，对一些重大问题进行会商决策。

防汛会商一般采用会议方式，多数在防汛会商室召开，特别情况下也有现场会商，随着信息化的建设和发展，电视电话会商、远程异地会商也采用。

会商类型，按研究内容可分为：一般汛情会商、较大汛情会商、特大（非常）汛情会商和防汛专题会商。

1. 一般汛情会商

一般汛情会商是指汛期日常会商，一般量级洪水、凌汛、海浪发生时，对堤防和防洪设施尚不造成较大威胁时，防汛工作处于正常状态。但沿堤涵闸、水管要注意关闭，洲滩人员要及时转移，防汛队员要上堤巡查，防止意外事故发生。

2. 较大汛情会商

较大汛情会商是指较大量级洪水、凌汛、海浪发生时会商，此种情况洪峰流量达河道安全泄量，洪水或海浪高达到堤防设计高程。部分低洼堤防受到威胁，抗洪抢险将处于紧张状态。水库等防洪工程开启运用，需加强防守，科学调度。

3. 特大（非常）汛情会商

特大（非常）汛情会商是指特大（非常）洪水、凌汛、海浪发生时，洪峰流量和洪峰水位或海浪高超过现有安全泄量或保证水位的情况下的会商。此时，防汛指挥部要宣布辖区内进入紧急防汛期，为确保人民生命财产安全，将灾害损失降到最低程度。要加强洪水调度，充分发挥各类防洪工程设施的作用，及时研究蓄滞洪区分洪运用和抢险救生方案。

4. 防汛专题会商

防汛专题会商研究防汛中突出的专题问题，如：

（1）工程抢险会商，重点决定抢险措施。

（2）洪水调度会商，重点研究决定水库、蓄滞洪区的实时调度方式。

（3）避险救生会商，重点研究山洪、垮坝、溃垸时救生救灾措施。

根据所需决策的内容，汇报和讨论发言侧重不同。汛情分析重点汇报气候、水情方面；抢险措施研究，重点汇报工情和技术；洪水调度重点研究水库、洪道、蓄洪滞洪情况。

三、会商程序

（一）一般汛情会商

1. 会商会议内容

（1）听取气象、水文、防汛、水利业务部门关于雨水情和气象形势、工程运行情况汇报。

（2）研究讨论有关洪水调度问题。

（3）部署防汛工作和对策。

（4）研究处理其他重要问题。

2. 参加会商的单位和人员

（1）会议主持人：防汛抗旱指挥部副指挥长或防汛抗旱指挥部办公室主任。

（2）参加单位和人员：水行政主管部门，水文、气象部门负责人和测报人员，防汛技术专家组组员，其他有关单位和人员可另行通知。

3. 各部门需办理的事项和界定责任

（1）水文部门：及时采集雨情、水情，作出实时水文预报；按规定及时向防汛抗旱指挥部办公室及有关单位、领导报送水情日报和雨水情分析资料；并密切关注天气发展趋势和水情变化。

（2）气象部门：负责监视天气形势发展趋势，及时作出实时天气预报，并报送防汛抗旱指挥部办公室；提供未来天气形势分析资料。

（3）防汛抗旱指挥部办公室：负责全面了解各地抗洪抢险动态，及时掌握雨水情、险情、灾情，以及上级防汛工作指示的落实情况；保证防汛信息网络的正常运行；处理防汛日常工作的其他问题。

（4）其他部门按需要界定其责任。

4. 会商结果

会商结果由会议主持人决定是否向党委、政府和有关部门和领导报告。

（二）较大汛情会商

1. 会商会议内容

（1）听取雨水情、气象、险情、灾情和防洪工程运行情况汇报，分析未来天气趋势及雨水情变化动态。

（2）研究部署辖区面上抗洪抢险工作，研究决策重点险工及应采取的紧急工程措施，指挥调度重大险情抢护的物资器材，及时组织调配抢险队伍，有必要时可申请调用部队投入抗洪抢险。

（3）研究决策各类水库及其他防洪工程的调度运用方案。

（4）向同级政府领导和上级有关部门报告汛情和抗洪抢险情况。

（5）研究处理其他有关问题。

2. 参加会商的单位和人员

（1）会议主持人：防汛抗旱指挥部指挥长或副指挥长。

（2）参加单位和人员：副指挥长、调度专家、防汛人员、水文部门、水情预报专家、气象部门、气象预报专家、部分防汛抗旱指挥部成员单位，其他有关单位和人员可视汛情通知。

3. 各部门需办理的事项和界定的责任

（1）水文部门：要根据降雨实况及时作出水文预报，依据汛情、雨情和调度情况的变化作出修正预报，按规定向防汛指挥部办公室和有关单位、领导报送水文预报、水情日报、雨水情加报及雨水情分析资料。

（2）气象部门：要按照防汛指挥部和有关领导的要求，及时作出短期天气预报以及未来1、3、5日天气预报，并及时向防汛指挥部办公室和有关领导、单位提供日天气预报或时段天气预报、天气形势及实时雨情分析资料。

（3）水利部门：要全面掌握，并及时提供堤防水库等防洪工程运行状况及险情、排涝及蓄洪区准备情况，并要求做好24h值班工作，密切监视水利工程运行状况。

（4）防汛指挥部办公室：要加强值班力量，做好情况综合、后勤服务等，及时组织收集水库、堤垸以及雨水情、工情、险情、灾情和各地抗洪抢险救灾情况，随时准备好汇报材料，密切监视重点防汛工程的运行状况，提供各种供水实时调度方案；做好抗洪抢险物资、器材、抗洪救灾人员等组织调配工作，发布汛情通报，及时编发防汛快讯、简报或情况综合。

（5）防汛抗旱指挥部各成员单位：按照各自的职责做好本行业的防汛救灾工作；同时视汛情迅速增派人员分赴各自的防汛责任区，指导、协助当地的防汛抗洪、抢险救灾工作。

4. 会商结果

会商结果由指挥长或副指挥长决定，是否向政府、党委和上级部门及领导汇报。

5. 防汛紧急会议

除召开上述常规防汛会商会议外，指挥长可视汛情决定是否召开指挥部紧急会议。防汛紧急会议由指挥长、副指挥长、技术专家和有关的防汛抗旱指挥部成员单位负责人参加，就当前抗洪抢险工作的指导思想、方针、政策、措施等问题进行研究部署。

（三）特大（非常）汛情会商

1. 会商会议内容

（1）听取雨情、水情、气象、工情、险情、灾情等情况汇报，分析洪水发展趋势及未来天气变化情况。

（2）研究、决策抗洪抢险中的重大问题。

（3）研究抗洪抢险救灾人、物、财的调度问题。

（4）研究决策有关防洪工程〔如水库、蓄洪垸（圩）〕拦洪和蓄洪的问题。

（5）协调各部门抗洪抢险救灾行动。

（6）传达贯彻上级部门和领导关于抗洪抢险的指示精神。

（7）发布洪水和物资调度命令及全力以赴投入抗洪抢险动员令。

（8）向党委、政府和上级部门和领导报告抗洪抢险工作。

2. 参加会商的单位和人员

（1）会议主持人：指挥长或党委、政府主要领导。

（2）参加单位和人员：副指挥长、调度专家、防汛指挥部各成员、水文部门负责人、气象部门负责人、水情预报专家、气象预报专家、防汛指挥部办公室负责人，其他单位可根据需要另行通知。

3. 各部门和单位需办理的事项和界定的责任

（1）水文部门：负责作洪水过程预报；作雨情、水情和洪水特性分析，及时完成有关的分析任务；要及时了解天气变化形势，密切监视雨水情变化动态，并及时作出修正预报。

（2）气象部门：负责作时段气象预报、天气形势和天气系统分析，及时完成有关的其他气象分析任务，密切监视天气演变过程，并将有关情况及时报防汛指挥部办公室及有关领导，做好 24h 值班工作。

（3）水利部门：要全面掌握堤防、水库等防洪工程的运行防守情况，及时提供各类险情、分蓄洪区的准备情况，重大险情要及时报告防汛指挥部领导，并提出防洪抢险措施。

（4）防汛指挥部办公室：进一步加强值班力量，负责收集综合雨情、水情、工情、险情、灾情、堤防、水库等防洪工程运行状况以及抗洪情况，组织、协调各部门防洪抢险工作，及时提出抗洪抢险人员、物资器材调配方案及采取的应急办法，提出利用水库、蓄洪垸等防洪工程的拦洪或分蓄洪的各种方案，通过宣传媒体及时发布汛情紧急通报，及时编发防汛快讯、简报或情况综合等。

（5）防汛抗旱指挥部各成员单位要派主要负责人及时到各自的防汛责任区指导、协助当地的防汛抗洪和抢险救灾工作，并组织好本行业抗洪抢险工作。

（6）社会团体和其他单位要严阵以待，听候防汛指挥部的调遣。

4. 会商结果

会商结果责成有关部门组织落实，由会议主持人决定以何种方式向上级有关部门和领导报告。

四、指挥决策

防汛抗洪指挥决策包含防汛指挥调度决策和抗洪抢险指挥决策两个方面。

（一）防汛指挥调度决策

防汛指挥调度决策主要是各级防汛指挥部门的主要领导召集防汛指挥机构各成员和技术人员会商，听取水文、气象情况和工情、险情汇报，研究汛情、险情的发展趋势，对水库防洪调度、江河干流洪水调度、分洪蓄滞洪区运用、重点防洪目标防守、洪水威胁区人员撤离等重大问题进行研究决策。

在防汛指挥调度决策中，各级指挥长负有重大责任和使命。因此，必须把握好以下几点：

一是要正确决策。正确的决策是夺取抗洪抢险斗争胜利的基本保证。决策失误，一着不慎，全盘皆输。要做到正确决策，必须要全面掌握雨情、水情、工情、险情；广泛听取专家意见，权衡利弊，顾全大局，遵循一定的行政程序，并在一定的法律约束保障下作出决策。

二是科学调度。根据情况的变化，及时对洪水、人力、财力调度方案进行补充完善，使其更加科学、合理。

三是果断指挥。站在全局的高度，快速反应，敢于负责，当机立断。关键时刻不得优柔寡断，举棋不定，贻误战机。

防汛指挥调度决策主要有洪水调度决策、防汛抢险队伍调度决策及防汛物资调度决策，其中洪水调度决策程序技术性强、决策难度大。洪水调度主要内容有水库调度和分蓄洪调度。

1. 水库调度决策步骤

（1）根据当前汛情，结合水情、天气预报，防汛指挥部办公室组织技术专家组研究分析，提出有关水库的各种实时调度方案。

（2）会商研究分析各方案的利弊。

（3）指挥长作出决策并确定最佳调度方案。

（4）签发调度命令并实施。

（5）收集实施情况和调度效果，并及时根据新的雨水情及洪水修正预报，及时修正调度方案，如有必要，再次进行会商研究，作出新的调度决策。

2. 分蓄洪调度决策步骤

（1）由技术专家组根据水情、天气预报，结合当前的汛情，经分析研究，若洪水将超过控制水位，且危及到重点地区安全时，提出分蓄洪调度初步方案，并通知水文部门，进行调度方案计算。

（2）水文部门根据分蓄洪调度初步方案，及时作出水文预报，反馈防汛抗旱指挥部办公室和技术专家组，技术专家组根据水文部门的预报结果，重新计算调整方案。

（3）指挥长召集指挥部有关成员和防汛、气象、水文专家以及分蓄洪有关单位负责人共同会商决定分蓄洪方案。

（4）将方案立即报告同级党委、政府和有关领导，同时报请上级部门批准实施。

（5）在向上级报告要求运用蓄滞洪区的同时，由指挥长签发有关分蓄洪区蓄洪安置命令，由分蓄洪区所在人民政府按分蓄洪区转移、安置预案组织实施。

（6）待方案批准后，防汛指挥长签发分蓄洪调度命令，由分蓄洪区所在地人民政府按命令要求组织实施。

（二）抗洪抢险指挥决策

抗洪抢险指挥决策主要是江河库坝在发生险情后，抗洪一线指挥人员为迅速控制险情发展，减轻洪水灾害损失，而采取的抗洪抢险指挥决策工作。主要是针对险情特点，制订险情抢护、物资队伍调动、抢险后勤保障等总体方案。具体要做好以下几项具体工作：

（1）建立一个强有力的前线指挥班子。抗洪抢险工作担负着发动群众，组织社会力量，指挥决策等重大任务，而且要进行多方面的协调联系，因此要建立一个强有力的指挥机构。这个指挥机构要精干、高效，具有权威性，实行军事化工作方式。在人员组成上，要有当地党政军主要领导，并吸收业务专家组成；成员要明确分工，各负其责，重要问题要随时研究决策；做到能指挥一切，调动一切，令必行，行必果；对紧急问题要有处置权。

（2）制定一个科学、切合实际的抢险方案。科学的抢险方案是夺取抗洪斗争胜利的前提。险情发生后，要迅速全面了解雨情、水情、工情、险情，掌握险情发生的范围、程度、险点和难点，制定出抢险方案。

（3）紧急动员，积极抢险。抗洪抢险非常时期，要由当地人民政府下达命令，实行全社会总动员，一切工作都要服从于、服务于抢险工作。必要时要组织群众，组建抢险突击队，并调遣部队，实行军民联合奋战。

（4）可靠的后勤保障能力。抗洪抢险能否顺利实施，能否尽快见到成效，关键是要有可靠的后勤保障。后勤保障的关键是防汛物料的及时组织到位，能够迅速投入抗洪抢险。要做好抢险人员生活保障，保持抢险人员体力。

第三节　防汛调度与抢险指挥

进入汛期后，防汛工作到了临战状态，汛期防汛机构的日常值班和及时综合情况进行通报是防汛活动的关键，各类防汛机构必须全面扎实做好防汛值班的各项准备工作，坚守岗位，严阵以待。密切关注天气、雨情、水情的发展变化，及时掌握工程运行状况，随时做好防汛信息的上报下达工作，提出防汛抢险的工作意见，为政府和分管防汛抗旱的行政首长防汛决策提供依据。各级防汛办事机构要规范值班程序，严格值班纪律，提高工作质量和工作效率，严防因疏忽大意造成工作失误。

一、洪水调度

（一）洪水调度工作制度

鉴于汛期洪水调度是一项时间性较强的工作，要求及时、准确、安全，所以对有关防洪调度的工作必须作出精密安排，并形成一定制度。

1. 批准的年度防洪调度计划

防汛指挥机构可根据需要在适当的时候邀请防汛指挥机构成员单位和有关部门，通报防汛工作部署和有关防洪调度要求，按拟定防汛内容和要求，做好防汛准备，根据防洪调度工作的需要制定完善有关工作制度。

2. 水情气象预报制度

参照有关资料系列，结合实践经验，不断补充、修订洪水预报方案；按照规定程序负责水情、雨情情报的收集、处理，洪水预报发布，提出实时洪水调度意见，密切注视水雨情变化，根据情况及时提出修正预报。

3. 制定工程运用程序和操作规程

制定闸门等工程启闭运用程序和操作规程，明确专人负责维修、保养、操作。

4. 严格值班制度

在汛期，各类水库均应配备人员实行昼夜值班。值班人员应做到：

（1）水文情报的收集、处理，根据雨水情进行洪水预报，提出预报成果和洪水调度意见。

（2）密切注视水库影响范围内的水雨情变化和水库工程的安全状况，当水雨情发生突变或工程出现异常，立即向防汛负责人和有关领导汇报。

（3）当水库开始泄洪排沙或改变泄流方式，以及工程或泄洪设施出现异常，可能危及大坝和下游防洪安全时，把情况和上级主管部门领导的决定及时向有关部门联系传达。

（4）做好调度值班记录。对重要的调度命令和上级批示应进行文字传真或录音。在交接班时把本班发生的问题、处理情况以及需要留待下班解决的问题，向下一班值班人员交待清楚，并做好交接班记录。

5. 会商决策制度

需要集体研究时，指挥长及时召集有关单位成员分析，形成决策意见。

6. 联系制度

当预报将发生特大洪水（超设计标准洪水）或工程出现严重险情、泄洪设施发生故障将危及大坝安全，或水库上游出现偶然事件必须加大泄量而超出下游河道的安全行洪能力时，应及时通知下游有关防汛指挥机构等部门，做好防汛抢险准备；当预报将发生超设计标准洪水和在极端恶劣的天气条件下，通信手段中断无法与上级取得联系时，水库防汛指挥机构应根据批准的防洪调度计划，采取一切可能的手段或事先约定的其他警报系统、信号等，通知下游有关防汛部门、地方政府做好组织群众安全转移工作。

7. 资料保管制度

对每年调度运用中所有水文气象的原始数据，如库水位、入出库流量、雨量、渗漏、蒸发及泥沙等，防洪调度运用计划中各种运用指标及短期洪水预报成果，洪水预报方案、调度决策、调度总结、泄洪设施运用记录，以及有关各种技术文件、工程安全状况分析等均应经过认真校核，按照有关规定分别整理汇编、刊印归档。

（二）洪水调度原则

洪水调度一般遵循以下原则：

（1）确保重要地区和重点防洪工程安全，确保主要交通干线安全，确保人民群众生命安全，最大限度地减轻洪涝灾害损失。

（2）江、河、湖、库的水位达警戒水位或汛限水位以上时，水库蓄滞洪区调度运用必须服从有管辖权的人民政府防汛指挥部的统一调度指挥；地方各级防汛指挥部门服从国家防汛抗旱总指挥部的调度。

（3）处理好重点与一般、局部与全局的关系。江河防洪保护对象往往具有不同的重点，首先要把确保人民的生命安全放在第一位，其次是重要经济设施，重要交通、铁路干线等，如沿河的大城市是保护的重点，农田和滩地属一般保护对象。民垸分洪运用次序的安排必须考虑先启用一般民垸，而尽量将城镇所在地的较重要的民垸安排到最后启用。出现特大洪水，按照防洪预案，及时启用分蓄洪区或利用一些围垸分洪。

（4）妥善处理防洪与兴利的关系。水库汛期调度往往存在防洪与兴利的矛盾。具有防洪库容与兴利库容结合使用的水库，汛末必须掌握收水时机为兴利蓄水。汛末日期并不稳定，要密切注视天气形势，加强气象预测预报，提高预报水平。既要不失时机地抓住汛末蓄水，又要避免突然降暴雨而产生洪水，造成水库洪水位过高，被迫大流量泄洪而造成下游洪灾损失，更要确保水库的自身安全。

（5）防洪调度应考虑可能发生的意外或失误，留有一定的余地。防洪调度运行方案是按正常情况编制的，而实际运用中却可能发生一些异常情况。如水情、雨情预报失误，工程发生意外险情，闸门启闭出现故障，河道由于淤积或人为设障而不能通过预计的安全泄量，分蓄洪区进洪口门不能分进预计的分洪流量，分蓄洪区群众转移超出计划时间等等。因此在编制防洪调度方案时，应适当考虑到上述不利情况，例如在利用水雨情预报数据时，应根据预报方案的可能误差范围而采用偏于安全的预报值。

（三）洪水调度规程

洪水灾害是一种自然现象，人类不可能完全消灭它。但是可以在对洪水规律科学认识的基础上，充分利用水利及防洪工程，对洪水过程进行调节，削减洪峰流量，分蓄洪水径流，减轻防洪压力和洪涝灾害。洪水调度是防汛的重要工作之一，它牵涉多方面的要求和利益，关系着广大群众生命财产的安全。

为搞好防洪调度，要建立一套切合实际的调度原则和工作制度，制定切合实际的洪水调度规程，合理地进行实时防洪调度，以保障防洪调度顺利实施。洪水调度规程是防汛指挥部门防洪调度的规范。各级防汛部门要根据上级防汛部门的规定，结合本地河流特性和防洪工程现状，制定出防洪调度的方案、规章制度和程序。主要的内容包括不同分级指挥权限下的防汛指挥职责、汛情信息传递、防汛指挥会商、调度指令下达、水库防洪运用等工作程序。

（四）洪水调度时需注意的重大问题

1．科学调度

洪水调度是一项系统工程，科技含量高，专业技术性强，必须依据科技人员精确计算、综合分析，选择最优调度方案，避免盲目行为。

2．充分准备

在破垸蓄水时，要及早发出命令，有组织、有计划地对蓄滞洪区和圩垸内的人员、财产进行紧急转移，尽量减少灾害损失。

3. 及时发布洪水警报

当发生特大洪水时，对沿江城市和农村及时发出洪水警报信息，既要让群众有迎战洪水的准备，又要保持人心安定和社会稳定。

二、物资与队伍调度

在抗御洪涝灾害的斗争中，抢险物料和抢险人员及时到位是决定抗洪抢险成败的关键。因此，险情发生后，必须按照既定的程序调集抢险物料和抢险人员迅速到达抗洪现场。

（一）防汛抢险物资调度

防汛抢险物资调度，必须根据险情大小和抢险物料储存分布实际，坚持"先近处后远处"、"先库存后外购"和"先本级后上级"的原则，由各级防汛指挥部门按照管理权限，首先有计划地调集本级防汛物料，统一调度到险工险段，用于抗洪抢险。当本级防汛物料不足时，再逐级申报上级防汛部门支援。防汛抢险物资调度的主要工作内容：

（1）落实防汛物资调拨预案。对防汛物资储备单位，可调数量，已备好的车、船及载量，行驶路线，人员配备，联系方式等，制定调拨预案并上报备案。

（2）制定防汛物资实行分级储备、分级管理、分级调度和分级补充的原则。

（3）需动用储备物资，事先书面报告防汛指挥部，由防汛指挥部领导审批后再办理调用手续。

（4）紧急抢险情况经防汛指挥部批准，可调用或借用临近物料，事后应当及时归还或者给予适当补偿。

（5）在紧急防汛期，为了防汛抢险需要，防汛指挥部有权在其管辖范围内，调用物资、设备和交通运输工具。

（6）因抢险需要可以就近取土占地、砍伐林木，并可清除任何阻水障碍物。

（二）防汛抢险队伍调度

防汛抢险队伍由各防汛指挥部门负责调动。根据汛情、工情发展情况，县级防汛指挥部门要及时通知各有关单位和乡镇，做好抢险专业队和群众抢险队伍的调动准备。当险情发生后，要立即调集到位。如辖区内抢险力量不足时，可向上级防汛部门申报从外地调集。当出现重大险情时，防汛指挥部门要立即向人武部门报告，和当地驻军联系，请求支援。驻地部队和武警部队是抗洪抢险救灾的主力军，负责承担抗洪抢险急难险重的任务，在关键时刻发挥关键作用。同时，各级政府要注意爱惜兵力，把兵力用在真正需要的时刻。防汛抢险队伍调动的主要工作内容：

（1）在紧急防汛期，由防汛指挥部组织动员本地区各有关单位和个人，承担人民政府防汛指挥部分配的抗洪抢险任务。

（2）各防汛单位所需队伍和劳力以当地受益区筹集安排为主，发生重大险情需要外援，需向上级防汛指挥部提出申请。

（3）协调沿途有关单位帮助疏通道路，确保防汛抢险队伍顺利到达抢险目的地，并协调安排抢险任务。

（4）协调安排好抢险队伍的生活及补助。

三、抢险指挥

险情，特别是主汛期的险情往往发展很快，必须贯彻"以防为主，防重于抢"的方针。平时对水工建筑物进行经常和定期的检查、观测、养护修理和除险加固，消除隐患和各种缺陷损坏。为了使抢险主动，汛前要做好思想上、组织上、物质上和工程技术方面的准备，以免出现险情时措手不及。组织上要严格建立责任制，成立各级防汛抢险机构和组织，人员要落实，责任要明确，纪律要严明。防汛抢险应备足必要的料物，可按险工情况和以往经验准备。常用的材料一定要充足并有富余，以应急需。汛期风大浪急，尤其是夜晚抢险，一定要准备好通信联络、交通工具和可靠的照明。汛前要对工程，特别是堤防及其险工段，进行必要的维修，使之达到一定的防洪标准和防御能力。如有的工程或局部段落汛前无法达到相应的要求标准，则更应具有应付险情发生的各项准备；对所有闸、阀门事先应进行启用操作，避免失灵或临时出现故障。

堤防工程一旦在汛期出险，各级防汛指挥部门必须及时组织抢险。在抢险过程中，必须有坚强的领导，就地指挥。指挥一场防洪抢险活动，无异于指挥一场战争，要精心组织，争分夺秒。在防汛抢险的关键时刻，各级领导要按照分片包干的防汛岗位责任制，按时到岗到位，深入抗洪抢险第一线，现场指挥。指挥员应做好以下几方面的工作：

（1）熟悉当地当时雨情、水情、地情、工情（工程）、人情（抢险队伍）、物情（抢险物资）以及溃堤后淹没范围，影响大小，转移道路，避灾措施。

（2）集思广益，果断决策抢险方案。指挥者要善于观测险情，倾听当地管理和技术人员的意见，现场研究指挥措施。识别险情是抢险的首要工作。发生险情，要立即进行观察、调查和分析，作出正确的判断，随即按不同险情，制定出有效的抢护方案和措施，组织力量快速排险。抢险属于一种紧急的措施，所用的方法既要科学，又要适用。当几种意见不统一时，既不能主观臆断，又不能犹豫不决。以"说得有理，行之有效"为原则，及时决策，切勿延误时机。

（3）分工负责，多方配合，打整体战。一场抢险战斗，在总指挥调度之下分为：第一线为施工队（如堵洞、压管涌），这部分人员要有领导、技术人员现场指挥和参战，要有身强力壮、勇于苦干的抢险突击队；第二线为物料运输队；第三线为通信、照明和生活安置后勤队；第四线为后备抢险人员，一旦险情在抢护中发生恶化需要大量、快速投入时，即可随时调用；第五线为后方转移组，当出现危急情况有可能溃圩、溃坝时，要及时组织群众撤离到安全地带。

（4）组织抢险物料及时到位。按照汛前防汛物料储备分布，合理使用或临时组织力量应急调用。

（5）特大洪水时，河槽、水库已蓄满，有超额洪水漫溢，指挥者应明确保护重点，对人口集中、影响范围大的地方的堤坝要加强防守观察，抢修加固堤坝，备足抢险物料，不能因小失大（重）。

（6）做两手准备，当大水将来临或险情已发生，一方面全力抢治，化险为夷；另一方面应视危险程度及时适度地做好可能淹没区的人员和物资转移，以防万一。

第四节　人员安置和灾后重建

灾害发生后，它给人民的生命财产带来严重损失，抢救灾民和灾后重建家园成为各级政府和有关部门的头等大事。做好人员安置和灾后重建工作，是直接关系到灾区社会稳定的大事，必须放在相当重要的位置切实抓好，采取一系列行之有效的救灾和安置措施。

一、安全转移人员

在帮助受洪水威胁区（包括可能运用的蓄滞洪区、受山洪台风灾害威胁区、受洪水威胁低洼地区等）的人员安全转移过程中，为了避免事到临头乱无序的局面，各级应预先做好安全转移方案，本着就近、迅速、安全、有序的原则进行。先人员，后财产；先老幼病残人员，后其他人员；先转移危险区人员，后转移警戒区人员；各部门各司其职，协调配合，确保安全转移群众。

1. 安全转移方案

安全转移方案一般应包括以下工作内容：

（1）预警程序及信号传递方式。为让群众躲灾、避灾及时，减少洪水灾害损失，在一般情况下，应按县→乡（镇）→村→组的次序进行预警，紧急情况下按组→村→县的次序进行预警。

（2）预警、报警信号设置。预警信号为电视、电话等。各级防汛抗旱指挥部在接到雨情、水情信息后，通过县电视台及电话通知到各乡（镇），乡（镇）及时通知各村、组。报警信号一般为口哨、警报器等。如有险情出现，由各报警点和信息员发出警报信号，警报信号的设置因地而异。

（3）信号发送。在4～9月份汛期，县、乡（镇）、村三级必须实行24h值班，相互之间均用电话联系。村组必须明确1～2名责任心强的信号发送责任人，在接到紧急避灾转移命令或获得严重的监测信息后，信号发送人必须立即按预定信号发布报警信号。

（4）转移安置的原则和责任人。其原则是先人员后财产，先老幼病残，后一般人员，先危险区后警戒区。信号发送和转移责任人必须最后离开洪水灾害发生区，并有权对不服从转移命令的人员采取强制转移措施。

（5）人员转移。各区居民接到转移信号后，必须在转移责任人的组织指挥下迅速按预定路线进行安全、有序转移。转移工作采取乡（镇）、村、组干部包片负责的办法，统一指挥，有序转移，安全第一。

（6）安置方法、地点及人数。洪水灾害发生后，人员安置的方法应本着就近、安全的原则，采取对户、搭棚等多种安置方法。搭棚地点应选择在居住附近坡度较缓，没有山体崩塌、滑坡迹象的山头上。

（7）转移安置纪律。洪水灾害一旦发生，转移安置必须服从指挥机构的统一安排，统一指挥，并按预先制定好的严明纪律，井然有序地进行安全转移，确保人民生命安全。

2. 部门职责

安全转移工作要求各级领导必须把它作为一项重大事件来抓。市、县（市、区、农场）、乡、村都必须成立专门的组织指挥机构，积极开展各项工作。由于安全转移工作是社会的一项系统工程，各有关部门必须各负其责，密切配合，协同作战。总的要求是：在遇到需要转移的时候，务必做到组织指挥有力，通信报警准确，转移道路畅通，安置地点落实，物资供应及时。同时，转移后的防病、治病、防火、社会治安、管理设施等都要逐项落实。各有关部门的职责是：

（1）防汛部门要编制详细具体、操作性强的紧急救生和安全转移方案。摸清救生和转移的人数及贵重财物，特别是要摸清需提前转移安置的老、弱、病、残人数。按照就近转移安置的原则，合理规划安置地点（含上安全楼、台、上堤、上山和提前转移到安全区、投亲靠友等），务必做到各项救生和转移措施落实到户、到人，使之家喻户晓，人人明白。

（2）交通部门负责并落实转移交通工具和交通主干线的维护，确保转移主干线和通往安全楼、台及大堤、山岗的支干线等交通道路的畅通。

（3）粮食、商业、供销等部门要合理布设生活物资供应网点，定点储备，保证安排好转移群众生活必需的物资供应。

（4）卫生防疫部门要合理布设医疗网点，安排好转移群众的防病、治病工作。

（5）广电、邮电、通信部门要加强广电、通信、报警设施的管理，保证广播电视、通信、报警信息畅通无阻。

（6）公安部门要维护好转移交通秩序。负责防火和社会治安工作，严厉打击犯罪活动。

（7）民政部门要搞好救灾安置工作，使灾民早日重建家园。

二、人员安置

人员安置必须始终坚持"以人为本"的指导思想，千方百计确保人民群众生命财产安全。面对暴雨洪水灾害，各级党委、政府必须高度重视，建立严格的责任制和责任分工，有条不紊地做好人员救护。要坚持救生第一的原则，把暴雨洪水威胁区的群众转移到安全地带。对老、弱、病、残、幼等弱势群体要予以重点保护。公安部门要组织警力，对撤离区实行交通管制和治安戒严，维护灾区社会秩序。

洪泛区人员的安置主要有以下措施。

1. 建安全围（区）

地势较高、人口居住较集中的乡镇，采用建安全围防御洪水。围（区）面积不宜过大，堤顶高程高出洪水位并有一定安全超高。迎水面特别是当冲部位要有防风浪设施，堤顶有足够的宽度，围（区）内配备排水设施。

2. 筑安全台

对于蓄洪机遇较多的堤垸，可以沿堤筑安全台，台顶建房，躲避洪灾。安全台顶面高程要高出洪水位，并有一定安全超高。

3. 修安全楼

安全楼是蓄滞洪区内群众躲避洪灾的临时应急措施，有单户、联户和集体安全楼多种形式。随着农村经济的发展，农民修建住房的积极性高，国家给予适当扶持，有计划地指导群众修建避水安全楼，不仅为蓄洪区蓄洪时提供人身安全保障和财产转移的场所，而且还改善了蓄滞洪区内群众居住条件。平时楼上楼下均可使用，一旦分洪时群众上楼避洪，重要生活物资和贵重物品也可往楼上转移。蓄滞洪区内的机关、学校、工厂等单位和商店、影院、医院蓄洪设施一般选择较高地形，修建时要考虑到集体避洪安全。

4. 临近安全地区协助安置

预报要发生需分蓄洪的洪水时，将洪泛区人员迁移安置到相邻安全的地势较高地区，由当地政府集体安排到学校、礼堂或者插队落户。有些洪灾区淹水时间长，或者恢复居住时间长，灾民临时住棚条件差，就地安置后需再实行第二次转移到安全乡镇。

5. 修建人员转移道路

按照防御洪水方案和洪水调度方案规定，江河洪水接近和达到分洪标准水位时，且上游仍有降雨、水位继续上涨情况下，应提前转移蓄滞洪区和低洼地区的群众。由于转移人数多，撤退转移道路是重要的工程项目。

三、救灾防疫

从 1994 年起，我国实行"政府领导，部门负责，分级管理，分级负担"的救灾工作体制。救灾工作坚持"自力更生，依靠群众，依靠集体，生产自救，互助互济"的方针，救灾工作涉及面广，安置灾民重建家园、恢复工农业生产、恢复基础设施的任务十分繁重，各级党委和政府须顾全大局，突出重点，统筹安排。在救灾资金、物资都十分有限的情况下，要把支持重点放在自救能力弱的重灾区、重灾户上。要充分发挥社会主义制度的优越性，广泛发动群众，开展亲邻相帮、互帮互济活动，城市支援农村、机关支援基层、非灾区支援灾区、轻灾区支援重灾区，帮助灾区迅速恢复生产，重建家园。

救灾安置和防疫应做好如下工作。

1. 切实加强对救灾工作的领导

严格实行救灾工作分级负责制。灾区建立救灾工作专门班子，明确领导，确定专人负责抓。主要领导深入灾区调查研究，摸实情，报实数，重实交，帮助灾区群众解决生产生活的实际困难，并注意做好灾区群众的思想政治工作，稳定群众情绪。对重灾区，市（州、县）和乡（镇）要确定领导分级分片负责，并组织工作队到村、到组、到户，要严格救灾纪律，管好、用好救灾款物。

2. 千方百计安置稳定好灾民

首先要尽一切努力，抢救被洪水围困的群众，保证他们的生命安全。对已经转移的灾民，要做好安置工作，核心是要解决好灾民的吃、住、医的问题，保证不因灾饿死一个人，不出现成批的外流逃荒，不出现大的疫情。对房屋全倒户，要通过各种途径逐步安置，保证灾民有住的地方。各级党委、政府要切实安排好灾民生活，严格坚持灾民救助管理制度，确保把灾民急需的物品发放到位。一是首先要解决灾民吃饭问题，可以按照"实物救灾、救济到户"的要求，及时发放救灾粮供应证，确保灾民最基本的口粮，同时按照灾民口粮供应资金的一定比例发给救灾款，用于购买油盐酱醋等生活必需品。二是要确保灾民有衣穿。除在救灾储备仓库和其他代储点紧急调拨外，主要通过社会募捐方法解决。三是保证有房住。要坚持分散安置与集中安置相结合的原则，鼓励群众投亲靠友、提倡邻里相帮，政府组织对口安置。灾民的吃饭、饮水、穿衣、住房、治病等基本生活要得到保障。要特别做好粮、油、肉、菜、糖、盐等生活必需品的供应，加强灾区市场的监督检查，坚决打击囤积居奇、哄抬物价、趁机牟取暴利的不法行为，确保市场物价的基本稳定。

3. 确保大灾无大疫

洪灾过后，水质受到污染，极有可能出现疫病流行。历史上大水之后出现大疫的情况非常普遍，有时造成的人员死亡比洪水直接造成的死亡还严重。党和政府应高度重视救灾防病工作，要层层建立救灾防病工作行政首长负责制，明确规定由各级党政主要领导亲自抓，卫生防疫部门更是把救灾防病工作摆在首要位置，成立救灾防病领导小组和办公室。灾情发生后，领导分层包干，率领医疗队到灾区防病治病，检查监督救灾防病工作。及时派出医疗队救治伤病员，同时，积极进行灾后传染病预防控制，开展有关宣传，指导灾民搞好饮用水消毒和环境清理、消毒，及时处理局部发生的传染病疫点，有效地控制传染病的发生和扩散蔓延，保证灾民的身心健康。

4. 积极开展救灾募捐活动，广泛筹集救灾物料和资金

暴雨洪水灾害突发性强，一般情况往往灾害面积大，造成的灾民数量大，救灾物资的需求量很大。必须充分组织好救灾募捐工作，广泛吸纳各种社会力量，支援救灾工作。解决灾民衣食住行等所急需的救灾品。

5. 迅速恢复灾区工农业生产

灾区要尽可能减少灾害损失，尽快搞好生产自救，恢复生产。努力做到上季损失下季补，早稻损失晚稻补，水稻损失旱粮补，农业损失工副业补，受灾的工矿企业和乡镇企业要尽快搞好设备检修，恢复生产，抢时间，多生产，多增效，确保全年任务目标的如期实现。

四、水毁基础设施修复

垮坝、溃垸或者暴雨山洪灾害以后，水淹、水冲毁坏生产生活设施，给灾区群众生产生活带来很大困难。大灾之后，各级党委、政府必须不失时机地开展灾后重建工作。

1. 急需恢复的设施

（1）通信设施。灾害发生后，应首先恢复通信设施，设法与灾区取得联系，弄清灾情和抢险救灾需求。

（2）交通设施。一般在溃灾或山洪以后，公路被淹或毁坏，要设法快速修复公路，使救灾人员和物资能运进，在蓄滞洪区也可用船或水陆两用快艇运输物资。

（3）供水供电设施。供水供电管道线路被毁坏，一定要快速修复，及时供水供电。

2．基础设施修复

首先调查设施毁坏原因，作出修复规划。修复的标准和质量应高于原水平，新修方案不能仅仅只是单纯地在原有地方重建，而应结合灾害成因，科学规划和设计，有些可另选地址。一般需要尽快修复的基础设施有：①公路；②通信线路、供水供电系统；③水库、渠道等水利工程；④河道和边岸工程；⑤堤防堵口复堤；⑥主要房屋公共设施。

修复工作主要由当地政府组织群众进行，上级政府适当给予资金、物资支援，国家和当地有关单位，如交通、工商、文教、农林水等部门，应优先安排落实灾区公用设施水毁修复经费。

蓄滞洪区由于经常蓄滞洪水，遭受洪灾，生产水平低而不稳、经济发展迟缓。因此应对蓄滞洪区实行特殊优惠政策，使区内群众逐步致富，增加承灾能力，减少国家负担。这方面的优惠政策：如制定蓄滞洪区补偿救灾政策，享受扶贫各项优惠政策，优先供给农业生产资料，实行无息农业贷款，搞好农田水利建设和排水工程，农村交通、文化教育、医疗卫生事业优先安排经费等。蓄滞洪区依照法令承担分洪，财产受到损失，生产生活受到困难，政府应按《蓄滞洪区运用补偿暂行办法》，尽快落实补偿资金，保证灾民能解决温饱。

五、生产自救

洪水灾害一般受灾面广，损失率重，灾民生产生活的恢复特别是当年的温饱和社会安定主要靠生产自救，有关的工作有：

（1）要坚持"自力更生为主、国家补助为辅"的救灾工作方针，正确引导受灾群众克服等、靠、要的思想，自觉发扬自力更生、艰苦奋斗精神，积极开展生产自救。

（2）迅速排除险情，让灾民尽快回到自己原有的家园和生产岗位，让灾民发挥自救能力。

（3）恢复生产条件，采取调整农业产业结构等非常规措施，补种有关农作物，夏季受灾应组织秋种，秋季受灾应组织冬种，弥补灾害给农业生产造成的损失。

（4）用"以工代赈"的办法，组织灾民恢复水利、交通等急需设施。

（5）积极创造条件，组织劳力从事多种经营或组织劳力输出，帮助受灾群众开展劳务增收。

（6）总结受灾教训，重新规划灾区的基本建设，重建后新设施的抗灾能力和环境条件要高于和优于原条件。

第五节 总 结

在抗洪抢险过程中，有许多成功的经验，也可能会出现一些问题。每年汛期结束后，都应及时收集、调查、总结当年的防汛情况，做好暴雨洪水调查和防汛抢险的总结工作。对发生的重大事件，要实地调查研究，掌握第一手资料，总结经验教训，为今后的防汛抢险工作积累经验。总结主要包括汛情、灾情调查，洪水调度总结，减灾效益分析。这些工作主要由各级防汛部门负责完成。

一、汛情、灾情调查

暴雨洪水发生有很大的随机性，由于气象雨量观测站点和水文站点不可能覆盖所有暴雨洪水区域，雨洪分区和暴雨洪水特征往往难以全面掌握，汛后各级防汛指挥机构要对汛情进行调查。

汛情调查的主要目的是掌握暴雨洪水实际情况，对暴雨洪水特征进行分析总结，为防汛抗旱和水利建设积累基础资料，并进一步完善暴雨洪水监测网络。在调查中要坚持做到以下几点：

（1）要抽调水文气象部门的专家组成专门调查班子，专题开展本项工作。

（2）在调查中要通过现场勘察、走访群众、查阅资料、座谈交流等方法，搜集最真实可靠的第一手资料。

（3）要对调查的资料进行全面分析论证，核定雨情和洪水情况。

灾情调查既是为了核实灾情，也是为及时向各级政府实施生产自救和指导经济工作提供较为科学的依据。因此，必须对农作物受灾面积、成灾面积，倒塌损坏房屋以及农牧林渔、工矿企业、交通、通信、水利等基础设施毁坏等受灾情况进行实地调查，并作好调查分析。民政、水利、农业、交通、国土等部门要组织联合调查组深入基层，深入灾区一线，收集、核实受灾基本情况，各部门要在深入调查的基础上，分析成灾原因，提出防灾、减灾、救灾措施的调查报告，为灾区提供重建家园、水毁修复等指导性意见和建议。

二、减灾效益评估

防洪减灾效益从广义上讲，是指当人们在一定时间（短期、长期）和空间内付出的劳力、物力、财力等综合因素所减免的洪灾损失，包括工程措施（如防洪工程）和非工程措施（如防汛指挥信息系统）的减灾效益。在水利方面，防洪属于除害，不属兴利，与水力发电、供电、灌溉等不同，是不直接创造财富，只能减免洪灾所造成的经济损失和一切不利影响。从某种程度上说，它的效益不仅仅是经济效益，还可减免人员伤亡、维护社会稳定，具有重大的社会效益。但是，防洪工程的防洪效益的年际变化具有很大的随机性和不确定性，在一般年份防洪减灾经济效益较小或几乎没有效益，但遇到大洪水特别是达到设计标准洪水时则能产生巨大的效益。近些年来，非工程措施在防洪中的作用越来越大，产生的减灾效益越来越明显。因此，全面、正确地估算防洪减灾效益，为决策部门提供决策依据，增加社会公众防洪意识，对促进防洪事业的发展都具有重要的现实价值和深远意义。

做好减灾效益分析是衡量防汛抗洪工作效果的一项重要工作。各级防汛部门必须形成工作制度，每年要对整个年度和有关重大防汛抗洪工作效果进行综合评价，分析总结防汛减灾效益。防汛减灾效益分析工作一般采用以下基本步骤。

(一) 全面摸清灾区的基本情况

在调查前，要全面收集掌握灾区社会经济状况、防洪设施现状等有关的情况，包括：①人口、土地、企事业单位分布情况，工农业产值等社会经济情况；②流域内河流、水系自然地理特征，雨水情测报和江河堤防、水库工程、蓄滞洪区和其他防洪工程设施现状；③历史上本区域洪涝灾害情况，本次洪水灾害情况；④防汛抢险指挥过程，主要防汛抗洪抢险的主要措施。

(二) 洪涝灾害损失情况调查

由于洪涝灾情的范围很大，一般情况下洪涝灾害损失情况的调查采取以点推面的方法进行。

1. 划分灾害调查损失标准

根据掌握的洪涝受灾情况，一般要按流域或行政区划把灾区分成若干个区域，在每个区域范围内按照特重、重、轻灾标准，选择有关的乡镇作为调查基础单位。

特重、重、轻灾标准的划分，大体上按照两个条件掌握。一是根据农作物的损失率区分，特重、重、轻灾的损失率分别为70%、50%～70%、30%～50%；二是根据淹没水深，分特重、重、轻灾的淹没水深分别为大于1.0m、0.5～1.0m、小于0.5m。有的时候，还可根据淹没历时作为淹没灾害程度标准。

2. 进行灾害情况调查

调查工作开始之前，要统一制定调查统计表格，以便于调查内容的一致和汇总计算工作。主要表格有以下几个：①洪灾典型乡镇农户、居民家庭财产损失调查表；②洪灾典型乡镇农、林业等损失调查表；③洪灾典型乡镇工业、企业、电力损失调查表；④洪灾典型乡镇交通运输损失调查表；⑤洪灾典型乡镇公益事业损失调查表；⑥洪灾典型乡镇水利设施损失调查表；⑦洪灾典型乡镇商业损失调查表；⑧洪灾典型乡镇防汛抢险费用调查表。

3. 汇总调查统计成果

对调查项目的内容进行汇总计算。

（1）汇总成典型乡镇各项损失调查成果。内容中要反映分行政区典型乡镇的灾前财产、损失情况。

（2）根据各典型乡镇各项损失汇总表，推算不同特重、重、轻灾不同损失率灾情损失表。内容中要反映出典型乡镇特重、重、轻灾的灾前财产、损失、损失率等。

（3）计算折算系数。根据受灾地区的灾情年度的人均纯收入或人均工农业社会产值与典型乡镇的比值，对调查结果进行折算。

（4）确定特重、重、轻灾单位面积损失值和抗洪抢险投入值。

4. 洪涝灾害总损失情况推算

调查汇总不同程度灾害的面积，再根据调查汇总成果分析确定的特重、重、轻灾的单位面积损失值，计算出洪涝灾害损失。

（三）进行洪水还原计算和灾害损失分析

按照洪水计算的有关方法，对本次洪水进行还原计算。要做的工作主要有两项：

（1）把本次实际洪水过程还原到某一比较年防洪工程状况下的受灾范围和成灾面积，按照特重、重、轻灾单位面积损失值，计算灾害损失。

（2）按照不考虑洪水调度的错峰、蓄洪、滞洪等手段发挥的减小洪峰流量、避免启用蓄滞洪区等作用，把本次洪水还原原始状态的受灾面积，按照特重、重、轻灾单位面积损失值，计算灾害损失。

（四）防洪效益计算

防洪减灾经济效益是指防洪体系所减免的洪涝灾害直接经济损失。2004年国家防总办公室颁布了《防洪减灾经济效益计算办法（试行）》，已印发各地执行。

三、防汛抗洪总结

每年汛期结束后，应及时收集、调查、总结当年防汛抗洪方面的经验、教训和发生的重大事件，组织有关人员编写防汛抗洪总结。

防汛抗洪总结应包括以下内容：

（1）雨水情。区域内汛期雨情、水情及特征值，与历史特征值的比较，影响汛期的主要天气系统及其典型降雨过程，主要河流湖泊的水情特征值，各类水库的水情特征值及泄洪情况。

（2）灾、险情。区域内汛情总的灾、险情，主要降雨过程中的灾、险情及其典型。

（3）防汛抗灾措施。从思想、组织、工程措施和非工程措施、人员、物资等方面在汛前准备、抢险救灾中的重大部署、抗灾消耗、抗灾成就。

（4）今后的防汛抗灾工作建议。针对当前防汛抗灾中暴露的突出问题、薄弱环节以及防汛抗灾的发展趋势，对今后的防汛抗灾工作提出建议。

防汛抗洪总结应根据实际情况，还要着重分析总结以下内容：

（1）汛期降雨过程，汛期主要江河、湖泊控制站点水情特征值。

（2）中小河流特大暴雨总结。

（3）重大险情抢险过程（若干）。

（4）洪水调度（水库洪水调度、江河洪水调度）过程及效益分析。

（5）洪涝灾害统计分析。

总结报告属密件，应严格控制发送范围，一般只发送防汛抗旱指挥部领导、部分成员单位以及相关的技术人员，防止泛滥发送。

第四章 抗旱工作程序

第一节 抗旱工作准备

一、抗旱工作指导方针

我国是一个干旱灾害严重而频繁的国家，新中国成立以来统计数据表明，几乎每年都发生某种程度的区域性干旱，我国经济发展和社会生活一直受到干旱的困扰。抗旱减灾是一项非常复杂的系统工程，涉及水利、农牧业、气象、林业、渔业、城市生活、工业生产、生态等方方面面，只有综合采用各项工程措施和非工程措施，统一规划，科学决策，才能有效地减少干旱灾害对社会经济和人民群众生活的不利影响。

抗旱工作的目标就是从经济社会可持续发展的战略高度，在维系良好生态环境的基础上，保障城乡人民生活、工农业生产、城市经济发展的用水安全。

做好抗旱工作，要牢固树立抗大旱、抗长旱的指导思想，坚持"以防为主、防重于抗、抗重于救"的主动抗旱工作方针，按照资源水利、现代水利的思路，以水资源可持续利用为主线，以水资源承载力为基础，把抗旱工作和经济社会发展规模、工农业布局结合起来，和经济结构调整、生态环境建设等结合起来，按照人与自然和谐相处的理念，遵循自然规律和市场经济规律办事，在宏观上实现"四个转变"，即从单纯为农村和农业服务转变为为整个国民经济服务；从只注重农业效益转变为实现经济效益、社会效益、生态效益的统一；从被动抗旱转变为主动防旱抗旱；从行政抗旱转变为依法抗旱。坚持工程措施和非工程措施并重，统筹兼顾生活、工业、农业以及生态等各个领域，以确保城乡人民生活用水为首要目标，千方百计保证工业、农业和生态等行业及领域的用水需求。加强科学管理和调度，进行全面规划、统筹兼顾、标本兼治、综合治理，采取工程、行政、科技、经济、法律等各种措施，逐步提高我国抗御旱灾的能力。

二、抗旱责任制

防旱抗旱减灾工作是一项包括旱前预防、旱期抗灾救灾和灾后恢复生产的一个完整过程，需要组织群众和协调各部门防旱抗旱减灾，以保障工农业生产不断发展、维护社会稳定，涉及全社会的各行各业和方方面面，是一个庞大的社会系统工程。因此，加强统一组织领导与责任工作显得尤为重要。

抗旱工作严格实行行政领导责任制，即由各级政府主要领导对本地抗旱工作负总责，根据当地旱情，明确各级领导的具体分工，实行包区域、包村组的抗旱责任制。抗旱责任制主要包括：行政首长抗旱负责制、抗旱指挥部门责任制。

1. 行政首长抗旱负责制

省（自治区、直辖市）、地（市）、县（市、区）、乡（镇）各级政府一般都有一名主要负责人分工抓抗旱工作。以便加强抗旱的工作领导，明确责任和任务，组织协调各部门工作，发动群众投入抗旱，更好地推动抗旱工作的开展。

2. 抗旱指挥部门责任制

各级防汛抗旱指挥部成员单位实行部门分工责任制，有明确的职责和承担的抗旱任务。各级防汛抗旱指挥部门按照业务范围建立健全各种岗位责任制，各级政府部门是抗旱减灾的重要力量。在抗旱工作中，要积极主动、分工负责，全力以赴支持抗旱。各部门抗旱职责的主要内容是：

水利部门负责加强水资源调度，算好水账，优化配置水资源，加强抗旱技术指导，编制抗旱预案，为各级领导指挥抗旱当好参谋。

农业部门负责加强抗旱抢墒播种的技术指导，为农业改种补种提供技术和种苗供应服务，搞好病虫害的防治。

气象部门负责全程跟踪天气变化，搞好预测预报，为农业生产服务，编制人工增雨方案，时刻注意捕捉战机，适时组织人工增雨作业。

财政部门负责积极筹措资金，搞好调度，确保各级划拨的抗旱资金及时到位。

金融部门负责尽力投放抗旱资金。

商务部门负责积极组织货源，及时为抗旱提供柴油、化肥等。

电力部门负责加强电力调度，确保各类抗旱机具能满负荷、连续安全运转。

卫生部门负责加派小分队，深入旱区，搞好医疗服务，防止疫病流行。

宣传部门负责加大宣传力度，组织记者到重旱地区采访，及时宣传报道干部群众坚持自力更生抗大旱的先进典型和经验，把握正确的舆论导向，为抗旱工作提供舆论支持。

民政部门负责受灾地区的救灾救济工作，及时组织救灾赈灾。

三、抗旱制度

为了有力地组织抗旱工作，加强对抗旱工作的领导，进行科学的管理，在总结各地多年抗旱工作经验的基础上，建立和完善各项抗旱规章制度，使抗旱工作逐步正规化、规范化。各种抗旱工作制度包括以下内容。

1. 旱情统计和汇报制度

根据水利部水农水〔1989〕6号文《关于抗旱工作几个问题的通知》要求，各级抗旱办公室每旬定期对本地区旱情进行统计，并要向上级抗旱办公室报一次旱情，做到及时掌握旱情发生、发展变化和各地的抗旱情况。

2. 旱情会商制度

不少省（自治区）为了科学地掌握旱情发生、发展变化，做到心中有数、常备不懈，各级抗旱部门常会同水文、气象、农业等部门定期分析旱情发展趋势和研究抗旱对策，为领导决策和指导抗旱工作提供依据。

3. 旱情发布制度

为避免旱情发布的混乱，对社会产生不良影响，目前各部门都遵循抗旱部门发布的数字。而抗旱部门也有严格的规定，对涉及全局性的旱情，要由确定的旱情发布单位和发布人进行发布。

4. 抗旱经费和抗旱物资的使用管理制度

受旱省（自治区）要求解决特大抗旱经费，需按照规定程序申报，对拨付的抗旱经费要按照财政部、水利部两部联合发文的范围使用，不得随意挪用。对抗旱物资的管理和使用，各部门也有明显规定，以保能切实用于抗旱。

5. 抗旱总结制度

根据要求，年终各省（自治区、直辖市）都要认真核实旱灾情况，并对全年旱情和抗旱情况进行全面总结，财务部门对抗旱资金的使用情况进行决算。

6. 抗旱工作的评比、考核制度

为调动各方面的积极性，一些省（自治区）建立了定期评比、考核制度，对各项抗旱工作制定不同的评分、考核标准，定期进行考核、评比，以鼓励先进，鞭策后进，更好地开展抗旱工作。

7. 灾情核对制度

每年年初，由民政部牵头，组织国家防汛抗旱总指挥部办公室、农业部以及其他有关单位在各部门年终总结的基础上，进行上年灾情核对，其结果作为国家统计局和各部门年度共同使用的数字。

四、抗旱准备

1. 思想准备

各级党政领导要对分管抗旱区域内的工作进行总体部署，并抓好宣传动员工作。要科学、准确地分析水资源状况，并适当向公众进行公告。通过有说服力的宣传，使广大干部群众充分认识抗旱减灾的现实意义和长远意义，充分认识抗旱减灾的长期性和艰巨性。当旱情发生时，要根据轻、中、重、特重旱各个受旱时段的不同情况和水资源供求矛盾，阐述做好抗旱工作的紧迫性，进一步增强干部群众对水资源短缺的忧患意识，抗旱夺丰收的责任意识，克服畏难情绪、厌倦情绪，使广大干部群众牢固树立抗旱保发展、抗灾夺丰收的思想。

2. 目标确定

根据水资源状况、受旱轻重、城乡需水量多少、社会发展现状等综合因素，科学合理地确定抗旱目标，是调动各方面力量团结抗旱、减少旱灾损失的重要举措。抗旱工作总的目标是：统筹考虑生活、生产、生态用水，通过水资源优化调度，保证城乡供水安全，实现抗旱保规划、保增效、保增收。各级党政领导要审时度势，因地制宜，结合上级确定的抗旱要求，提出本地的具体抗旱目标。在确定抗旱的具体目标时，要实事求是，把握重点，即水资源十分紧缺的地方，重点保城镇用水、农村饮水，保口粮田；水资源缺乏的地方，以确保生活用水和主要粮产区、高效经济作物为主；水资源条件好的地方，要全力抗旱保丰收。

3. 预案制定

按章操作，规范调度，是实现水利工程最大抗旱效益的根本途径和措施。编制抗旱预案，是由被动抗旱到主动防旱的根本转变，科学的水资源配置和调度方案，其重要性等同于供水工程。凡担任防汛抗旱指挥的领导，都要重视抗旱调度方案的审定，熟悉调度方案，一旦出现影响全局的旱情，要立即进岗到位，指挥若定。在抗旱紧张时期，分管抗旱工作的领导，要坐镇会商，认真分析水源状况、供需水量，根据不同旱情，有针对性地确定调度原则、调度措施，具体负责审定水利部门提出的应急调水方案，并批准实施，务必确保实现优化调度。

4. 物资储备

确保资金、物资到位，是解决燃眉之急、做好抗旱工作的基础。关键时段、重点地区抗旱抗灾措施，要做好应急抗旱人力、财力和技术的准备，以及救灾备荒种子、救灾化肥、救灾柴油、饲草、动物防疫物资等救灾物资储备和灾后调拨调剂工作，提高防灾抗灾应变能力。同时，要加强抗旱物资设备的准备，如机械动力、电力、燃料的储备等和筹集抗旱资金。配合永久性蓄、引、提灌溉工程，抗御旱灾，使灾害对工农业生产和城乡人民生活的影响减少到最低程度。负责抗旱指挥的领导，要积极筹措抗旱资金，凡国家、地方财政下拨的抗旱经费，务必按照有关规定，督促资金尽快落实到位，专款专用；凡社会捐赠的款物，要全部用于抗旱救灾，帮贫扶困，以稳定人心；凡下拨的补助汽油、柴油等抗旱物资，要分轻重缓急，分配到位，使好钢用在刀刃上。在抗旱紧张期间，分管抗旱的领导，要抓好协调，具体负责重要机具设备的调配，组织架机抽水抗旱；抗旱结束之后，要督促有关部门或单位组织回收机具设备。

5. 队伍落实

针对农村实行联产承包责任制后一家一户抗御大旱能力较弱的特点，要认真抓好社会化抗旱组织体系建设。要加大抗旱服务队建设支持力度，充分发挥其抗旱服务功能，为农户排忧解难，以不断强化社会化服务体系，增强抗旱减灾能力。在抗旱紧张期间，要与人武部门一道，组织以民兵预备役人员为主的突击队，承担拦河筑坝、开渠疏淤、掘井引水、组织送水、抢修机具等突击攻坚任务，以支持抗旱救灾工作。

第二节　旱情监测及墒情预报

一、旱情监测

（一）旱情监测的作用

旱情监测的主要作用有以下三个方面：

（1）通过观测，及时掌握各地区的旱情动态，科学合理利用水资源，指导生产，提供依据。

（2）把旱情信息及时报送上级领导和有关业务部门，以便及早采取预防和抗灾措施。

（3）通过对旱情资料的整理和分析，探寻各地旱情发生和发展规律，为制定减灾规划和实施抗旱预案提供依据。

（二）旱情监测手段

（1）降雨量监测。可以根据气象部门气象站监测的降水量对降水进行分析，统计降水低于某个数值或连续无雨的日数；或计算降水距平或距平百分率；或计算时段降水保证率等。

降雨量观测仪器有：自计雨量计、人工雨量器和固态存储雨量计。自计雨量计和固态存储雨量计实时观测，人工雨量器实行四段制观测（或者另有要求观测）。

（2）土壤墒情监测。主要有三种方法，一是使用取土钻、洛阳铲、铝盒等设备进行取样分析（烘干称重法）；二是使用便携式测墒仪进行监测；三是使用负压计、中子仪、固定测墒仪等固定测墒设备进行监测。这三种方法各有优缺点，烘干法监测精度高，投入少，但费力费时；便携式测墒仪省力省时，但精度比烘干法低，设备返修率较高；固定测墒仪监测时间短，可以实现实时监测，但投入大，维护不易。

（3）作物苗情监测。依据农业部门制定的有关国家规范规定执行。

（4）地下水埋深监测。依据水利部制定的有关国家规范规定执行。

（5）蓄水监测。对区域内的所有蓄水工程蓄水进行统计分析监测。

二、墒情预报

对农作物耕作层土壤水分的增长和消退程度进行预报。耕作层土壤含水量（又称墒），反映作物在各个生长期土壤水分的供给状况，并直接关系到作物的生长与收获。因此，研究分析墒情和作物根系层的分布、变化规律，开展墒情预报，对防旱、排水、调节土壤湿度、合理利用水资源、保证农业高产稳产具有十分重要的意义。土壤含水量补给来源主要是降水量和灌溉水量，它消耗于陆面蒸发（包括土壤蒸发和植物散发）及深层渗透。年内变化规律主要决定于气候、土壤、地质因素和人类活动。不同类型土壤含水量有很大差别，而不同作物在不同生长期对水分的需求又有很大的差异，因此墒情是否适合要视作物需水量、降水量和土壤含水量是否协调而定。适墒程度表达形式有：

（1）水分平衡指标法。以生长期内实际供给作物的总水量与保证作物正常生长的总需水量的比值作为评价指标，比值接近于1，表示为供需平衡。

（2）雨量指标法。按农时划季，以超过或少于某一量级的雨量大小来反映。

（3）土壤含水量指标法。根据当地土壤、作物、气候条件实验求得。当土壤含水量小于田间持水量时，作物生长比较适宜；如小于稳定凋萎湿度，则为严重缺水。

目前常用的墒情预报方法，多从探求土壤含水量的变化规律及其与主要影响因素之间的关系，预报单站或区域未来土壤水分的增减情况，及其对作物生长的影响程度。

1. 单站墒情预报

以一个具有代表性的墒情测报站的墒情，代表本地区类似条件下多处墒情的平均情况进行预报。例如，建立以单站初始土壤含水量为参数的降水量与土壤含水量增值的相关图，或用前期土壤含水量加上降水量与后期土壤含水量建立关系曲线；分析单站各月土壤含水量消退系数与土壤含水量建立关系系数。还有分别以不同作物绘制的以降水量和月份为参数的前后期土壤含水量相关图等。对寒冷地区，还要加入气象要素（如气温、风速等），考虑土壤冻结和蒸发的影响。

2. 区域墒情预报

目前主要采用单站综合的方法，如气候区内作物、土壤和地貌特征相近时，各单站土壤含水量预报关系相当接近，加以综合即可进行区域预报。也可对同一地区内单站消退系数的关系曲线进行综合。若同一分区内下垫面土壤、植被、地形、地质条件不同，单站综合法就有一定的局限性。较好的方法是按有无灌溉设施分别进行区域水量平衡计算。另外，为及时指导防旱抗旱，也可将实测或预报的各站墒情点绘等值线图，用以判别各地的适墒程度，但需结合当时当地具体条件，进行合理性分析。

第三节 抗 旱 会 商

根据水文、气象等部门的监测，在干旱缺水达到一定程度起，实行抗旱会商制度。抗旱会商次数随干旱缺水严重程度而增加。会商的主要内容是：

（1）旱情及抗旱措施、旱情发展过程，当前地表水、地下水资源数量，供需矛盾，已采取的抗旱节水措施及其效果，拟进一步采取措施及存在的问题。

（2）水文、气象和农作物要素，降水偏少程度、未来降雨情况，河流径流偏枯程度，未来河流径流预测，农作物长势、土壤墒情下降程度、苗情变化等，并对干旱的未来发展趋势作出预测。

（3）干旱缺水对经济和环境的影响，已采取的抗旱措施及效果，拟进一步采取的措施，存在的问题和对策。

（4）各地旱情、抗旱措施及效果，拟进一步采取的措施，解决人畜饮水问题和研究抗旱对策。

（5）城镇供水状况、节水措施和需采取应急供水措施的区域和办法。进一步的抗旱节水和向饮水困难地区应急供水的措施，提出备选方案。

第四节 抗 旱 调 度

为把有限的水资源管理好、调度好，确保在来水极端不利的情况下，水利工程供给的工业用水、城市生活用水和农业用水不发生尖锐矛盾，保证社会的安定和稳定，必须对水源工程的水量进行联合调度运用。同时，全社会应该推行节水措施，在不同旱情下，对生活和工业实行限时限量供水，对农业用水实行定额管理限量供水，超量部分实行累进浮动加价。对水量调出地区给予一定的经济补偿。

依据2002年修订的《中华人民共和国水法》第三章第二十一条规定：开发、利用水资源应当首先满足城乡居民生活用水，并兼顾农业、工业、生态环境用水以及航运等需要。在干旱和半干旱地区开发、利用水资源，应当充分考虑生态环境用水需要。第五十条规定：各级人民政府应当推行节水灌溉方式和节水技术，提高农业用水效率。第五十一条规定：工业用水应当采用先进技术、工艺和设备，增加循环用水次数，提高水的重复利用率。第五十二条规定：城市人民政府应当因地制宜采取有效措施，推广节水型生活用水器具，降低城市供水管网漏失率，提高生活用水效率；加强城市污水集中处理，鼓励使用再生水，提高污水再生利用率。以"先生活后生产，先节水后调水，先地表后地下，保证重点，兼顾一般"为总调水原则。具体原则如下：

（1）地表水与地下水供水原则：先引用地表水，地表水不能满足时引用地下水。

（2）地表水与水库蓄水供水原则：先引河道天然来水，后取水库蓄水。

（3）用水和需水原则：灌溉季节，先满足灌溉用水，再向水库充水。

（4）供水顺序为：先满足生活用水，再向生产供水。

抗旱水量调度期内，实行水源工程管理单位负责制和责任追究制度。水源工程管理单位负责本水源工程区内的水量应急调度工作，建立相应的指挥组织，统一指挥本区内的抗旱水量调度工作。组织制订本单位的抗旱水量调度预案，并经省级防汛抗旱指挥部批准后执行。

水源管理单位的职责：

（1）贯彻执行有关法律、法规和政策，全面部署和做好本区的抗旱水量调度工作。

（2）组织开展宣传发动工作，保证各项调度措施落实到位。

（3）组建当地督察组织，建立督察制度，督促落实本区抗旱水量调度期的工作。

（4）负责水量调度指令的执行，确保水量调度计划完成。

（5）强化用水监督管理，负责协调本区内各县（市、区）的用水。

第五章 防汛抗旱基本知识

第一节 气象知识

一、天气图和卫星云图

用于分析大气物理状况和特性的图表统称为天气图，根据不同要求和目的有多种类别，通常专指反映特定时刻广大地区的天气实况或天气形势的图。天气图是根据同一时刻各地测得的天气实况，用天气符号或数字，按一定格式填在空白地图上而成的。主要有地面天气图和高空天气图两种。地面天气图填的数值和符号有海平面气压、气温、露点、云状、云量、能见度、风向、风速、现在天气、过去天气等。高空天气图上绘有等高线和等温线，显示高空天气形势的分布。通过地面天气图、高空天气图的三维分析，可预测未来的天气变化。此外，还有辅助天气图、空间垂直剖面天气图、温度对数压力图、高空风分析图等，它们在综合分析判断未来天气变化时具有重要作用，是常规天气分析预报的主要工具。

气象卫星是一种人造地球卫星。一类叫极地轨道卫星，另一类叫地球静止卫星。从连续的静止卫星云图上可发现暴雨云团的形成过程。单个对流单体是暴雨云团的最初阶段，表现为一个边界光滑的白亮对流云团，以后逐渐扩大，发展成一个大的云团。多个对流单体合并以后，表现为一个白亮对流单体群，随着各个单体的增大，互相连接合并成一个巨大云团，云团发展旺盛时，其亮区向东到东北方向扩展，新的亮区位于原云团的东面，随着东面亮区的形成，原先的亮区变暗，地面降雨过程也由弱变强，再由强变弱，而后降雨停止。随之雨区由西向东传播。最早的卫星云图分电视云图、可见光云图和红外云图。根据卫星云图上云的分布，可确定各种天气系统，如锋面、高空槽、台风等的位置、移动和变化。

卫星云图表明，暴雨可在一种天气系统的云团内形成，也可由几种天气系统的云系相互作用叠加而发生。后一种情况比前一种多，如低槽冷锋云系与西南涡云系叠加形成暴雨云团，低槽冷锋云系与静止锋（或切变线）云系叠加或西风槽云系与台风云系叠加也能形成暴雨云团。暴雨云团往往位于低空偏东气流和西南气流的辐合线上；有时西南季风云系暴发，云系沿副高西侧的西南气流向北推进，为暴雨形成提供充足的水汽。

红外云图亮度代表云顶温度，积雨云表现为白亮云团，用分层增强红外云图可识别暴雨落区，判别暴雨强度。

二、雨量及雨量等级

一定时段内，降落到水平地面上（假定无渗漏、蒸发、流失等）的雨水深度叫做雨量。如日降雨量是在1日内降落在某面积上的总雨量。此外，还常有年降雨量、月降雨量以及时段降雨量等，若将逐日雨量累积相加，则可分别得出旬、月和年雨量。次降雨量是指某次降雨开始至结束，连续一次降雨的总量。用雨量计或雨量器测定，以mm为单位。日雨量观测中，可分为24段（1h一次）、8段（3h一次）、4段（6h一次）及1段（24h一次）等4种。

日雨量的统计有20～20时和08～08时两种方法。目前，我国电视和广播节目中发布的日雨量为08～08时，代表前一天的雨量。

降雨的基本要素：

（1）降雨历时和降雨时间。降雨历时是指一次降雨的持续时间，即一场降雨自始至终所经历的时间。降雨时间是指对应某一降雨量而言的时段长，在此时间内，降雨并不一定是持续的。降雨历时和降雨时间均以min、h计。

（2）降雨强度。指单位时间内的降雨量，以mm/min或mm/h计，见表5-1。

（3）降雨面积。指某次降雨所笼罩的水平面积，以km^2计。

（4）暴雨中心。指暴雨强度较集中的局部地区。

表5-1　　　　　　　我国划分降水大小的降雨强度标准

降雨强度	小雨	中雨	大雨	暴雨	大暴雨	特大暴雨
24h雨量（mm）	<10	10.1～25.0	25.1～50.0	50.1～100	100.1～200	>200

三、风级与台风

1. 风级

根据相对地面或海面物体影响程度而定出的等级风力叫风级，可用来估计风速的大小。原分为0～12级，计13个等级，后来增加到18个等级，见表5-2。

2. 热带气旋

热带气旋是影响我国的重要天气系统。热带气旋到来时伴有狂风暴雨，常给国家和人民生命财产带来重大损失。但在我国南方的伏旱季节，热带气旋带来的降雨对缓解旱情极为有利。

表 5－2 　　　　　　　　　　　风 力 等 级 表

风力等级	海面大概的浪高（m）		海面船只征象	陆地地面物征象	相当于距离地面10m高处的风速	
	一般	最高			km/h	m/s
0	—	—	静	静，烟直上	<1	0～0.2
1	0.1	0.1	平常渔船略觉摇动	烟能表示风向，树叶微响，风向标不能转动	1～5	0.3～1.5
2	0.2	0.3	渔船张帆时，每小时可随风移行2～3km	人面感觉有风，但风向标不能转动	6～11	1.6～3.3
3	0.6	1.0	渔船渐觉簸动，每小时可随时移行5～6km	树叶及微枝摇动不息，旌旗展开	12～19	3.4～5.4
4	1.0	1.5	渔船满帆时，可使船身倾向一侧	能吹起地面灰尘和纸张，树的小枝摇动	20～28	5.5～7.9
5	2.0	2.5	渔船缩帆（即收去帆之一部分）	有叶的小树摇摆，内陆的水面有小波	29～38	8.0～10.7
6	3.0	4.0	渔船加倍缩帆，捕鱼须注意风险	大树枝摇动，电线呼呼有声，举伞困难	39～49	10.8～13.8
7	4.0	5.5	渔船停泊港中，在海者下锚	全树摇动，迎风步行感觉不便	50～61	13.9～17.1
8	5.5	7.5	近港的渔船皆停留不出	微枝折毁，人向前行，感觉阻力甚大	62～74	17.2～20.7
9	7.0	10.0	汽船航行困难	建筑物有小损（烟囱顶部及平屋摇动）	75～88	20.8～24.4
10	9.0	12.5	汽船航行颇危险	陆上少见，见时可使树木拔起或使建筑物损坏较重	89～102	24.5～28.4
11	11.5	16.0	汽船遇之极危险	陆上很少见，有则必有广泛损坏	103～117	28.5～32.6
12	14.0	—	海浪滔天	陆上绝少见，摧毁力极大	118～133	32.7～36.9
13	—	—	—	—	134～149	37.0～41.4
14	—	—	—	—	150～166	41.5～46.1
15	—	—	—	—	167～183	46.2～50.9
16	—	—	—	—	184～201	51.0～56.0
17	—	—	—	—	202～220	56.1～61.2

注　13～17级风力是当风速仪器可以测定时用之。

　　影响我国的热带气旋生成于西太平洋热带洋面，是一个直径为 100～200km 的暖性涡旋。世界气象组织规定涡旋中心附近最大风力（最大风速小于 17.2m/s）小于 8 级时称热带低压，风力达 8～9 级（最大风速 17.2～24.4m/s）时称热带风暴，10～11 级（最大风速 24.5～32.6m/s）时称强热带风暴，当风力大于 12 级（最大风速大于 32.6m/s）时称台风。

　　我国气象部门原规定当涡旋中心附近风力不低于 8 级时称台风，不低于 12 级时称强台风。1989 年起改为按世界气象组织规定的标准划分。

四、厄尔尼诺与拉尼娜现象

　　20 世纪中叶以来，一系列全球性的气候反常现象，越来越引起广大科学家的关注和重视，其中特别是 20 世纪 70 年代席卷非洲的干旱，80 年代孟加拉国的大洪水，90 年代我国主要江河水灾以及东北地区夏季出现异常低温等，更是引人注目。经过研究，认为这些反常现象的出现，与被称为厄尔尼诺的一种自然现象有所联系。近年来，该现象已成为科学领域中的热门话题和重大课题。有迹象显示，厄尔尼诺实际上是自然灾害的信号之一。

1. 厄尔尼诺现象

　　厄尔尼诺现象是指发生在赤道东太平洋，特别是冷水域中，秘鲁洋流水温异常增高，造成鱼类大量死亡的现象。由于此现象一般出现于圣诞节前后，而厄尔尼诺（EI－NiÑo）在西班牙文中即为圣子之意，故名。当此现象出现时，大范围海面温度可比常年偏高 3～4℃，最高时可偏高 6℃。厄尔尼诺现象的出现会造成低纬度海水温度年际变幅达到峰值，因此不仅对低纬度大气环流，甚至对全球气候的短期变化都具有重大影响。例如，海温的剧升常伴随赤道辐合线在南美洲西岸的异常南移，使本来在寒流影响下气候较干旱的秘鲁中、北部和厄瓜多尔西岸出现频繁的暴雨，造成洪涝和泥石流灾害。又如，我国属于东部亚热带季风区域，影响我国夏季降水的主要天气系统是西太平洋副热带高压，太平洋东部海温剧升后，通过海水和大气之间的相互影响的关系，就影响到东亚的大气环流，造成副热带高压在强度和位置上的显著变化，从而导致降水异常，引发洪涝灾害或其他自然灾害。然而，厄尔尼诺现象与气候反常之间的联系机理尚未被完全揭示出来，有待于进一步加以探索。

2. 拉尼娜现象

　　拉尼娜现象也称反厄尔尼诺现象，一般是厄尔尼诺现象发生在先，而它居后，故又有别名"圣女"。在赤道，中、东太平洋表层海水温度异常偏高时，称厄尔尼诺现象；而表层海水温度比一般年份偏低时，被称作拉尼娜。但并不一定是海水温度偏低时就一定形成拉尼娜现象。我国科学工作者对两者的定义是：采用赤道中、东太平洋关键区（150°W～90°W，5°N～5°S）的海温指标，当该区大范围海表温度较常年增暖（降温）超过 0.5℃以上，并至少持续 6 个月以上（其中允许有 1 个月中断）时，则定义该次增温（降温）过程为一次厄尔尼诺（拉尼娜）事件。

3. 厄尔尼诺现象对我国气候的影响

据我国气候专家分析，1969 年、1983 年、1987 年、1991 年是出现厄尔尼诺现象年，我国长江流域均发生了严重的洪涝灾害。1957 年、1969 年、1976 年发生了厄尔尼诺现象，我国东北地区又出现了严重的低温冷害。厄尔尼诺现象发生时，我国气候的总体表现一般为中间多雨、南北干旱，即江淮地区雨量大增，而华北、江南等地则雨少。而当厄尔尼诺现象衰退时，则又出现中间干旱，南北多雨的情况。1997 年的厄尔尼诺现象对我国影响有 4 个方面：一是使我国夏季风减弱，主要季风带南移，导致夏季华北到河套一带干旱少雨。1997 年夏季，我国长江以北出现持续干旱，华北、东北地区平均气温出现了 40 年来最高值。二是长江中下游地区雨季推迟，1997 年入梅时间推迟到 7 月初，成为 46 年来第二个晚梅年。三是秋季我国东北地区出现了南多北少的降水分布型。四是登陆我国的热带风暴和台风个数比常年少。根据现有资料分析，该现象具有 2～7 年周期，并可持续地出现。近百年来，著名的厄尔尼诺年有：1891 年、1898 年、1925 年、1939～1941 年、1953 年、1957～1958 年、1965～1966 年、1972 年、1976 年、1982～1983 年、1986～1987 年、1991 年、1997～1998 年等。初步研究认为，1954 年我国长江流域特大洪水、1988 年洞庭湖区特大秋汛、1991 年长江中下游地区罕见的水灾以及 1998 年长江流域的大水灾均与厄尔尼诺有着较密切的关系，所以当厄尔尼诺现象出现时，要高度警惕水灾及其他灾害，搞好防灾准备，以做到有备无患。

4. 拉尼娜现象对我国的气候的影响

据我国国家气候中心分析表明，拉尼娜对我国降水的影响正好与厄尔尼诺相反，拉尼娜年赤道东太平洋海温降低，西太平洋海温升高，夏季风增强，西太平洋副热带高压位置北抬，使我国夏季雨带偏北，常常位于黄河流域及其以北地区，华北到河套一带多雨，江淮流域少雨的可能性大。拉尼娜年冬季，我国降水的分布为北多南少型，近 47 年所出现的拉尼娜事件有 70% 以上的年份北方降水偏多，南方降水偏少。另外，90% 左右的拉尼娜年冬季青藏高原积雪比常年少。拉尼娜对我国温度的影响是我国突出出现冷冬热夏，即冬季温度比常年偏低，夏季温度比常年偏高。1951 年以来的拉尼娜事件中，有 79% 以上的年份是冷冬。在拉尼娜年，西北太平洋和南海地区生成及登陆我国的台风或热带风暴比常年偏多。

五、副热带高压

副热带是指在热带北部与温带南部之间的过渡带，大约在北纬 15°～35°之间（北半球）。副热带高压是围绕地球一圈在副热带生成的高压带，它有几个中心，是大气环流的一环。西太平洋副热带高压是其中之一，能造成我国大范围的旱涝，故特别受到重视。

六、低涡与气旋

低涡是指在高空天气图上，具有气旋性旋转，且高度比四周低的涡旋。其成因有二：一种是气流经青藏高原特定地形后产生的动力低涡，如西南涡；另一种是高空西风带的深槽切断出来的低涡，如北方冷涡。低涡内有较强的上升运动，为降水提供了有利条件，如低涡区水汽充沛，大气中又存在位势不稳定能量，则低涡经过的地方，常有暴雨出现。

气旋是大气中气压比四周低的区域，又叫低气压。生成于低纬度海洋的为热带气旋。生成于中纬度地区的为温带气旋。气旋中心气压愈低，气压梯度愈大，风速也愈大，这时气旋就愈强。每个气旋都要经历生成、发展、消失三个基本阶段。也就是气旋都具有由弱变强，再逐渐减弱到消失的过程。温带气旋中有冷、暖两种不同属性的大气构成，由冷空气推动暖空气，它们之间的界面称冷锋，反之，由暖空气推动冷空气的界面称暖锋。在气旋中心和锋面附近天气变化激烈，气旋和锋面经过的地区常常有大雨和暴雨出现。

七、气团和锋

气团是指在水平方向上物理属性（主要指温度、湿度、大气稳定度等）相对比较均匀的大范围空气团块。其水平范围可达几百万平方公里，铅直厚度可达几公里至十几公里。

气团的形成需要具备两个条件：①大范围性质比较均匀的下垫面；②有利于空气停滞和缓行的环流条件。空气中的热量、水分主要来源于下垫面，因而下垫面的性质决定着气团的性质。在冰雪覆盖的地区往往形成冷而干的气团；在水汽充沛的热带海洋上常常形成暖而湿的气团。所以，大范围性质比较均匀的下垫面，如辽阔的海洋、无垠的沙漠、冰雪覆盖的大陆和极地等都成为气团形成的源地。气团的形成还必须有适合的环流条件，使得大范围空气能够较长时间停滞或缓慢运行在同一下垫面上，通过辐射、乱流对流、蒸发凝结等物理过程，逐渐获得与下垫面相适应的比较均匀的物理属性。移动缓慢的高压（反气旋）系统是最有利于气团形成的环流条件。

不同性质的气团相互接触时，其间的过渡地区称为锋区，锋区的宽度远远小于气团的宽度，因而可以把锋区看成一个几何面，称为锋面。锋面和地面的交线称为锋线。锋面和锋线统称为锋，见图 5-1。

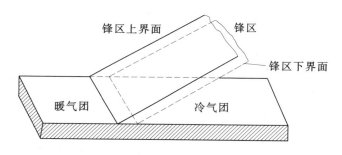

图 5-1 锋在空间的状态

锋面是冷暖气团交界的狭窄的过渡区。这个区域在近地面约有几十公里宽，在高空可以宽达 200～400km。锋比较长，短的锋其长度也有几百公里，长的可达数千公里。锋的高度不高，矮的锋只有 1～2km，高的最多也只伸到十几公里左右的对流层顶。锋面是向冷气团一侧倾斜的，暖空气爬在上面，冷空气插入暖空气的下部。锋的特征突出表现在温度、气压和风的突变上。锋前和锋后的气温有时可以相差 10℃左右；且随气压的突变，风也起变化。比如，在地面锋线的前面一般吹西南风，锋线后面吹西北风等。由此看来，锋势必是一个天气多变的地带，因而为天气预报员所注目。锋有多种，现分别介绍如下：

（1）冷锋：冷空气推动暖空气走，见图 5-2。

（2）暖锋：暖空气推动冷空气走，见图 5-3。

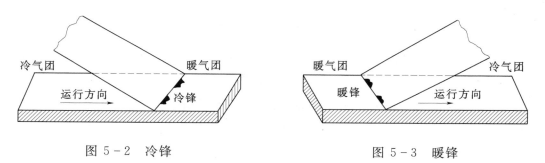

图 5-2 冷锋　　　　　　　　　　图 5-3 暖锋

（3）静止锋：冷暖空气势力相当，或锋面遇到高山阻挡因而少动或不动，例如我国南岭静止锋等。

（4）锢囚锋：气旋区冷锋移速快于暖锋，最后追上暖锋与之合并而成的锋；或因地形作用，使两条冷锋相对而行趋于合并的锋。此时，两锋之间的暖空气被迫抬离地面而囚闭在空中，故名。因此，锢囚锋是由强冷空气、冷空气和暖空气 3 种气团组成的锋面，见图 5-4。

秋、冬季冷锋经常影响我国广大地区，常造成大范围的降温和降水。春季和夏秋过渡季节，静止锋常在我国江淮流域以南的地区生成（如华南静止锋

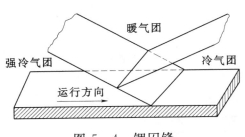

图 5-4 锢囚锋

等），常引起持续性的降水。单独的暖锋比较少见，只是在锋面低压中心的东侧，伴有暖锋，它多半在春季出现，亦可产生降水。锢囚锋常在高纬度地区出现，其云系和降水与原来两条锋面的云系有联系，并有所发展。

前已说明，锋面与地面交界为一条线即锋线，在天气图上画出的是锋线。蓝色曲线表示冷锋；红色曲线表示暖锋；蓝、红双色曲线（上蓝下红，紧密相连）表示静止锋；紫色曲线表示锢囚锋。

八、切变线、气压

切变线通常是指 700hPa 或 850hPa 图上具有气旋式切变的风场不连续线，即在切变线的两侧，风向不同，形成相切形势，并出现多种形式，如图 5-5 所示。切变线附近为上升气流，水汽充沛时极易造成强降水。

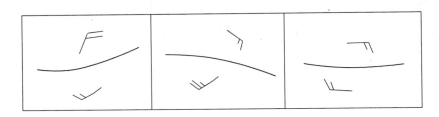

图 5-5 切变线的多种形式

气压是指单位面积上所承受的大气柱重量。气压的变化，往往与天气变化有密切关系。气象上，一般以百帕（hPa）❶ 作为气压的单位，一个大气压约相当于 1013hPa。气压随着高度增加而降低，地面附近，大约为 1000hPa；到 1500m 高度，降到大约为 850hPa；到 3000m 高度，降至大约为 700hPa；到 5500m 高度，降至大约为 500hPa。在天气变化时，地面气压有双峰双谷型日变化，峰值出现于 9～10 时、21～22 时，谷值出现于 3～4 时、15～16 时。气压的年变化与气温相反，夏季低、冬季高。在天气发生变化时，气压有剧烈的变化。

在天气图上绘制等压线表示的高、低气压区域，一般有高气压、低气压、高压脊、低压槽等。这些区域的宽广是以几百或以几千公里计算的。正确分析气压系统的生成、加强、减弱、消失和移动，是搞好天气预报的重要环节。

---

❶ 1 百帕（hPa）＝100 帕（Pa）＝1 毫巴（mbar）

高气压，亦称"反气旋"。在同一高度上，中心气压高于四周的大气旋涡。其中空气自中心向外围流散，因受地球转动的影响，在北半球作顺时针方向流动，在南半球作逆时针方向流动。在高气压内无锋面存在，多出现下沉气流，故少云雨和大风。反气旋按热力结构可分为两种，一是冷性反气旋，多出现于中高纬度的大陆地区；二是暖性反气旋，多出现在副热带地区。高气压的示意图见图5-6。

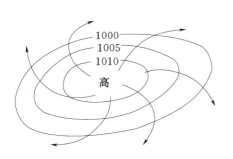

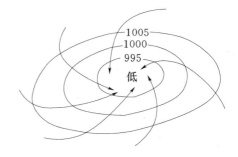

图5-6 高气压的气流（单位：hPa）　　　图5-7 低气压的气流（单位：hPa）

低气压，亦称"气旋"。在同一高度上，中心气压低于其四周的大气涡旋。在北半球，气旋区气流作逆时针方向旋转，南半球则相反。气旋也主要有两种，一是温带气旋，二是热带气旋。由于气旋中空气有辐合上升运动，所以一般多云雨，天气较差。低气压的示意图见图5-7。

九、高压脊与低压槽

高压脊是等压线或等高线不闭合且向低压方向突出的高气压区域。其中等压线或等高线的反气旋性曲率为最大值各点的连线称为脊线。高压脊与脊线如图5-8所示。一般脊前为好天气。

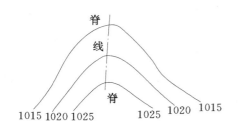

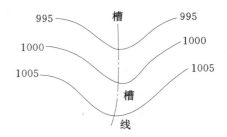

图5-8 高压脊和脊线（单位：hPa）　　　图5-9 低压槽和槽线（单位：hPa）

低压槽是从低气压区延伸出来的狭长区域。槽中的气压值比两侧的气压要低。在天气图上，低压槽一般从北向南伸展。槽中各条等压线弯曲最大处的连线称为槽线。低压槽和槽线如图5-9所示。一般说来，槽前产生云雨坏天气，槽线过境以后天气转好。当槽加深（即气压下降）时，天气更差；当槽变浅

（即气压上升）时，天气好转。

十、暴雨

（一）暴雨的成因

我国气象部门规定：24h 降雨量大于 50mm 的降雨称为暴雨，100～200mm 者称为大暴雨，大于 200mm 者称特大暴雨。研究暴雨的目的是要了解暴雨的形成和分布规律，为暴雨洪水预报和各类工程的规划设计、运行提供科学依据。

一般地说，暴雨的形成包含了一系列宏观条件和微观条件。宏观条件主要指：

（1）充沛的水汽不断地向暴雨区输送并在那里汇合。中国暴雨的水汽主要来源于西太平洋、南海和孟加拉湾，水汽输送的机制往往是和大尺度环流、低空急流、低值涡旋系统相联系的。

（2）强烈而持久的上升运动把低层水汽迅速抬升到高空。中小尺度天气系统和地形引起的上升运动，它们的上升速度可以达到 1m/s 的量级。在积雨云中，上升速度可达 40m/s，接近急流中的平均风速。

（3）对流不稳定能量的释放与再生。低层暖湿气流侵入暴雨系统和地形抬升作用，有利于对流不稳定能量的释放和再生，持续地引起强对流运动。

微观条件主要指：足够的凝结核，持续的云滴凝结和碰并增长条件。

暴雨是由各种尺度天气系统相互作用的结果。行星尺度系统和天气尺度系统，为中尺度系统的发生和发展提供了大尺度环流的背景和许多降水单体组成。暴雨出现后放出潜热，又对大尺度系统发生反馈作用。这种复杂的相互作用，决定了暴雨的发生和维持。在我国，在降雨天气系统受到阻滞的地区，在两个或两个以上大尺度上升运动区域的地区，在中纬度系统和低纬度系统相互作用的地区，在地形特别有利于气流抬升的地区，都是容易发生大暴雨的地区。

（二）暴雨的特征

暴雨是引起洪水灾害的主要原因之一，我国大江大河灾害性洪水主要是由大面积暴雨造成的，暴雨的发生发展过程特别为人们所关注。我国暴雨的时空分布有以下一些特征。

1. 暴雨极值分布

暴雨受季风环流、地理纬度、距海远近、地形与地势的影响十分显著，不同的地理条件和气候区，暴雨类型、极植、强度、持续时间以及发生季节都不相同。

暴雨极值是指全国范围内记录或调查到的不同历时的最大雨量。我国一些地区暴雨强度很大，如 1971 年 7 月 1 日山西太原梅洞沟 5min 降雨量达 53.1mm；1976 年 6 月 19 日青海大通县小叶坝 30min 降雨量达 240mm（调查）；1975 年 8 月 7 日河南林庄 6h 降雨量为 830.1mm，24h 降雨量为 1060.3mm；1967 年 10 月 17 日台湾新寮 24h 降雨量高达 1672mm。由此可见，我国一些地区暴雨强度之大是十分惊人的。我国短历时暴雨（1h）以下的地理分布特点是东南大、西北小，深入内陆后极值逐渐减小。此种趋势大致与我国大陆上空水汽含量情况一致。

我国东部地区最大 24h 暴雨一般可以包括一次大暴雨的全部或其主要部分，因此可以用 24h 暴雨比较其在地域上的差异。从我国实测和调查最大 24h 点雨量分布图可以看出，暴雨量在地区上的变化有一定的规律性，其中有三个明显的高值带：

（1）从辽东半岛往南直到广西的十万大山南侧滨海地带，包括台湾、海南岛屿，受台风和热带云团的影响，经常出现特大暴雨，是我国暴雨强度最大的地带，24h 降雨量 600mm 的大暴雨是比较常见的，粤东沿海多次出现 800mm 以上的大暴雨，1000mm 以上的大暴雨仅见于台湾岛。

（2）燕山、太行山、伏牛山东侧迎风坡，24h 降雨量一般可达 600～800mm，最大可达到 1000mm 以上（河南泌阳林庄为 1060.3mm）。

（3）除以上两个暴雨高值带以外，长江上游四川盆地周边山地以及中下游幕阜山、大别山、黄山山地也是暴雨强度较高的地区，最大 24h 降雨量一般可达到 400～600mm。东北地区（辽东半岛、渤海湾西岸除外）、关中地区、云贵高原是暴雨极值比较低的地区，最大 24h 降雨量一般在 200～400mm 之间。此外，岭南和武夷山的背风区即赣江、湘江上游，受地形影响，暴雨极值比四周都低，最大 24h 降雨量在 200～400mm 之间。暴雨极值分布总的特点是气候干旱的华北地区比湿润多雨的江南丘陵地区量级要大。3 天暴雨极值分布在辽东半岛沿燕山、太行山、大巴山到长江巫山一线以东地区，即海河、淮河、长江中下游地区及浙闽山地。川西北、内蒙古与陕西交界处的半干旱地区也常有暴雨或大暴雨出现。

2. 大面积暴雨统计特征及其分布

根据暴雨时空尺度特征，大致可分成两种类型：一类为局地性暴雨，历时短，中心强度大，笼罩范围几十乃至几百平方公里，所造成的洪水灾害也是局部性的；另一类为大面积暴雨，这类暴雨过程历时长，暴雨覆盖面广，可以导致一个地区或几条大的河流同时暴发洪水。暴雨历时、笼罩面积和降雨总量三者之间如何配置，对洪水影响极大。据全国造成严重洪水灾害的大暴雨分析，主要有以下一些特点：

（1）我国大暴雨，过程历时一般为 1～7 天，梅雨锋暴雨历时较长，最长可达 9 天。暴雨笼罩面积一般为 3 万～13 万 km^2，最大可达 22 万 km^2，相应总降雨量为 100 亿～700 亿 m^3。

（2）我国大暴雨的发生季节受季风进退影响明显。一般大暴雨随着季风的推进自南向北推移。5 月下旬～6 月上旬，暴雨带位于华南。6 月中旬雨带向北推进至岭南以北，长江以南。6 月下旬～7 月上中旬，暴雨发生在长江中下游和淮河流域。华北和东北暴雨主要集中在 7～8 月。东南沿海 7～9 月台风活动最盛，登陆后带来强烈的风暴潮。

（3）受天气系统和地面条件影响，大面积暴雨时、面、量特征在地区上有一定差异。东北地区大暴雨时、面、量特征稳定，暴雨过程历时一般为 2～3 天，暴雨笼罩面积为 5 万～10 万 km^2，相应降雨量为 100 亿～250 亿 m^3。海滦河流域大暴雨，过程历时比东北地区长，一般可达 3～7 天，笼罩面积为 7 万～10 万 km^2，最大可达 19 万 km^2 以上，次暴雨降水总量可超过 500 亿 m^3。淮河流域处于南北过渡带，暴雨过程历时较长，为 3～7 天，暴雨笼罩面积一般在 10 万 km^2 以下，降水总量比海河流域小，一般为 100 亿～300 亿 m^3。全国著名的"75.8"大暴雨，笼罩面积仅 4.38 万 km^2，降水总量为 201 亿 m^3，不及海河"63.8"暴雨的一半，但是中心强度极大。长江中下游大面积暴雨，主要由梅雨锋形成，暴雨历时比上述地区都长，一般可达 5～9 天，笼罩面积为 10 万～20 万 km^2，相应降水总量为 300 亿～700 亿 m^3。如果梅雨锋位置稳定少动，西藏高原东部不断有中尺度系统扰动东移，就会产生连续多次大面积暴雨。台风暴雨水汽充沛，强度很大，一次强台风登陆，2～3 天内暴雨中心雨量达到 800mm 并不罕见。台风暴雨历时短，暴雨笼罩范围较小，一般为 2 万～8 万 km^2，相应总降水量为 30 亿～170 亿 m^3。

（4）大面积暴雨的分布受地形影响显著。在我国大地形的第二阶梯与第三阶梯接壤的丘陵地带，是我国大面积暴雨集中出现的地带。如 1930 年辽西特大暴雨，1963 年海河特大暴雨，1975 年河南特大暴雨，1935 年长江中游特大暴雨，都出现在这一地带。地势进入高原以后，出现大面积暴雨的机会很少，1977 年 7 月 4～6 日出现在黄河中游的大面积暴雨，是近 40 年来最大的一场暴雨，历时 3 天，暴雨笼罩面积为 6.5 万 km^2，降水总量为 101 亿 m^3。暴雨的笼罩面积和降水总量比东部地区的大暴雨要小得多。

（5）天气系统对大暴雨的分布影响也很明显。梅雨锋和台风是形成我国大面积暴雨的重要天气系统。长江中下游大面积暴雨，主要由梅雨锋形成。梅雨锋暴雨的分布受局部地形影响较小，雨带呈纬向分布，暴雨区位置随西太平洋副热带高压的强弱摆动在北纬 25°～33°之间；台风暴雨要出现在我国广东、广西、福建、浙江、江苏、辽宁沿海地区和台湾、海南岛屿。直接由台风形成的大暴雨，一般范围不大，但当台风在东南沿海登陆后并不消失，一般常在北纬30°～35°附近转向北上，风速逐渐减缓形成低压，此时若与北方冷空气结合，就可形成大面积暴雨。在北方地区大暴雨中，这类受台风影响的暴雨占很大比重。例如辽西1930年8月暴雨，海河1956年8月暴雨，滦河、西辽河1962年7月暴雨、黄河三门峡至花园口区间1982年7月暴雨，河南1975年8月暴雨，都与台风有关。

第二节 水 文 知 识

一、水位、基面

水位指水体的自由水面高出基面以上的高程，其单位为m。

水文资料中涉及的基面有：绝对基面、假定基面、测站基面和冻结基面。

绝对基面：一般是以某海滨地点的特征海水面为准。这个特征水面的高程为0.000m。在我国现统一采用黄海基面。曾用过大连、吴淞、珠江、大沽等基面。

假定基面：若水文站附近没有国家水准，其水准点高程暂时无法与全河（地区）统一引据的某一绝对基面高程相连接，则可暂时自行假定一个水准基面，作为本站水位和高程起算的标准。

测站基面（冻结基面）：是水文测站专用的一种固定基面。一般是将水文站第一次使用的界面冻结下来，作为冻结基面。

当然，测站基面（冻结基面）、假定基面应尽可能与绝对基面相连接。各项水位、高程资料都应写明测站基面（冻结基面）与绝对基面的换算关系。其换算关系一般为：

$$冻结基面以上米数＋基面米数＝黄海基面以上米数$$

例：湘江长沙站逐日平均水位表的表头上注有：表内水位（冻结基面以上米数）－2.276m＝黄海基面以上米数。其意思是：若长沙站的水位为38.83m，用黄海基面表示，则为36.55m。

二、洪水、流量、洪量

暴雨或急剧融冰化雪、风暴潮和水库溃坝等引起江河水量迅猛增加及水位急剧上涨的自然现象，称为洪水。

（一）洪水流量

单位时间内通过某一过水断面的水量称为流量，其单位为立方米/秒（m^3/s）。流量是河流水情的基本要素，水资源的指标之一。设河流某过水断

面面积为 A，与流入过水断面所在河段的断面平均速度为 v，按照流量的定义，则流量为

$$Q = Av$$

式中　Q——流量，m^3/s；

　　　v——断面平均流速，m/s；

　　　A——过水断面面积，m^2。

（二）洪水特征

1. 洪水起涨

当流域上发生暴雨或融雪时，在流域各处所形成的地面径流，都依其远近先后汇集于河道的出口断面处，当近处的地面径流到达该出口断面时，河水流量开始增加，水位相应上涨，这就是洪水起涨之时。

2. 洪峰流量、洪峰水位

随着流域远处的地表径流陆续流入河道，使流量和水位继续增长，大部分高强度的地表径流汇集到出口断面时，河水流量增至最大值。一次洪水过程中的最大瞬时流量和水位，分别称为洪峰流量和洪峰水位。

3. 洪水过程线、洪水总量、时段洪量

洪水流量由起涨到达洪峰流量，此后，逐渐下降，到暴雨停止以后的一定时间，当远处的地表径流和暂存蓄在地面、表土、河网中的水量均已流经出口断面时，河水流量及水位回落到接近于原来状态，即为洪水落尽之时。如在方格纸上，以时间为横坐标，以江河的流量或水位为纵坐标，可以绘出洪水从起涨至峰顶到落尽的整个过程曲线，称为洪水过程线。由于洪水过程线两头低，中间高，形似山峰，故最高处称为洪峰，如图 5-10 所示。

洪水总量是指一次洪水过程中或给定时段内通过河流某一断面的洪水体积，简称洪量。

时段洪量是指某一时段内发生的洪水总量，一般需确定 2~3 个时段的洪量。最大时段洪量是指一次洪水过程中，指定历时的最大洪量，如最大 1 天、3 天、7 天、15 天、30 天、60 天洪量等。

（三）洪水类型

1. 暴雨洪水

暴雨引起的江河水量迅速增加并伴随水位急剧上升的现象，称暴雨洪水。按暴雨的成因可分为：雷暴雨洪水（也称骤发暴雨洪水），台风暴雨洪水，锋面暴雨洪水。暴雨洪水年际变化很大，在同一流域上，常年出现的暴雨洪水与偶尔出现的特大暴雨洪水，在量级上相差悬殊，洪水过程特征也不完全一致。中国河流的主要洪水大都是暴雨洪水，它多发生在夏、秋季节，南方一些地区

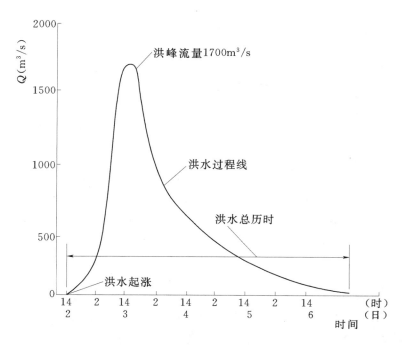

图 5-10 一次洪水流量过程线示意图

春季也可能发生。

2. 融雪洪水

以积雪融水为主要来源而形成的洪水，称融雪洪水。主要分布在新疆阿尔泰和东北部地区一些河流。冬季的积雪较厚，春季气温大幅度升高时，各处积雪同时融化，江河中流量和水位突增形成融雪洪水。发生时间一般在 4～5 月份，最迟 6 月就结束。

3. 冰川洪水

以冰川融水为主要来源所形成的洪水，称冰川洪水。我国天山、昆仑山、祁连山和喜马拉雅山北坡高山地区有丰富的永久积雪和现代冰川，夏季气温高，积雪和冰川开始融化，江河流量迅速增大形成洪水。冰川洪水的流量与温度有明显的同步关系，洪水水位的涨落随气温的升降而变化。新疆喀喇昆仑山的叶尔羌河上游，1961 年 9 月 3 日发生有记录以来最大的一次冰川洪水，库鲁克兰干水文站最大流量为 6670m³/s，为多年平均流量的 40～50 倍。

4. 冰凌洪水

冰凌洪水指江河中大量冰凌壅积成为冰塞或冰坝，使水位大幅度升高。而当堵塞部分由于壅积很高、水压过大而被冲开时，上游的水位迅速降落，而流量却迅猛增加，形成历时很短、急剧涨落的洪峰。在我国北方的河流，如黄河上游自宁夏至包头一段，及下游自兰考至河口一段，松花江下游干流的通河以下河段，都存在这种现象。

5. 雨雪混合洪水

雨雪混合洪水指高寒山区和纬度较高地区的积雪，因春夏季节强烈降雨和雨催雪化而形成的洪水。这是中国西部山区和北方河流的一种春汛。洪峰流量有时超过该地区夏季暴雨洪水。

6. 溃坝洪水

溃坝洪水指大坝在蓄水状态下突然崩溃而形成的向下游急速推进的巨大洪流。习惯上把因地震、滑坡或冰川堵塞河道引起水位上涨后，堵塞处突然崩溃而暴发的洪水也归入溃坝洪水。溃坝的发生和溃坝洪水的形成通常历时短暂，难以预测，峰高量大，变化急骤，危害性特大。世界各国都很重视，并有各种溃坝洪水的计算方法。

（四）我国暴雨洪水特点

1. 季节性明显

我国暴雨洪水有明显的季节性，出现的时序有一定规律。它与夏季雨带南北移动和频繁的台风暴雨关系密切。一般年份4月初～6月初，西太平洋副热带高压脊线位于北纬15°～20°之间，雨带主要在华南地区。随着副高脊线两度北跃，至7月下旬～8月上旬，脊线位置到达北纬30°附近，雨带也由江淮北移到华北、东北地区。各地汛期出现时间也随着雨带的变化有规律地自南向北逐渐推迟。暴雨洪水季节变化还有以下一些特点：

（1）受地面气旋波和南支槽的影响，江南丘陵地区湘江、赣江、瓯江等一些河流4月初即进入汛期，是全国汛期来临最早的地区；汉江、嘉陵江等河流，受华西秋雨影响，汛期终止晚，迟至10月上旬，是全国汛期终止最晚的地区。

（2）珠江、钱塘江、瓯江和汉江、嘉陵江等都有明显的双汛期，前者分前汛期和后汛期，后者分伏汛和秋汛，汛期时间长达4～5个月。

（3）7月、8月是全国大汛最集中时期，尤其是7月份为全盛期，长江、淮河、海滦河这两个月大洪水出现频率最高。

2. 洪水峰高量大，地区分布差别大

我国东半部地区暴雨强度大，加之多山的地形，地面坡度大，汇流快，流域植被条件又差，这些不利因素相互作用，使得一些地区洪水量级很大。例如1935年7月，长江中游武陵山区发生了一场特大暴雨，暴雨中心连续5天累计雨量达1281.8mm，位于暴雨中心区的澧水流域形成特大洪水，三江口站流域面积为15242 km²，洪峰流量高达31100m³/s；1975年8月淮河上游特大暴雨，暴雨中心林庄24h降雨量达1060.3mm，集水面积仅为768 km²的板桥水

库，最大入库洪峰流量达 13000m³/s，这些洪水都接近世界同等流域面积最大流量记录。

受暴雨、地形、地质、植被等多种因素影响，最大洪水的量级地区差别是很大的。我国东半部地区，洪水量级最高的地区主要分布在辽东半岛、千山山脉东段，燕山、太行山、伏牛山、大别山等山脉的迎风山区，以及东南沿海和岛屿。此外还有几条局部高值区，即陕北高原、峨眉山区、大巴山区以及武陵山区的澧水流域，上述地区每 1000km² 标准面积的最大流量均在 600m³/s 以上，其中大凌河流域、沂蒙山区、伏牛山区、大别山区、浙闽沿海以及台湾、海南等经常受到强台风影响，其流量可以达到 8000m³/s 以上，最大可达到 15000m³/s。江南丘陵地区，洪水量级比上述地区小，一般在 6000m³/s 以下，并且向西递减。位于南岭、武夷山背风区的湘赣地区，洪峰流量比四周地区小，每 1000km² 标准面积的最大流量在 2000～4000m³/s 之间。我国西南地区暴雨较小，岩溶发育，洪水较其他地区显著减小，一般只能达到 1000～2000m³/s，其量级与我国东北森林区相当。黄河中游黄土高原地区，气候干燥，多年平均年降雨量约为 400～600mm，值得注意的是，这一地区可以出现强度很大的局部性暴雨，中小河流可以造成很大的洪水。同时，这一地区黄土层深厚，地表裸露，植被稀少，都有助于形成大洪水，每 1000km² 标准面积最大流量可以达到 6000～9000m³/s，但由于这个地区实测水文资料年限较短，观测到大洪水的机会较少，因而容易对这个地区洪水的严重性估计不足。我国暴雨洪水，不仅洪峰高，洪量也大，径流年内分配非常集中，一次大洪水的洪水总量占年径流总量的比例最高。以中等流域（集水面积为 1 万～15 万 km²）为例，从每个测站系列中选出最大 5 次洪水，分别计算最大 7 天洪量占该年径流量的比值。据全国 47 个代表站分析，得到的结果是：在水量丰富的珠江、长江流域，一次大洪水最大 7 天洪量占年径流总量的 10％～20％；松花江流域占 15％～20％；黄河流域占 20％～25％；海河、辽河流域占 25％～30％。由此可见，气候越是干旱的地区，径流集中程度较高，一般中等流域年径流量很大程度上集中在几次大洪水。这种特性对于江河防洪或是水资源的开发利用，都是很不利的。

3. 洪水年际变化大

我国洪水年际变化极不稳定，流量的变幅很大。如海河支流滹沱河黄壁庄站，在实测系列中，在小水年份年最大流量仅 140m³/s；大水年份，年最大流量达 13100m³/s，最大值和最小值相差近百倍。一般来说，气候干旱的北方地区比气候湿润的南方地区洪水变幅大。历史最大流量（调查或实测）与年最大流量多年平均值之比，长江以南地区比值一般为 2～3 倍，淮河、黄河中游地区可以达到4～8倍，海河、滦河、辽河流域高达5～10倍。经常发生的洪水与偶然发生的特大洪水，量级相差很悬殊。这种特性，给治河防洪、水利工程建设以及水资源的开发利用带来难度。

4. 大洪水的重复性和阶段性

特大洪水的发生以往都把它看成随机事件。从大量的历史洪水调查研究，发现我国主要河流特大洪水在空间和时间上的变化具有重复性和阶段性的特点。

所谓重复性是指在相同地区或流域，重复出现雨洪特征相类似的特大洪水。如1963年8月，海河南系发生了罕见的特大暴雨洪水，而在300年前的1668年（清康熙七年）也曾发生过类似的特大洪水；1939年海河北系发生近100年来著名的大洪水，其雨洪特征与历史上1801年的特大洪水也相似。从各大流域看，相类似的特大暴雨洪水重复出现的现象普遍存在，如1931年和1954年长江中下游与淮河流域的特大洪水，其气象成因与暴雨洪水的分布也基本相同；黄河中游1843年和1933年洪水，黄河上游1904年与1981年洪水，松花江1932年和1957年洪水，四川1840年与1981年洪水等，其暴雨洪水特点彼此都相类似。从全国来看，凡是近期所发生的重大灾害性洪水，历史上都可以找到相类似的实例。这种重复性现象说明特大暴雨洪水的发生与当地的天气和地形条件有着密切的关系，有一定规律性。因此通过历史大洪水的研究，可以预示今后可能发生的大洪水情况。

其次是洪水阶段性问题。大洪水的出现在时序分布上是不均匀的，什么时候会发生大洪水，目前尚无法作出准确的预测。一个时期大洪水发生的频率较高，而另一个时期频率较低，从较长的时期来观察，在许多河流上，大洪水的时序分布都有频发期和低发期，呈阶段性地交替变化。举例来说，海河流域近500年中，流域性大洪水共发生了28次，平均18年发生1次。在1501～1600年的100年中，大洪水发生过3次，平均33年1次；而1601～1670年的70年中大洪水则发生了8次，平均9年1次；此后1671～1790年又处于一个低发期，长达120年中，大洪水只出现过2次，平均60年1次。到19世纪后半叶，海河流域又转入频发期，50年中大洪水出现5次，平均10年出现1次。这种高频期和低频期呈阶段性的变化，其他流域也同样存在这种情况，只是阶段的长短有所不同。大洪水时序变化还有一个特点是连续性，在高频期内大洪水可能连年出现。例如海河流域，清顺治九年、十年、十一年（1652～1654年）连续3年发生流域性大水灾；长江中下游1948年、1949年，1882年、1883年都是连续两年发生大洪水，1960年、1870年相隔10年时间出现两次百年一遇的特大洪水；其他流域情况也类似。这种大洪水连续出现的情况有的河流很突出，如沅江沅陵站，1608 年、1609 年、1611 年、1612 年、1613 年，1765 年、1766 年，1911 年、1912 年、1913 年，1925 年、1926 年、1927 年等，都曾连续 2 年或 3 年出现大洪水。这种连续性的现象在防洪中很值得引起注意。

三、径流

径流是指在水文循环过程中，降水沿流域的不同路径向河流、湖泊、沼泽和海洋汇集的水流。在一定时段内通过河流某一过水断面的水量称径流量。径流是水循环的主要环节，也是水量平衡的基本要素。一个地区的径流量往往是该地区的水资源量的主要组成部分。

按径流存在的空间位置，可分为地表径流（直接径流）、地下径流、壤中流；按径流补给形式，可分为降雨径流、冰雪融水径流；一年中不同时期的径流分别称为汛期径流、枯季径流、年径流。

从降水到达地面至水流汇集于流域出口断面的整个过程叫径流形成过程。它包括植物截留、填洼、下渗、蒸发、坡地汇流、河槽汇流等一系列过程。通常把上述过程归纳为产流过程和汇流过程。

四、洪水标准

1. 可能最大洪水

可能最大洪水是指河流断面可能发生的最大洪水，简称 PMF。这种洪水由最恶劣的气象和水文条件组合形成，是永久性水工建筑物非常运用情况下最高洪水标准的洪水。可能最大洪水有水文气象法和数理统计法两类估算方法。

2. 设计洪水

设计洪水是指符合工程设计中洪水标准要求的洪水。设计洪水包括水工建筑物正常运用条件下的设计洪水和非常运用条件下的校核洪水，是保证工程安全的最重要的设计依据之一。

3. 校核洪水

校核洪水是指符合水工建筑物校核标准的洪水。校核洪水反映水工建筑物非常运用情况下所能防御洪水的能力，是水利水电工程规划设计的一个重要设计指标。校核洪水是为提高工程的安全与可靠程度所拟定的高于设计标准的洪水，用以对水工建筑物的安全进行校核。当水工建筑物遭遇这种洪水时，安全系统允许作适当降低，部分正常运行条件允许破坏，但主要建筑物应保证安全。

防洪工程中的洪水标准是根据工程规模、失事后果、防护对象的重要性以及社会、经济等综合因素，由国家制定统一规范确定的。目前许多国家通过工程措施的投资和防洪效益进行综合经济比较，并结合风险分析来选定洪水标准。

五、水文预报

水文预报就是根据前期和现时的水文、气象等信息，对未来一定时段内水文情势作出的定性或定量预报。水文预报是应用水文学的一个分支，是一项重要的水利基本工作和防洪非工程措施，直接为水资源合理利用与保护、水利工程建设与管理，以及工农业生产服务。

水文预报按预见期的长短，分为短期、中期、长期预报。

按预报对象分为：

（1）洪水预报。主要预报暴雨洪水、融雪洪水的洪峰水位（或流量）、洪峰出现时间、洪水涨落过程和洪水总量等。

（2）枯季径流预报。主要预报枯季径流量、最低水位及其出现时间。

（3）墒情预报。分析土壤水分的动态变化，预报农作物生长所需的墒情。

（4）地下水位预报。分析地下水动态变化，预报地下水蓄量及水位升降等。

（5）冰情预报。主要预报流凌、封冻、解冻、冰厚、冰坝、开河等多种冰情的发生发展过程。

（6）融雪径流预报。分析计算融雪产生的总水量及洪水变化过程。

（7）台风暴潮预报。包括风暴潮增水及最高潮位变化等。

（8）水质预报。包括水质状况及稀释自净能力的分析计算和预测等。

六、洪水预报

根据洪水形成和运动的规律，利用过去和实时水文气象资料，对未来一定时段的洪水发展情况的预测，称洪水预报。主要预报项目有最高洪峰水位（或流量）、洪峰出现时间、洪水涨落过程、洪水总量等。

洪水预报可分为两大类：一类是河道洪水预报，如相应水位（流量）法。天然河道中的洪水，以洪水波形态沿河道自上游向下游运动，各项洪水要素（洪水位和洪水流量）先在河道上游断面出现，然后依次在下游断面出现。因此，可利用河道中洪水波的运动规律，由上游断面的洪水位和洪水流量，来预报下游断面的洪水位和洪水流量。这就是相应水位（流量）法。

洪水预报的第二类方法是流域降雨径流（包括流域模型）法。依据降雨形成径流的原理，直接从实时降雨预报流域出口断面的洪水总量和洪水过程。

洪水预报的预见期视预报方法不同而异，一般分为理论（天然）预见期和有效预见期两种。

在相应水位预报中，天然预见期为上断面的洪峰水位（流量）传播至下断面的时间，即天然预见期等于洪水波从上断面传播至下断面的传播时间。在降雨径流预报中，天然预见期为流域内距出口断面最远点处降雨流到出口断面所经历的时间，即为流域汇集时间。

有效预见期为从发布预报时刻到预报的水文要素出现的时间间隔，显然有效预见期比天然预见期更短。降雨径流预报的预见期比相应水位（流量）法为长。这点对中小河流和大江大河区间来水特别重要，要想增长预见期宜采用降雨径流预报方法。

第三节 防 汛 知 识

一、江河特征水位

为了正确地指挥江河、湖泊的抗洪抢险，减免洪水造成的损失，防汛指挥部门规定了几个防汛控制水位，以满足准备、组织、进行抢险或撤退的需要。

1. 警戒水位

警戒水位是指当河道的自由水面超过该水位时，将有可能出现洪水灾害，必须对洪水进行监视做好防汛抢险准备的水位。有堤防的地方，根据堤防质量、渗流现象以及历年防汛情况，把有可能出险的水位定为警戒水位。到达该水位，要进行防汛动员，调动常备防汛队伍，进行巡堤查险。

2. 保证水位（又称设计水位）

保证水位指汛期堤防及其附属工程能保证运行的上限洪水位，又称防汛保证水位或设计水位。接近或到达该水位，防汛进入全面紧急状态，堤防临水时间已长，堤身土体可能达饱和状态，随时都有出险的可能。这时要密切巡查，全力以赴，保护堤防安全，并对于可能超过保证水位的抢护工作也要做好积极准备。

保证水位主要根据工程条件和保护区国民经济情况、洪水特性等因素分析拟定，报上级部门核定后下达。实际多采用河段控制站或重要跨堤建筑物的历年防汛最高洪水位，如长江汉口站1954年后定的保证洪水位为29.73m，即1954年实测的最高洪水位。

3. 分蓄洪水位

为防御洪水，尽量减少洪灾损失，在洪水灾害比较严重的地区，在河道（洪道）两岸辟有临时滞蓄洪水的区域称为蓄滞洪区。当河道水面线超过某一水面线时，形成洪水灾害的可能性很大，蓄滞洪区须分蓄洪，称这个水面线的相应水位为分蓄洪水位。分蓄洪水位根据批准的流域防洪规划或区域防洪规划的要求专门确定。

分蓄洪水位，是调度运用分洪工程的一项重要指标。当河、湖洪水将超过堤防安全防御标准，而需运用分蓄洪工程时，据水情预报，以某控制站的水位作为启用分蓄洪工程的依据。

二、水库特征水位和特征库容

能表征水库工作状况的水位称水库特征水位。特征水位及其相应库容称特征库容。如图 5－11 所示。

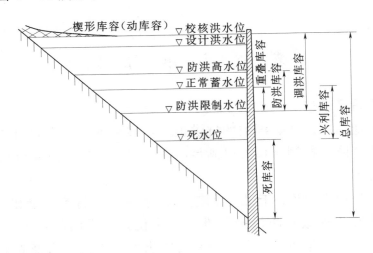

图 5－11　水库特征水位与特征库容示意图

1. 水库死水位（$Z_死$）及死库容（$V_死$）

水库在正常运用情况下，允许消落的最低水位，又称设计低水位。日调节水库在枯水季节水位变化较大，每 24h 内将有一次消落到死水位。年调节水库一般在设计枯水年供水期末才消落到死水位。多年调节水库只在多年的枯水段末才消落到死水位。水库正常蓄水位与死水位之间的变幅称水库消落深度。

死库容是指死水位以下的水库容积，又称垫底库容。一般用于容纳淤沙、抬高坝前水位和库区水深。在正常运用中不调节径流，也不放空。只有因特殊原因，如排沙、检修和战备等，才考虑泄放这部分容积。

2. 水库的正常蓄水位（$Z_正$）及兴利库容（$V_兴$）

水库的正常蓄水位是水库在正常运用情况下，为满足兴利要求应在开始供水时蓄到的高水位，又称正常高水位或兴利水位。它决定水库的效益和调节方式，也在很大程度上决定水工建筑物的尺寸、型式和水库的淹没损失，是水库最重要的一项特征。当采用无闸门控制的泄洪建筑物时，它与泄洪堰顶高程相同；当采用有闸门控制的泄洪建筑物时，它是闸门关闭时允许长期维持的最高蓄水位，也是挡水建筑物稳定计算的主要依据。

兴利库容，即调节库容，是正常蓄水位至死水位之间的水库容积。用以调节径流，提供水库的供水量或水电站的出力。

3. 防洪限制水位（$Z_限$）和重叠库容（$V_叠$）

系指水库在汛期允许兴利蓄水的上限水位，是预留防洪库容的下限水位，在常规防洪调度中是设计调洪计算的起始水位。防洪限制水位又称汛期限制水位，是根据水库综合效益、洪水特性、防洪要求和调度原则，在保证工程安全的前提下经分析计算确定的。一般在水库工程的正常运用情况下，采用原设计提出的运用指标。防洪限制水位与正常蓄水位之间的库容称重叠库容，此库容在汛末要蓄满为兴利所用。在汛期洪水到来后，此库容可作滞洪用，洪水消退时，水库尽快泄洪，使水库水位迅速回降到防洪限制水位。

4. 水库的防洪高水位 ($Z_{防}$) 和防洪库容 ($V_{防}$)

水库的防洪高水位是水库遇到下游防护对象的设计标准洪水时，在坝前达到的最高水位。只有当水库承担下游防洪任务时，才需确定这一水位。此水位可采用相应下游防洪标准的各种典型洪水，按拟定的防洪调度方式，自防洪限制水位开始进行水库调洪计算求得。

防洪库容是防洪高水位至防洪限制水位之间的水库容积，用以控制洪水，满足下游防护对象的防洪标准。当汛期各时段分别拟定不同的防洪限制水位时，这一库容指其中最低的防洪限制水位至防洪高水位之间的水库库容。

5. 允许最高洪水位 ($Z_{允}$)

允许最高洪水位系指在汛期防洪调度中，为保障水库工程安全而允许充蓄的最高洪水位。一般情况下，如工程能按设计要求安全运行，则原设计确定的校核洪水位即可作为水库在汛期的最高控制水位，在实时调度中除在发生超设计标准洪水时不应突破。

6. 水库的设计洪水位 ($Z_{设}$)

水库的设计洪水位是，当水库遇到大坝的设计洪水时，在坝前达到的最高水位。它是水库在正常运用情况下允许达到的最高水位，也是挡水建筑物稳定计算的主要依据。可采用相应大坝设计标准的各种典型洪水，按拟定的调洪方式，自防洪限制水位开始进行调洪计算求得。

7. 水库的校核洪水位 ($Z_{校}$) 及调洪库容 ($V_{调}$)

水库的校核洪水位是水库遇到大坝的校核洪水时，在坝前达到的最高水位。它是水库在非常运用情况下，允许临时达到的最高洪水位，是确定大坝顶高及进行大坝安全校核的主要依据。此水位可采用相应大坝校核标准的各种典型洪水，按拟定的调洪方式，自防洪限制水位开始进行调洪计算求得。

8. 水库设计最大泄洪流量 ($Q_{设}$)

当水库遭遇设计洪水时，按正常运用条件进行调洪计算所求得的泄洪流量过程中的最大值。水库设计最大泄洪流量由泄洪设备和其他过水建筑物共同宣泄。专门为泄洪而设置的溢流坝、泄水孔和泄洪隧洞等按全部泄量计算；其他过水建筑物（如水电站、引水闸、船闸、筏道等）的泄量，为安全计，一般乘以小于1的修正系数，对漫顶后易于失事的土石坝取较小的修正系数，对混凝土坝、浆砌石坝可取较大的修正系数。水库设计最大泄洪流量是确定水库泄洪设备规模的量。水库设计最大泄洪流量大，需要的泄洪设备规模大，但坝高可以降低；反之，泄洪设备规模小，坝高需增加。

9. 水库校核最大泄洪流量（$Q_{校}$）

当水库遭遇校核洪水时，按校核运用条件进行调洪计算，求得的泄洪流量过程中的最大值，为水库校核最大泄洪流量。水库校核最大泄洪流量由正常泄洪设备、非常泄洪设备和其他建筑物共同宣泄，专门为泄洪而设置的溢流坝、泄水孔和泄洪隧洞等按全部泄量计算；其他过水建筑物（如水电站、引水闸、船闸、筏道等）的泄量，为安全计，一般乘以小于1的修正系数（参见水库设计最大泄洪流量）。

10. 总库容（$V_{总}$）

总库容是指校核洪水位以下的全部静库容，即

$$V_{总} = V_{死} + V_{兴} + V_{调} - V_{叠} \tag{5-1}$$

三、洪水频率和等级

自然界中事件发生情况可分为三种，即必然事件、不可能事件和随机事件。必然事件指在一定条件下必然要发生的事件；不可能事件是指在一定条件下根本不可能发生的事件；随机事件（或称偶然事件）指在一定条件下可能发生也可能不发生的事件。水文现象的数量特征，都属于随机事件。例如洪水的大小可以用洪峰流量（水位）、洪水总量等特征值来反映。但这些特征值的变化缺乏规律，是一种随机变量，某个量值出现的可能性，可以根据过去实测或调查的数据资料，经过统计分析计算而求得。用频率或重现期来表示洪水的大小。

1. 经验频率

在实测洪水样本系列中某洪水变量 X 大于或等于一定数值 X_m（即 $X \geqslant X_m$）的可能性大小即为频率，用数学符号可写成 $P_m (X \geqslant X_m)$，其值在 0 与 1 之间。

例如，某河段年最大洪峰流量系列中，出现流量 $Q \geqslant 1000 \text{m}^3/\text{s}$ 可能性为 1%，则称 $Q \geqslant 1000 \text{m}^3/\text{s}$ 的频率等于 1%。在全部实测洪水系列 n 项中按大小顺序排位的第 m 项的经验频率则为 P_m，常用下列公式计算，即

$$P_m = \frac{m}{n+1} \times 100\% \tag{5-2}$$

在洪水频率分析中，称式（5-2）为经验频率公式。

频率用百分数表示，例如某一洪峰流量出现的频率是 1％，就表示该洪峰流量平均每 100 年可能出现一次。这就说明这次洪水特别大。如果说频率为 5％，就表示该次洪水平均每 100 中可能会出现 5 次，说明这次洪水比较大，但不是特别大。

2. 洪水等级

重现期是指某洪水变量 X 大于或等于一定数值 X_m（$X \geqslant X_m$）在很长时期内平均多少年出现一次的概念。这是洪水频率的另一种表示方法，即通常所说的某个洪峰流量是多少年一遇，其中所谓的多少年就是重现期。重现期 T 与频率 P 的关系为

$$T = \frac{1}{P} \tag{5-3}$$

例如，当 $P=1％$，则 $T=100$ 年，称为百年一遇。所谓百年一遇是指大于或等于这样的洪水在很长时期内平均每 100 年出现一次，只是说明这次洪水的量级，而不能理解为恰好每隔 100 年出现一次。对于具体的 100 年来说，超过这种洪水可能不止一次，也可能一次都不出现，这只是说明长时期内平均每年出现的可能性为 1％。

按照以上表示方法，目前我国衡量洪水等级的标准就是以水文要素的重现期为标准，把洪水划分为 4 个等级，见表 5-3。

表 5-3　　　　　　　　　　洪 水 等 级 划 分

洪水等级	水文要素的重现期（年）	洪水等级	水文要素的重现期（年）
一般洪水	<10	大洪水	20～50
较大洪水	10～20	特大洪水	>50

估计重现期的水文要素包括洪峰水位（洪峰流量）或时段最大洪量等，可依据河流（河段）的水文特征来选择。一般以洪水的洪峰流量（大江大河以洪水总量）的重现期作为洪水等级划分标准。

四、汛期

汛期是指江河洪水在一年中集中出现明显的时期。由于各河流降雨季节不同，汛期长短不一，同一河流的汛期各年也有早有迟。按季节可分为春汛、夏汛、秋汛、冬汛。我国的江河洪水以春汛、夏汛、秋汛为主。

夏汛：发生在夏季的江河涨水现象。中国长江、黄河等流域 7～8 月间多暴雨，降水量大，河流常发生洪水，其特点是洪峰水位高、流量大。如长江 1954 年 8 月洪水，汉口站洪峰流量为 76100m³/s，120 天洪量为 6000 亿 m³；

黄河 1958 年 7 月洪水，花园口站洪峰流量为 22300m³/s，7 天洪量为 61 亿 m³。这两次洪水分别是 1949 年以来长江和黄河发生的最大洪水。

秋汛：从立秋到霜降这段时间，有些地区秋雨连绵，也容易形成江河洪水，称为秋汛。秋汛的洪峰流量一般不及夏汛大，但有时总水量大，持续时间长，且江河堤防浸水时间已久，易发生险情，故对防守的压力也大。

我国大江河大洪水多在夏秋发生。如长江 1153～1949 年，宜昌站曾发生一次流量达 80000m³/s 以上的大洪水，黄河 1761～1940 年花园口站曾发生 4 次流量超过 20000m³/s 的洪水，都在夏、秋汛期。

为了做好防汛工作，根据主要江河涨水情况划分各河的汛期如下：

（1）珠江流域以及福建、浙江诸河每年 4 月 1 日～10 月 31 日为汛期。

（2）长江流域上游每年 5 月 1 日～10 月 31 日为汛期，中游、下游每年 4 月 1 日～9 月 30 日为汛期。

（3）淮河流域（包括沂沭泗水系）每年 5 月 1 日～9 月 30 日为汛期。

（4）黄河流域每年 6 月 1 日～10 月 31 日为汛期。

（5）海河流域每年 6 月 1 日～9 月 30 日为汛期。

（6）辽河流域每年 6 月 1 日～9 月 30 日为汛期。

（7）松花江流域每年 6 月 1 日～9 月 30 日为汛期。

（8）新疆、甘肃、青海内陆河每年 6 月 1 日～9 月 30 日为汛期。

五、紧急防汛期

1. 紧急防汛期的含义

我国的洪涝灾害，有暴雨洪水、冰凌洪水和台风灾害等各种类型，但就全国大部分地区来说，主要的是暴雨洪水以及由暴雨引起的山洪、泥石流和台风涌浪等洪涝灾害。由于我国特定的地理位置和气候环境，各地暴雨洪水发生的时间有明显的规律性。一般雨季是随着每年季风的进退和西太平洋副热带高压的移动而形成。根据洪水发生的自然规律，划定期限，以加强防汛抗洪管理的集中统一性，使有关防汛抗洪的行动更加规范，避免造成失误。规定好每年防汛抗洪的起止日期，这期间称为汛期，它是所辖行政区内防汛抗洪准备工作和行动部署的重要依据。由省（自治区、直辖市）人民政府防汛指挥机构根据当地的洪水规律，规定汛期起止日期。

当发生重大洪水灾害和险情时，县级以上人民政府防汛指挥机构为了进行社会动员，有效地组织、调度各类资源，地方政府防汛指挥部门应立即采取应急的非常措施进行抗洪抢险，为此而确定的一段时间称为紧急防汛期。

在防汛抗洪过程中，当江河、湖泊发生重大洪水灾害和险情时，地方防汛指挥机构有权在其管辖范围内调动人力、物力和采取一切有利于防洪安全的紧急措施进行抢护。《中华人民共和国防洪法》、《中华人民共和国防汛条例》对紧急防汛期的权限和原则以及强制措施等均作了明确规定。《中华人民共和国防洪法》颁布实施以来，在1998年长江、珠江、松花江大水和2003年淮河大水抗洪期间，一些省、市、县人民政府防汛指挥机构依法宣布进入紧急防汛期，并采取一定的紧急措施组织、指挥抗洪抢险，取得了抗洪斗争的全面胜利。

2. 确定紧急防汛期的权限和原则

《中华人民共和国防洪法》规定，汛期由各省（自治区、直辖市）人民政府防汛指挥机构划定。紧急防汛期由县级以上人民政府防汛指挥机构宣布。

什么时候宣布进入紧急防汛期，《中华人民共和国防洪法》第四十一条作了明确规定："当江河、湖泊的水情接近保证水位或者安全流量，水库水位接近设计洪水位，或者防洪工程设施发生重大险情时，可以宣布进入紧急防汛期。"

宣布进入紧急防汛期一定要持科学态度，慎重决策。因为紧急防汛事关防汛抗洪的成败和社会的稳定，应该准确、及时决策，既不要轻易宣布，以免造成不应有的社会紧张和人员惊慌，也不能疏忽大意，过于信赖防护工程设施的能力，贻误时机。当防洪工程设施接近设计水位或安全流量时，其安全系数接近设计标准，风险程度增大，随时都有出险的可能，一定要进行全面防守。特别是工程设施发生重大险情时，更要立即采取紧急措施进行抢护。在紧急防汛期地方行政首长必须亲临现场，密切注视汛情的发展，研究部署防守抢险救护，调动必要的人力、物力，采取措施，确保安全。

3. 紧急防汛期采取的处置措施

在紧急防汛期，时刻都有发生重大灾害的可能，为了维护人民生命财产安全和国家经济建设，防汛指挥机构有权在其管辖范围内调动人力、物力和采取一切有利于防洪安全的紧急措施。《中华人民共和国防洪法》第四十五条第一款作了规定："在紧急防汛期，防汛指挥机构可根据防汛抗洪的需要，有权在其管辖范围内调用物资、设备、交通运输工具和人力，决定采取取土占地、砍伐林木、清除阻水障碍物和其他必要的紧急措施；必要时，公安、交通等有关部门按照防汛指挥机构的决定，可依法实施陆地和水面交通管制。"

我国江河、湖泊现有防洪工程设施的防洪标准较低，满足不了防洪安全的要求，洪水灾害依然威胁着人们。而且，由于自然淤积和人为设障影响，使许多防洪工程的防洪能力不断衰减，防洪标准不断下降。许多河道、湖泊经常发生"小洪水、高水位、防大汛"的危险局面。近年来人为设障产生阻碍行洪现象屡禁不止，甚至有些地方旧障未除，又生新障。《中华人民共和国防洪法》

第四十二条规定："在紧急防汛期，国家防汛指挥机构或者其授权的流域、省、自治区、直辖市防汛指挥机构有权对壅水、阻水严重的桥梁、引道、码头和其他跨河工程设施作出紧急处置。"

防汛指挥机构在汛期结束后，要及时做好调用物资、设备、交通运输工具等的清理归还工作，依法补办取土占地、砍伐林木手续。《中华人民共和国防洪法》第四十五条第二款作了规定："依照前款规定调用的物资、设备、交通运输工具等，在汛期结束后应当及时归还；造成损坏或者无法归还的，按照国务院有关规定给予适当补偿或者作其他处理。取土占地、砍伐林木的，在汛期结束后依法向有关部门补办手续；有关地方人民政府对取土后的土地组织复垦，对砍伐的林木组织补种。"

六、河道安全泄量

河道安全泄量是防洪体系中的重要指标，对掌握防守重点，指导防汛是非常必要的。河道安全泄量通常认为是河道在保证水位时洪水能顺利安全地通过河段而不致洪水漫溢或造成危害，不需要采取分蓄洪措施的最大流量。河道安全泄量是拟定防洪工程措施和防汛工作要求的主要指标。

河道安全泄量确定的主要依据：①河流的泄洪能力；②堤防的防洪标准；③堤防保护范围内的经济社会发展情况及重要性。

扩大河道安全泄量的措施有：①拓宽堤距；②疏浚河槽；③裁弯取直；④加高加固堤防等。各地可因地制宜选择采用。

七、防洪标准

1. 防洪标准

防洪标准，是指防洪设施应具备的防洪（或防潮）能力，一般用可防御洪水相应的重现期或出现频率表示，如百年一遇、50 年一遇防洪标准等，它较科学地反映了洪水出现的几率和防护对象的安全度，但在普及宣传时应指明其概率上的意义，在实际防洪工作中，应做好抗御超过上述标准的特大洪水的准备。

根据防洪对象的不同需要，分设计（正常运用）一级标准和设计、校核（非常运用）两级标准。也有一些地方以防御某一实际洪水为防洪标准。在一般情况下，当实际发生不大于防洪标准的洪水时，通过防洪系统的正确运用，实现防洪对象的防洪安全。

确定防洪标准应根据防洪对象的重要性、洪水灾害的严重性以及国民经济的发展水平等条件而定。国家根据需要与可能，对防洪标准用规范予以规定。在防洪工程的规划设计中，一般按照规范选定防洪标准，并进行必要的论证。对于特别重要、遭受洪灾或失事后损失巨大、影响十分严重的防洪对象，可采用较高的防洪标准，如水库以及重要的防洪保护设施等。

2. 防洪的设计标准与校核标准

设计标准，是指当发生小于或等于该标准洪水时，应保证防护对象的安全或防洪设施的正常运行。

校核标准，是指遇该标准相应的洪水时，需采取非常运用措施，在保障主要防护对象和主要建筑物安全的前提下，允许次要建筑物局部或不同程度的损坏，次要防护对象受到一定的损失。

我国现有防洪标准规范有 GB50201—94《防洪标准》，并已于 1995 年 1 月 1 日起开始实施。该标准对城市、乡村工矿企业、交通运输设施、水利水电工程、动力设施、通信设施、文物古迹和旅游设施等防护对象，按照不同等级及其重要性和规模大小，确定了各自相应的不同的防洪标准。例如，非农业人口在 150 万人以上的特别重要的城市（Ⅰ级），防洪标准应在 200 年一遇以上；防护区人口在 150 万人以上、防护区耕地面积在 300 万亩以上的乡村（Ⅰ级）防洪标准应为 100～50 年一遇；大型工矿企业（Ⅱ级）防洪标准应为 100～50 年一遇；运输能力在 1500 万 t/年的骨干铁路和准高速铁路的路基防洪设计标准为百年一遇，重要的大桥或特大桥防洪校核标准为 300 年一遇。

八、防洪措施

防洪措施是指防止或减轻洪水灾害损失的各种手段和对策。防洪措施包括防洪工程措施和防洪非工程措施。防洪工程措施主要有堤防、河道整治工程、分蓄洪工程与水库等，通过这些工程手段以扩大河道泄量、分流、疏导和拦蓄洪水，以减轻洪水灾害；防洪非工程措施主要内容有洪水预报、洪水警报、洪泛区管理、洪水保险、河道清障（或河道管理）、超标准洪水防御措施等，通过这些非工程措施，可以避开、预防洪水侵袭，更好地发挥防洪工程的效益，以减轻洪灾损失。

九、防洪调度

防洪调度是指运用防洪系统的各项工程及非工程措施，有计划地控制调节洪水的工作。防洪调度的基本任务是力争最有效地发挥防洪系统的作用，尽可能减免洪水灾害。在有综合利用任务的防洪系统中，防洪调度需要结合考虑发挥最大综合效益的要求。

水库的防洪调度工作是利用水库调蓄洪水、削减洪峰、减轻或避免洪水灾害的重要防洪措施。水库防洪基本上可分为滞洪和蓄洪两种运用方式：滞洪运用时，泄洪道一般无闸门控制，水库对入库洪水只起缓滞作用，而不存蓄，下泄流量取决于泄洪道的型式、规模及库水位；蓄洪运用时，泄洪道有闸门控制，主要是根据水库和下游防护区的防洪要求，以确保大坝安全为首要条件，进行洪水调节，启用闸门控制蓄洪。

十、防洪控制运用

防洪控制运用是为保证在某个时期内水利工程和防护对象的防洪安全，按照设计标准洪水或预报洪水所制定的防洪体系的控制运用计划，内容包括防洪工程使用程序、防洪控制指标、防洪运用标准、防洪控制运用方式等。我国通常是制定年度的防洪控制运用计划。

（1）防洪工程使用程序。要根据防洪体系的组成情况，按充分发挥各项防洪工程作用的原则，制定出合理的使用程序。

（2）防洪控制指标。防洪运用中作为控制条件的一系列特征水位及流量。各种防洪工程按照其运行特性规定有相应的控制指标。对于承担防洪任务的水库，有允许最高水位、汛期限制水位等；对于河道堤防，有警戒水位、保证水位、安全泄量等；对于分洪闸，有最高水位、分洪水位、最大过闸流量等；对于蓄滞洪区，有最高、最低（起始）水位等。这些指标在工程规划中一般均有规定。在运用中，应根据实际的防洪运用标准及有关情况，通过具体分析计算并参照设计拟定。

（3）防洪运用标准。包括防洪工程本身采用的设计洪水标准和下游防护对象的防洪标准两部分。这些标准在规程、规范中均有规定，可作为设计的依据。在运用中，应根据工程完建情况、运行情况、工程任务的变化情况，特别是设计洪水资料的变化情况，适当修订。

（4）防洪控制运用方式。指在防洪运用中遭遇各种不同洪水时的具体蓄泄规则。按照这些规则来运用，可以达到防洪运用标准及防洪运用指标的要求。

水库的防洪控制运用方式是防洪控制运用计划的主要组成部分，一般可分为水库下游无防洪任务和有防洪任务两类。前者只需按遭遇设计洪水和校核洪水时大坝能够安全度汛来进行调度；后者应根据大坝安全和水库下游防洪要求统一拟定调度方案。

十一、防洪方案

1. 防御洪水方案

防御洪水方案是流域机构会同有关地方人民政府或有防汛抗洪任务的县级以上地方人民政府根据流域综合规划、流域防洪规划、防洪工程实际状况和国家规定的防洪标准，制定的防御江河洪水（包括对特大洪水）的目标、原则和总体对策。防御洪水方案不仅包括防御江河洪水的原则和防御洪水的总体安排，还包括应对洪水地方政府和有关部门的责任与权限以及防汛准备、洪水预报、蓄滞洪区运用、抗洪抢险、救灾等工作任务。长江、黄河、淮河、海河的防御洪水方案，由国家防汛指挥机构制定，报国务院批准；跨省、自治区、直辖市的其他江河的防御洪水方案，由有关流域管理机构会同有关省、自治区、直辖市人民政府制定，报国务院或者国务院授权的有关部门批准。防御洪水方案经批准后，有关地方人民政府必须执行。各级防汛指挥机构和承担防汛抗洪任务的部门和单位，必须根据防御洪水方案做好防汛抗洪准备工作。

2. 洪水调度方案

洪水调度方案是流域机构会同有关地方人民政府防汛抗旱指挥机构或有防汛抗洪任务的县级以上地方人民政府防汛抗旱指挥机构，在防御洪水方案确定的目标、原则和总体对策的框架内，根据防洪工程和非工程设施的实际及变化情况，制定包括堤防、水库、蓄滞洪区、湖泊、分洪河道控制运用的具体实施方案，对江河洪水的调度作出具体安排。

江河防御洪水方案在江河防洪体系没有大的调整或方案不需作原则变动的情况下，一般不进行修订；而洪水调度方案则应随着工程变化情况及时修订。

3. 防汛抗洪实施方案

防汛抗洪实施方案是县级以上地方各级人民政府防汛指挥机构根据省级以上防汛指挥机构（含流域防汛指挥机构）批准的江河防御洪水方案和洪水调度方案，针对可能发生的各类洪水或工程可能出现的险情预先制定的一些具体措施，主要包括防汛抗洪工作程序、参与防汛抗洪的有关部门分工与协作、抗洪抢险方案的制订、防汛抢险人员组织、抢险物资的储备和运输补给等。当发生洪水时，有关部门按照上述制订的防汛抗洪方案实施，就能使防汛抗洪工作紧张有序、忙而不乱。

4. 蓄滞洪区避洪与人员安置方案

蓄滞洪区避洪与人员安置方案是指合理启用蓄滞洪区分洪，及时组织区内群众及重要财产转移，妥善安排转移群众的生活、医疗、防疫等工作的相关规定和措施。编制蓄滞洪区避洪与人员安置方案是防汛工作的重要内容，根据《中华人民共和国防洪法》的要求和防汛工作的实际需要，各级防汛主管部门都应组织编制蓄滞洪区避洪与人员安置方案。其主要内容包括：方案编制原则和适用范围，蓄滞洪区概况，防洪工程和安全设施，组织机构，人员转移和安置，应用程序等几个方面。

十二、工程险情及抢护

目前，我国长江、黄河等大江大河的多数防洪堤是土质堤防，为防止洪水主流冲刷，少部分堤段建有不同形式的防渗和护坡工程。堤防临水后，常出现散浸、脱坡、漏洞、跌窝、管涌、堤岸崩塌、堤顶漫溢等险情。这些险情的发生和发展严重危及堤防安全，若得不到及时处理，都可能造成堤防决口。

1. 险工

险工是指经常受大水冲击的堤段和历史上多次发生险情的堤段。临河有较宽滩地、河泓远离的堤段，称为平工。险工因经常靠溜，易出险情，严重威胁堤防安全，是修守的重点，常修有丁坝、护岸等防御工程。

2. 险情

防洪工程设施出现危及安全的异常现象称险情。常见的险情有：散浸、脱坡、漏洞、跌窝、管涌、堤岸崩塌、堤顶漫溢等。

（1）散浸：是由于堤防受长时间的浸泡，洪水渗过堤身，在背水堤坡或坡脚出现渗水的险情。随着高水位持续时间的延长，散浸范围将沿堤坡上升、扩大，若不及时处理，会发展成脱坡、管涌等险情。土堤、土坝有"久浸必漏"之说，对散浸应注意处理。散浸险情的抢护以"临河截渗、背河导渗"，降低浸润线，稳定堤身为原则。在临水坡用透水性小的黏土做外帮（在临水坡培厚堤防），减少渗入堤身的水；背水坡用砂石、柴草或无纺布做反滤，导出渗水。若堤身发生严重散浸或渗水集中冲刷现象，可在背水坡开挖导渗沟，导出渗水，稳定堤身。

（2）管涌：又称"翻沙鼓水"，是由于堤防基础下部存在透水的砂砾石层，堤防挡水时，渗水流经强透水的砂砾石，水压力损失较小，在背水堤坡脚或堤后一定范围，覆盖层的薄弱地点被破坏，形成通道，渗水带沙涌出地面形成沙环或把土体冲走。在湖北被称为翻沙鼓水，在江西被称作泡泉。管涌险情的处理一般采用围井反滤，制止涌水带沙流失，将滤过的清水导出，避免堤防基础粉砂层、细砂层等结构损坏，基础塌陷，堤防破坏。围井大小可视管涌的多少确定，围井的高度应满足反滤控制涌水带沙流失的要求。管涌往往是堤防溃口的主要原因，要根据险情的大小，迅速修筑适当大小的围井反滤，避免采取大围井方案而抢筑不及，或采取高围井方案而塌陷，造成抢护失败，险情难以控制。

（3）脱坡：是由于堤防发生严重散浸，没有得到及时处理，在散浸堤段的堤顶或堤肩、堤坡，出现横向裂缝，随后堤坡发生向下滑动、下挫，坡脚土体出现上鼓的险情。有时仅是堤坡滑落，有时还会出现堤坡连同坡脚土体一起滑落。脱坡险情抢护原则是排除滑动土体内的渗水，恢复滑动土体的抗剪强度，稳定堤坡，再进行加固。根本方法是开沟导渗、填塘固基、加土还坡、外帮截渗，可视险情的轻重采取不同的抢险方法。

（4）漏洞：是由于堤防内部有渗水通道，水从背水堤坡漏出的险情。漏洞一般发生在堤坡下部或坡脚附近，分为清水漏洞和浑水漏洞两种。漏洞发生时，漏水量较小，堤土很少被冲动，漏水较清，叫做清水漏洞。清水漏洞不断发展，漏洞周围土体被浸泡、崩解，土粒被带出，漏水由清变浑，成为浑水漏洞。漏洞是抢险中最严重的险情。漏洞险情的抢护以临水面封堵为主，截断漏水的来源。封堵漏洞前要准确查找洞口。漏洞较小时，可用棉衣、棉絮、土工膜等将漏洞堵住；漏洞较大或出现漏洞群时，可用棉被、棚布、土工膜等张开顺堤坡拖下盖住漏洞。洞口堵住后，再压土袋，浇土形成外帮。切勿乱投块石土袋，以免架空，增加堵漏难度。

（5）跌窝：是由于筑堤土块未夯实，或堤内有白蚁、蛇、鼠、獾等洞穴，在堤内形成空洞。洪水或雨水灌入空洞后，周围土体被浸软而形成局部陷落的险情。跌窝常伴随漏洞险情而发生，应配合漏洞险情进行处理。

（6）堤岸崩塌：是由于洪水冲刷堤岸，或堤身受风浪反复淘刷，形成陡坎，或由于洪水位陡落，堤内渗水形成的反向压力，使堤岸失稳崩塌，造成临水堤坡塌落的险情。堤岸崩塌险情的抢护可根据不同的原因，采取不同的措施。对于临水堤外无滩迎流顶冲造成的堤岸崩塌，应以护脚为主，可以临河抛块石、石笼、柳枕，保护堤岸稳定，制止堤岸继续崩塌。同时，在堤背水坡加宽加厚堤防，进行内帮。对于受风浪淘刷造成的堤岸崩塌，要采取防风浪措施。如堤岸发生严重崩塌，可以在临水坡用土袋或柳枕垒坡，在土袋和老堤之间填土，分层填筑、夯实，直至堤顶。同时，在背水坡加宽加厚堤防，进行内帮。

（7）堤顶漫溢：是由于堤防局部堤段高程不够，洪水位高出堤顶，从堤顶漫出的险情。若不及时加高加固，将很快冲毁大堤。堤顶漫溢多采用在原堤顶上修筑子埝，挡住洪水，防止洪水漫溢。根据就地取材原则和堤顶宽度，可采用土子埝、土袋子埝、埽枕子埝、单木板子埝、双木板子埝等不同的结构型式。抢筑子埝要注意和原堤防的结合，分层填筑、夯实。在风浪较大、堤顶较窄的堤段，要采取土袋子埝、埽枕子埝、木板子埝的结构型式。

（8）堤坝漫决：水位超过堤坝顶，抢护不及漫溢决口的险情。

（9）堤坝溃决：水位未达到设计水位，或虽超过设计水位但非漫溢，因隐患或各种险情处理不当或不及时发生的决口。

3. 险情抢护

堤、坝、闸等水工建筑物突然出现险情时所采取的紧急抢护措施，又称抢险。

第四节 抗 旱 知 识

一、干旱、旱情、旱灾

干旱、旱情、旱灾是互相关联的，仅仅从自然的角度来看，干旱和旱灾是两个不同的科学概念，旱情和旱灾是反映农业干旱及其灾害的两个基本概念。

干旱：是一种水量相对亏缺的自然现象。干旱对人类社会的生产、生活及生态环境造成的不良后果称为干旱灾害。干旱的主要原因是缺少降水，而降水缺乏的出现时间、分布情况及严重程度又与当时的水储备、水需求和水的使用等密切相关。温度和蒸发可能会加重降水缺乏引起的干旱程度和持续时间。在多数情况下等到清楚地认识到干旱发生时，却为时已晚，无法采取有效的紧急措施。影响干旱的人为因素包括：人口增长和农业方面对水的需求以及土地使用情况的改变，它们都会直接影响水源储备条件以及汇水区的水文响应。对水资源的需求压力增加，也使得对干旱的抵御更为脆弱。

旱情：指在作物生育期内，由于降水少、河流及其他水资源短缺，土壤含水量降低，对农作物某一生长阶段的供水量少于其需水量，从而影响作物正常生长，使群众生产、生活受到影响。受到影响的那部分面积称为受旱面积。表述旱情严重程度的四项指标是降水量、土壤湿度、作物生长状况以及地下水埋深，因而在生产实践中，旱情监测内容就是对雨情、土壤墒情、作物苗情以及地下水埋深的测定。

旱灾：指在旱情发生后由于水源、水利基础条件或经济条件的限制，未能及时采取必要的抗旱措施，而造成农田减产或城镇工业生产受到损失的现象，农田减产 3 成以上面积称为成灾面积，其中减产 8 成以上叫绝收。旱灾不单纯是气象干旱或水文干旱的问题，而是涉及气象（降水、蒸发、气温）、水文（河流来水、水库、塘坝蓄水、地下水）、土壤（土质、含水量）、作物（种类、不同发育阶段）以及灌溉条件等诸多因素的问题。即使降水少，发生了气象干旱，假如能及时为农作物提供灌溉，补充其所需水量，或采取其他农业措施保持土壤水分，满足了作物需要，也不会形成旱灾。干旱一般是长期的现象，而旱灾却不同，它只是属于偶发性的自然灾害，甚至在通常水量丰富的地区也会因一时的气候异常而导致旱灾。

水田：指需要在表面保持一定深度水层的农田，如种植水稻的稻田。

旱田：指不需要在表面保持水层的农田，如种植小麦、玉米、高粱等粮食作物和蔬菜、果树的耕地。

白地：指尚未种植农作物的耕地。

墒情：指农田耕作层土壤含水量，反映作物生长期土壤水分的供给状况。

失墒：指农田土壤水分散失的过程。

缺墒：指农田耕作层土壤含水量小于作物适宜含水量，从而引起作物生长受到抑制甚至干枯的现象。

水田缺水：指因水源不足造成水田适时泡田、整田或秧苗栽插困难，或是插秧后水稻各生育期不能及时按需供水，影响水稻正常生长的现象。

白地缺墒：指在播种季节，将要播种的农田耕作层土壤含水量低于种子萌发需要，影响适时播种或需要造墒播种。

二、干旱分类

干旱有季节之分，有春旱、夏旱、秋旱、冬旱或连旱。

春旱指 3～5 月期间发生的干旱。春季正是越冬作物返青、生长、发育和春播作物播种、出苗的季节，特别是北方地区，春季本来就是春雨贵如油、十年九春旱的季节。假如降水量比正常年份偏少，发生严重干旱，不仅影响夏粮产量，还造成春播基础不好，影响秋作物生长和收成。

夏旱指 6～8 月发生的干旱，三伏期间发生的干旱也称伏旱。夏季为晚秋作物播种和秋作物生长发育最旺盛的季节，气温高、蒸发大，干旱会影响秋作物生长以至减产，夏旱造成土壤底墒不足，还会影响到下季作物（如冬小麦等越冬作物）的生长。这期间正是雨季，长时间干旱少雨，水库、塘坝蓄不上水，将给冬春用水造成困难。

秋旱指 9～11 月发生的干旱。秋季为秋作物成熟和越冬作物播种、出苗的季节，秋旱不仅会影响当年秋粮产量，还影响下一年的夏粮生产。

冬旱指 12 月～翌年 2 月发生的干旱。冬季雨雪少将影响来年春季的农业生产。

两个或两个以上季节连续受旱，则称为连旱。如春夏连旱，夏秋连旱，秋冬连旱，冬春连旱或春夏秋三季连旱等。

三、旱情标准

作物受旱面积：指在田作物受旱面积。受旱期间能保证灌溉的面积，不列入统计范围。

轻旱：指对作物正常生长有影响。旱作区：作物在播种后或生长期间，土壤墒情低于作物的需水量造成出苗率低于 8 成，作物叶子出现萎蔫或 20cm 耕作层土壤相对湿度低于 60％但大于等于 40％。水稻区：插秧后各生育期内不能及时按需供水，稻田脱水，禾苗出现萎蔫。

重旱：指对作物生长和作物产量有较大影响。旱作物：出苗率低于 6 成；叶片枯萎或有死苗现象；20cm 耕作层土壤相对湿度小于 40％。水稻区：田间严重缺水，稻田发生龟裂，禾苗出现枯萎死苗。

干枯：指出苗率低于 3 成，作物大面积枯死或需毁种。

水田缺水：指在水稻栽插季节，因水源不足造成适时泡田、整田或栽插秧苗困难。

旱地缺墒：是指在播种季节，将要播种的耕地 20cm 耕作层土壤相对湿度低于 60%，影响适时播种或需要造墒播种。

牧区受旱面积：指牧区因降水不足影响牧草正常生长的草场面积。

因旱人畜饮水困难：指因干旱造成临时性的人、畜饮用水困难。属于常年饮水困难的不列入统计范围。牧区在统计牧畜饮水困难时要将羊单位转换成大牲畜单位。

四、城市抗旱

城市干旱指城市因遇枯水年造成城市供水水源不足，或者由于突发性事件使城市供水水源遭到破坏，导致城市实际供水能力低于正常需求，致使城市正常的生活、生产和生态环境受到影响。

城市抗旱是指当城市遭遇干旱时，采取行政、法律、工程、经济、科技等手段，通过应急开源、合理调配水源和采取非常规节水等手段，减轻干旱对城市造成的影响和损失，确保城市供水安全的活动。

五、生态抗旱

生态干旱是指湖泊、湿地、河网等主要以水为支撑的生态系统，由于天然降雨偏少、江河来水减少或地下水位下降等原因，造成湖泊水面缩小甚至干涸、河道断流、湿地萎缩、咸潮上溯以及污染加剧等，使原有的生态功能退化或丧失，生物种群减少以至灭绝的灾害。

生态抗旱是指通过调水、补水、地下水回灌等补救措施，改善、恢复因干旱受损的生态系统功能的行为。

六、旱情指标

旱情描述或评估一般分实时评估和延时评估两类。实时评估是指对农作物生长阶段受旱状况作出及时具体的评估，其目的在于提供旱情信息，以便及时采取抗旱措施，消除旱象，指导农业生产。延时评估是指对农作物在部分或整个生长期内的受旱过程进行的事后评估，通过评估，分析自然和社会的影响因素，掌握干旱及其灾害形成和演变的基本规律，为抗旱减灾提供信息和依据。

旱情描述或评估可以采用农业干旱模拟方法，就某几个生长阶段进行，也可在作物生长期进行。可以依据农田湿润层水平衡方程和有关水文气象资料及土壤、农作物等有关特征值的试验数据，模拟逐年、逐月和逐日土壤含水量和农田缺水过程。

干旱指标（指数）是旱情描述的数值表达。干旱等级是不同干旱指标转化为可以公度的用以衡量旱情严重程度的定量分级，是不可公度的干旱指标的归一化的表征。它们都效能不同地起着量度、对比和综合分析旱情的作用。

农业干旱事件，其发生、发展和缓解是一个过程。干旱模拟可以较好地模拟这一过程，由其得到的作物全生长期、不同生长阶段、不同季节和农业年度的降水和土壤水状况，以及作物干旱缺水程度和缺水时间等一组干旱指标，可以较好地综合反映这一过程的基本特征。此外，干旱模拟还可在作物缺水过程模拟的基础上，根据不同生长阶段缺水对作物产量影响程度的不同，进行不同生长阶段缺水引起作物减产量的模拟，以分析作物受灾的严重程度。干旱模拟及其所建立的一组干旱指标是研究干旱的有效途径，但目前应用尚不广泛。

现行的干旱指标研究，多结合干旱特点和所掌握的资料条件来建立不同形式的干旱指标，如：以降水距平、无雨日数和以降水与蒸发的比值等一类的气象干旱指标；以土壤含水量与作物适宜含水量比较而作出的土壤墒情特征为一类的农业干旱指标；以河川径流低于一定供水要求的历时和不足量等为特征的一类水文干旱指标；以及以人类社会经济活动产生的水资源供需不平衡等特征为一类的经济干旱指标。上述指标虽不能表述干旱形成的过程，但能在不同阶段和不同层次上表达干旱形成的基本特征。

1. 气象干旱指标

（1）连续无雨日数。连续无雨日数指作物在正常生长期间，连续无有效降雨的天数。本指标主要指作物在水分临界期（关键生长期）的连续无有效降雨日数，其参考值见表 5 - 4。

表 5 - 4　　　作物生长需水关键期连续无有效降雨日数与
干旱等级关系参考值　　　　　　　　　单位：天

地　域	轻度干旱	中度干旱	严重干旱	特大干旱
南方	10～20	21～30	31～45	＞45
北方	15～25	26～40	41～60	＞60

注　无有效降水指日降水量小于 5mm。另外，灌区不考虑灌溉条件。

水分临界期指作物对水分最敏感的时期，即水分亏缺或过多对作物产量影响最大的生育期。

（2）降水距平或距平百分率。距平指计算期内降水量与多年同期平均降水量的差值，距平百分率指距平值与多年平均值的百分比值。

中国中央气象台：单站连续 3 个月以上降水量比多年平均值偏少 25％～50％为一般干旱，偏少 50％～80％为重旱；连续 2 个月降水偏少 50％～80％为一般干旱，偏少 80％以上为重旱。

多站降水距平百分率干旱指标可参照表 5 - 5 确定。

表 5-5　　　　　　　区域降水距平百分率与相应的干旱等级

旱　　期	轻度干旱	中度干旱	严重干旱	特大干旱
1 个月	$-75\%\sim-85\%$	$<-85\%$		
2 个月	$-40\%\sim-60\%$	$-61\%\sim-75\%$	$-76\%\sim-90\%$	$<-90\%$
3 个月	$-20\%\sim-30\%$	$-31\%\sim-50\%$	$-51\%\sim-80\%$	$<-80\%$

（3）干燥程度。用大气单个要素或其要素组合反映空气干燥程度和干旱状况。如温度与湿度的组合，高温、低湿与强风的组合等，可用湿润系数反映。

湿润系数计算公式为

$$K_1 = r / 0.10\sum T \tag{5-4}$$

$$K_2 = 2r / E \tag{5-5}$$

式中　$\sum T$——计算时段 0℃以上活动积温，℃·天；

　　　　r——同期降水量，mm；

　　　　E——小型蒸发皿的水面蒸发量，mm；

　　　　r——同期降水量，mm。

计算时，请参考当地的有关数据。干燥程度与干旱等级划分标准见表 5-6。

表 5-6　　　　　　　干燥程度与干旱等级的划分

干旱等级	轻度干旱	中度干旱	严重干旱	特大干旱
湿润系数 K_1	$1.00\sim0.81$	$0.80\sim0.61$	$0.60\sim0.41$	$\leqslant0.40$
湿润系数 K_2	$1.00\sim0.61$	$0.60\sim0.41$	$0.40\sim0.21$	$\leqslant0.20$

2. 水文干旱指标

（1）水库蓄水量距平百分率。

$$I_k = \frac{S - S_0}{S_0} \times 100\% \tag{5-6}$$

式中　S——当前水库蓄水量，万 m^3；

　　　　S_0——同期多年平均蓄水量，万 m^3。

水库蓄水量距平百分率与干旱等级划分见表 5-7。

表 5-7　　　　　　　水库蓄水量距平百分率与干旱等级

干　旱　等　级	轻度干旱	中度干旱	严重干旱	特大干旱
水库蓄水量距平百分比 I_k（%）	$-10\sim-30$	$-31\sim-50$	$-51\sim-80$	<-80

（2）河道来水量（指本区域内较大河流）的距平百分率。

$$I_r = \frac{R_w - R_0}{R_0} \times 100\% \qquad (5-7)$$

式中　R_w——当前江河流量，m^3/s；

　　　R_0——多年同期平均流量，m^3/s。

河道来水量距平百分率与干旱等级划分见表 5-8。

表 5-8　　　　　　河道来水量距平百分率与干旱等级

干　旱　等　级	轻度干旱	中度干旱	严重干旱	特大干旱
河道来水量距平百分率 I_r（％）	$-10\sim-30$	$-31\sim-50$	$-51\sim-80$	<-80

（3）地下水埋深下降值（D_r）。

$$D_r = D_w - D_0 \qquad (5-8)$$

式中　D_w——当前地下水埋深均值，m；

　　　D_0——上年同期地下水埋深均值，m。

地下水埋深下降程度见表 5-9。

表 5-9　　　　　　地下水埋深下降程度

下　降　程　度	轻度下降	中度下降	严重下降
地下水埋深下降值 D_r（m）	$0.10\sim0.40$	$0.41\sim1.0$	>1

3. 农业干旱指标

（1）土壤相对湿度（R_w，％）为

$$R_W = \frac{W_c}{W_0} \times 100\% \qquad (5-9)$$

式中　W_c——当前的土壤重量或体积含水量，％；

　　　W_0——与 W_c 相同单位的田间持水量，％。

土壤相对湿度与农业干旱等级划分见表 5-10（播种期土层厚度按 0～20cm 考虑；生长关键期按 0～60cm 考虑）。

表 5-10　　　　　　土壤相对湿度 R_W 与农业干旱等级

干旱等级	轻度干旱	中度干旱	严重干旱	特大干旱
砂壤和轻壤	55％～45％	46％～35％	36％～25％	＜25％
中壤和重壤	60％～50％	51％～40％	41％～30％	＜30％
轻到中黏土	65％～55％	56％～45％	46％～35％	＜35％

（2）作物受旱（水田缺水）面积百分比（S_I）为

$$S_I = \frac{A_1}{A_0} \times 100\% \qquad (5-10)$$

式中　A_1——区域内作物受旱（水田缺水）面积，万亩；

　　　A_0——区域内作物种植（水田）总面积，万亩。

作物受旱面积占总作物面积的百分比与干旱等级划分见表5-11。

表 5-11　　　　作物受旱面积占总作物面积的百分比与干旱等级

干　旱　等　级	轻度干旱	中度干旱	严重干旱	特大干旱
作物受旱面积比 S_I（%）	10～30	31～50	51～80	＞80

（3）成灾面积百分比（S_z）：指成灾面积与受旱面积的比值，即

$$S_z = \frac{A_c}{A_1} \times 100\% \qquad (5-11)$$

式中　A_c——因旱农作物产量减少3成以上面积，万亩；

　　　A_1——区域内作物受旱面积，万亩。

成灾面积百分比与干旱等级划分见表5-12。

表 5-12　　　　　　成灾面积百分比与干旱等级

干　旱　等　级	轻度干旱	中度干旱	严重干旱	特大干旱
成灾面积比 S_z（%）	10～20	21～40	41～60	＞60

（4）水田缺水率（W_I，%）为

$$W_I = \frac{Q_0 - Q_1}{Q_0} \times 100\% \qquad (5-12)$$

式中　Q_1——区域内各类水利工程能提供水稻灌溉的可用水量，万 m^3；

　　　Q_0——区域内水稻灌溉需水量，万 m^3。

水田缺水率与干旱等级划分见表5-13。

表 5-13　　　　　　水田缺水率与干旱等级

干　旱　等　级	轻度	中度	严重	特大
水田缺水率 W_I（%）	10～30	31～50	51～80	＞80

（5）水浇地失灌率（R_I，%）为

$$R_I = \frac{I_n}{I_a} \times 100\% \qquad (5-13)$$

式中 I_n——区域内不能正常灌溉的面积；

I_a——区域正常有效灌溉面积。

水浇地失灌率与干旱等级划分见表 5-14。

表 5-14 水浇地失灌率与干旱等级

干 旱 等 级	轻度	中度	严重	特大
水浇地失灌率 R_l（％）	10～30	31～50	51～80	＞80

4. 牧区干旱指标

（1）冬季干旱（北方牧区黑灾）。无积雪日数持续时间占冬季日数百分比为

$$C_d = \frac{D_s}{D_w} \times 100\% \qquad (5-14)$$

式中 D_s——冬季无积雪持续日数；

D_w——冬季日数。

冬季无积雪持续日数与牧区冬季干旱（旱灾）程度见表 5-15。

表 5-15 冬季无积雪持续日数与牧区冬季干旱（旱灾）程度

干 旱 等 级	轻度	中度	严重	特大
无积雪日数比 C_d（％）	10～20	21～30	31～40	＞40
连续无积雪天数 D_s（d）	20～40	41～60	61～80	＞80

（2）春旱。返青期牧草返青面积占常年全部草地面积的百分比为

$$R_n = \frac{G_n}{G} \times 100\% \qquad (5-15)$$

式中 G_n——返青草地面积，亩；

G——全部草地面积，亩。

牧草返青面积比与牧区春旱等级划分见表 5-16。

表 5-16 牧草返青面积比与牧区春旱等级

干 旱 等 级	轻度干旱	中度干旱	严重干旱	特大干旱
牧草返青面积比 R_n（％）	＞80	80～61	60～41	≤40

（3）夏秋旱。牧草生长量与常年同期比较的相对值为

$$R_g = \frac{W_g}{W_0} \times 100\% \qquad (5-16)$$

式中 R_g ——牧草相对生长量,%;

       W_g ——当年牧草生物量,kg/hm^2;

       W_0 ——常年同期牧草生物量,kg/hm^2。

牧草相对生长量与牧区夏秋旱等级划分见表5-17。

表 5-17   牧草相对生长量与牧区夏秋旱等级

干 旱 等 级	轻度	中度	严重	特大
牧草相对生长量 R_g（%）	＞80	80～61	60～41	≤40

5. 城市干旱指标

可用缺水率来表示城市干旱指标,即

$$P = \frac{C_x - C_g}{C_x} \times 100\% \tag{5-17}$$

式中 C_x ——城市正常日需水量,万 m^3;

       C_g ——干旱期间城市实际日供水量,万 m^3。

城市干旱缺水程度与缺水率见表5-18。

表 5-18   城 市 干 旱 缺 水 程 度

干 旱 程 度	轻度	中度	严重	特重
缺水率 P（%）	5～10	10～20	20～30	＞30

七、旱灾标准

旱情造成农业灾害的直接损失主要是粮食等作物的减产,以减产率作为旱灾指标,应是较直观、较合理的。有些省份用近5年或近3年正常单产平均值作标准,有些省份用当年未受旱的正常单产作标准等。而旱情普查可掌握各地受旱面积及灾情实况,与粮食减产数比较起来,受旱面积较易确定,报表也较完整(当然这只是相对于减产而言,实际上少数地区的受旱面积也出现过不合理的现象)。可认为某一地区发生干旱时,其受旱(或受灾)率的大小也意味着粮食减产的多寡。为此,可选用受旱(或成灾)率作为干旱等级划分标准。即以某一地区某年的受旱(或成灾)面积与当年的播种面积之比表示受旱(或成灾)率 α。

结合考虑各类干旱事件发生概率的相对合理性,推荐按表5-19判估旱灾等级。

表 5-19　　　　　　　　　　　旱灾等级判估标准

受旱率	旱灾等级	受旱率	旱灾等级
$\alpha < 10\%$	微旱或不旱	$20\% \leqslant \alpha \leqslant 30\%$	重旱
$10\% \leqslant \alpha < 20\%$	轻旱	$\alpha > 30\%$	特大干旱

八、人畜饮水困难标准

按照国务院批准的《关于农村人畜饮水工作的暂行规定》，居民点到取水点的水平距离大于 1～2km 或垂直高差超过 100m；水源型氟病区为饮用水含氟量超过 1.1mg/L，当地出生 8～25 岁人群中氟斑牙患病率大于 30%，出现氟骨症病人。饮水量的标准，在干旱期间，北方每人每日应供应 10kg 以上，南方 40kg 以上；每头大牲畜每日供水 20～50kg；每头猪、羊每日供水 5～20kg。符合以上条件之一的可称人畜饮水困难。农村人畜饮水困难率指标定义为

$$Y = \frac{R_k}{R_z} \times 100\% \qquad (5-18)$$

式中　R_k——因旱造成农村临时饮水困难人（畜）数，万人（万头）；

R_z——农村受旱地区人（畜）总数，万人（万头）。

解决人畜饮水困难的工程建设标准以初步解决人饮困难为原则。供水系统一般只到给水点；正常年份人均最高日生活供水量为 50L，平均日生活供水量为 35L，牲畜供水量为人口生活供水量的 60%，庭院经济供水量为人口生活供水量的 40%，干旱年份供水量按正常年份供水量的 60% 考虑；水质尽可能达到国家规定的生活饮用水最低标准（即三级水，城市一般要求一级水）。今后随着经济和社会发展需要提高供水标准。

第五节　台风灾害知识

一、台风形成的条件

一般说来，一个台风的发生，需要具备以下几个基本条件：

（1）要有足够广阔的热带洋面。这个洋面不仅要求海水表面温度要高于 26.5℃，而且在 60m 深的一层海水里，水温都要超过这个数值。

（2）在台风形成之前，预先要有一个弱的热带涡旋存在。台风的能量是来自热带海洋上的水汽。在一个事先已经存在的热带涡旋里，涡旋内的气压比四周低，周围的空气挟带大量的水汽流向涡旋中心，并在涡旋区内产生向上运动；湿空气上升，水汽凝结，释放出巨大的凝结潜热，才能促使台风运转。

（3）要有足够大的地球自转偏向力，因赤道的地转偏向力为零，而向两极逐渐增大，故台风发生地点大约离开赤道 5 个纬度以上。

（4）在弱低压上方，高低空之间的风向风速差别要小。

台风一般经历 3 个阶段：孕育发生阶段、发展成熟阶段和减弱消亡阶段。

二、台风形成的区域

全世界每年平均有 80～100 个台风（这里将其他地区的热带气旋也称为台风）发生，其中绝大部分发生在太平洋和大西洋上。经统计发现，西太平洋台风发生主要集中在 4 个地区：

（1）菲律宾群岛以东和琉球群岛附近海面。这一带是西北太平洋上台风发生最多的地区，全年几乎都会有台风发生。1～6 月主要发生在北纬 15°以南的菲律宾萨马岛和棉兰老岛以东的附近海面，6 月以后这个发生区则向北伸展，7～8 月出现在菲律宾吕宋岛到琉球群岛附近海面，9 月又向南移到吕宋岛以东附近海面，10～12 月又移到菲律宾以东的北纬 15°以南的海面上。

（2）关岛以东的马里亚纳群岛附近。7～10 月在群岛四周海面均有台风生成，5 月以前很少有台风，6 月和 11～12 月主要发生在群岛以南附近海面上。

（3）马绍尔群岛附近海面上。台风多集中在该群岛的西北部和北部，这里以 10 月发生台风最为频繁，1～6 月很少有台风生成。

（4）中国南海的中北部海面。这里以 6～9 月发生台风的机会最多，1～4 月则很少有台风发生，5 月逐渐增多，10～12 月又减少，但多发生在北纬 15°以南的北部海面上。

三、台风的危害

台风登陆后，受到粗糙不平的地面摩擦影响，风力大大减弱，中心气压迅速升高。可是在高空，大风仍然绕着低气压中心吹刮着，来自海洋上高温高湿的空气仍然在上升和凝结，不断制造出雨滴来。如果潮湿空气遇到大山，迎风坡还会迫使它加速上升和凝结，那里的暴雨就更凶猛了。有时候台风登陆后，不但风力减小，连低气压中心也移动缓慢，甚至老在一个地方停滞徘徊，这样，暴雨一连几天几夜地倾泻在同一地区，灾情就更严重了。据世界气象组织的报告，全球每年死于热带风暴的人数约为 2000～3000 人。西太平洋沿岸国家平均每年因台风造成的经济损失为 40 亿美元。我国是一个台风灾害严重的国家。

我国华南地区受台风影响最为频繁，其中广东、海南最为严重，有的年份登陆以上两省的台风可多达 14 个。此外，台湾、福建、浙江、上海、江苏等也是受台风影响较频繁的省（直辖市）。有些台风从我国沿海登陆后还会深入到内陆。在西太平洋沿岸国家中，登陆我国的台风平均每年有 7 个左右，占这一地区登陆台风总数的 35％。台风给登陆地区带来的影响是十分巨大的。例如，1994 年，9417 号台风在浙江瑞安登陆，风、雨、潮"三碰头"，全省受灾农作物 750 万亩，死亡 1126 人；1996 年，9608 号台风先后在台湾基隆和福建福清登陆，10 多个省（市）受灾农作物 5400 多万亩，死亡 700 多人；9711 号台风于 1997 年 8 月 10 日在关岛以东洋面生成，先后在浙江温岭和辽宁锦州登陆，10 多个省市受灾农作物面积 1 亿多亩，死亡 240 人。其间上海出现狂风、暴雨、高潮"三碰头"的严峻局面，长江口、黄浦江沿线潮位均超历史记录，黄浦公园站潮位达 5.72m，超警戒线 1.17m，相当于 500 年一遇的水位，市区防汛墙决口 3 处，漫溢倒灌近 20 处，39 处电线被刮断，70 条街路积水，倒塌房屋 500 余间，导致 135 个飞机航班不能按时起降，22 条轮渡线全部停驶，直接经济损失约 6.3 亿元以上；2004 年在浙江温岭登陆的第 14 号台风（云娜），共造成浙江省 75 个县（市、区）、765 个乡（镇）、1299 万人受灾，农作物受灾面积 39.2 万 hm²，倒塌房屋 6.4 万间，因灾死亡 179 人，失踪 9 人，直接经济损失 181 亿元。

第六节　山洪灾害知识

一、山洪与山洪灾害

山洪是指山丘区小流域由降雨引起的突发性、暴涨暴落的地表径流。山洪所流经的沟道坡度陡峻，地质条件复杂，具有历时短、流速快、冲刷力强、挟带泥石多、破坏力大等特点。我国由暴雨引起的山洪居多，其历时不过几十分钟到几小时，很少达一天或持续几天。中国山区面积占国土面积的 2/3，全国半数以上的县都有山区，山洪现象颇为普遍。山洪常造成人民生命财产的损失。

山洪灾害是指山洪暴发而给人类社会所带来的危害，包括溪河洪水泛滥、泥石流、山体滑坡等造成人员伤亡、财产损失、基础设施毁坏以及环境资源破坏。

二、山洪灾害的基本特征

1. 季节性强，频率高

山洪灾害主要集中在汛期，尤其主汛期更是山洪灾害的多发期。据统计，全国汛期发生的山洪灾害约占全年山洪灾害的 95％，其中 6～8 月份发生的山洪灾害达到全年山洪灾害的 80％以上。

2. 区域性明显，易发性强

山洪主要发生于山区、丘陵区、岗地区，特别是位于暴雨中心区，暴雨时极易形成具有冲击力的地表径流，导致山洪暴发，形成山洪灾害。

3. 来势迅猛，成灾快

山丘区因山高坡陡，溪河密集，降雨迅速转化为径流，汇流快、流速大，降雨后几小时即成灾受损，防不胜防。

4. 破坏性强，危害严重

山洪灾害发生时往往伴生滑坡、崩塌、泥石流等地质灾害，并造成河流改道、公路中断、耕地冲淹、房屋倒塌、人畜伤亡等，因而危害性、破坏性很大。

三、山洪灾害的主要表现形式

1. 山洪

暴雨引起山丘区溪河洪水迅速上涨，是一种最为常见的山洪表现形式。由于山丘区洪水具有突发性、水量集中、破坏力大等特点，常冲毁房屋、田地、道路和桥梁，甚至可能导致水库、山塘溃决，造成人员伤亡和财产损失，危害很大。

2. 泥石流

泥石流是山区沟谷中，由暴雨、冰雪融化等水源激发的，含有大量泥沙石块的特殊洪流。其特征往往突然暴发，浑浊的流体沿着陡峻的山沟前推后拥，奔腾咆哮而下，地面为之震动，山谷犹如雷鸣。泥石流具有暴发突然、来势迅猛、动量大的特点，并兼有滑坡和洪水破坏的双重作用，常常掩埋掉一个村庄或城镇，给人民生命财产造成很大危害。

3. 滑坡

土体、岩块或残坡积物在重力作用下沿软弱贯通的滑动面发生滑动的现象，称之为滑坡。滑动的岩块、土体称为滑动体，下滑的底面称为滑动面。滑坡多发生在坡度 25°～50°的斜坡上。滑坡发生时，能让山体、植被和建筑物失去原有的面貌，可能造成严重的人员伤亡和财产损失。

四、山洪监测

山洪监测主要分为：雨量观测、水位监测、泥石流监测、滑坡体监测、天气预警、洪水预报、通信报警等。

（1）设立雨量站。山洪一般与降雨关系密切，可在山洪易发区增设必要的汛期雨量站，掌握降雨强度和过程，为预防提供暴雨信息，雨量站大部分可采用简易的观测雨量器，可设置在居民家屋顶或便于观测的地方。

（2）设立水位观测站。山洪灾害频发的山区小河溪，在汛期可设立临时水位站，观测洪水过程，有条件的地方可采用浮标法施测洪水流量，为预防提供水文信息，在水库或溪河边设立简易直立水尺，标出警戒水位、危险水位等信息。

（3）加强堰、塘、水库的水位观测和监视漫溢、渗漏、管涌、滑坡等险情。

（4）泥石流的监测。泥石流易发区应加强物源监测、水源监测和活动性监测。物源监测主要是监测松散堆积层堆积的分布和分布面积、体积的变化，裂缝宽度、深度的变化；水源监测除了降雨观测外，主要是对区内水库、堰塘、天然堆石坝等地表水体的观测；活动性监测主要是指在泥石流通过时临时观测其流速和泥位，并计算流量。

（5）滑坡体的监测。可以根据一些外表迹象和特征，粗略判断其稳定程度。在滑坡体内、外埋设观测设备，经常监测并记录滑坡体的垂直、水平位移情况，可以分析滑坡体是否稳定。

五、山洪预报

山洪是一种十分复杂的水文现象，受许多因素制约，目前对山洪水文的观测点站稀少，观测资料缺乏，对山洪实时预报主要是多做调查，总结过去经验，逐步开展。山洪预报工作的内容有：

（1）山洪水文预报。除按普通洪水预报方法及要求外，应针对山洪的特性，侧重掌握汇流时间、泥沙含量、沟溪坡度以及随山洪冲浊的边界变化等。

（2）山洪气象降雨预报。按汇流传播进行预报，期限很短，很难达到实际需求。采取降雨预报虽然精度较差，但可以争取预见期。因此，可根据降雨量预报数值，分析降雨强度、入渗及产流过程，估计山洪的形成和传播。

（3）分析地质地貌条件。地质地貌对山洪的形成是内在因素，在预报中应充分考虑。如松散堆积物的数量和部位，可能造成的壅塞和溃决程度，也是山洪预报的参考依据。

（4）利用群众对异常征兆和天气的谚语预报。根据每个地区群众长期积累的看天、观看山沟水汽、倾听音响风声、动物异常变化等来预报山洪，发挥群测群防的重要作用。

第六章 防灾减灾措施

第一节 防洪工程措施

一、堤防

（一）堤防工程及其种类

沿河、渠、湖、海岸或行洪区、分洪区、围垦区的边缘修筑的挡水建筑物称为堤防。堤防是世界上最早广为采用的一种重要防洪工程。筑堤是防御洪水泛滥，保护居民和工农业生产的主要措施。河堤约束洪水后，将洪水限制在行洪道内，使同等流量的水深增加，行洪流速增大，有利于泄洪排沙。堤防还可以抵挡风浪及抗御海潮。堤防按其修筑的位置不同，可分为河堤、江堤、湖堤、海堤以及水库、蓄滞洪区低洼地区的围堤等；按其功能可分为干堤、支堤、子堤、遥堤、隔堤、行洪堤、防洪堤、围堤（圩垸）、防浪堤等；按建筑材料可分为：土堤、石堤、土石混合堤和混凝土防洪墙等。

（二）堤防的级别和防洪标准

堤防工程防护对象的防洪标准应按照现行国家标准 GB50201—94《防洪标准》确定。堤防工程的防洪标准应根据防护区内防洪标准较高的防护对象的防洪标准确定。堤防工程的级别应符合表 6-1 的规定。

表 6-1　　　　　　　　堤防工程的级别

防洪标准 重现期（年）	≥100	<100，且≥50	<50，且≥30	<30，且≥20	<20，且≥10
堤防工程的级别	1	2	3	4	5

蓄滞洪区堤防工程的防洪标准应根据批准的流域防洪规划或区域防洪规划的要求专门确定。

（三）堤防的特征水位

1. 河道堤防的设计水位

河道堤防的设计水位是指堤防工程设计采用的防洪最高水位。堤防设计水位是修建堤防的一项基本依据。在防洪系统的规划设计中，堤防设计水位应根据河流水文、地形、土料、河道冲淤等条件，结合防洪系统中的其他防洪措施，经技术经济比较确定。堤防保证水位与堤防设计水位密切相关，一般二者相同。

2. 河道堤防的警戒水位

汛期河流主要堤防险情可能逐渐增多，需加强防守的水位，称为河道堤防的警戒水位。游荡型河道，由于河势摆动，在警戒水位以下也可能发生塌岸等较大险情。大江大河大湖保护区的警戒水位多取定在洪水普遍漫滩或重要堤段开始漫滩偎堤的水位。此时河段或区域开始进入防汛戒备状态，有关部门进一步落实防守岗位、抢险备料等工作，跨堤涵闸停止使用。该水位主要是防汛部门根据长期防汛实践经验和堤防等工程的抗洪能力、出险基本规律分析确定的。警戒水位是制定防汛方案的重要依据。

二、水库

水库是在河道、山谷、低洼地及下透水层修建挡水坝或堤堰、隔水墙，形成蓄集水的人工湖，是调蓄洪水的主要工程措施之一。水库的主要作用是防洪、发电、灌溉、供水、蓄能等，水库在防洪中的主要作用是调蓄洪水、削减洪峰，特别是江河干流上的水库汛期拦蓄洪水，调节径流的作用很大，防洪效益很显著。新中国成立以来，我国对主要江河的干支流进行了不同程度的规划治理，修建了 8 万多座各类水库。病险水库是我国当前已建成水库中存在安全隐患带病运行的水库，主要是原设计防洪标准不够、施工质量差以及管理薄弱等原因造成。因此，在管理养护和防洪调度方面都要给予特殊考虑。

水库按其所在位置和形成条件，通常分为山谷水库、平原水库和地下水库 3 种类型。山谷水库多是用拦河坝截断河谷，拦截河川径流，抬高水位形成。平原水库是在平原地区，利用天然湖泊、洼淀、河道，通过修筑围堤和控制闸等建筑物形成的水库。地下水库是由地下贮水层中的孔隙和天然的溶洞或通过修建地下隔水墙拦截地下水形成的水库。

水库工程的等别划分：根据工程规模、保护范围和重要程度，按照国家标准 GB50201—94《防洪标准》，水库工程分为 5 个等别，等别指标见表 6 - 2。

表 6 - 2 水库工程等别表

工程等别	工程规模	水库总库容（亿 m³）	工程等别	工程规模	水库总库容（亿 m³）
I	大（1）型	>10	IV	小（1）型	0.01～0.1
II	大（2）型	1～10	V	小（2）型	0.001～0.01
III	中型	0.1～1			

水库工程的防洪标准分设计（正常运用）和校核（非常运用）两级标准。防洪标准的选用应按照设计规范确定。

三、蓄滞洪区

堤防工程只能防御一定标准的洪水，对于较大洪水，也就是超过堤防防御能力的洪水，尚不能完全控制。因此，只有适应自然条件，因地制宜地利用湖泊洼地和历来洪水滞蓄的场所辟为蓄滞洪区，有计划地蓄滞洪水。

蓄滞洪区是许多分洪工程的重要组成部分。为了保持蓄洪、滞洪能力，区内应根据《中华人民共和国防洪法》的规定，有计划地进行蓄滞洪区的安全建设并加强管理，禁止任意圈围设障。同时，为了保护蓄滞洪区内群众生命财产安全，需要在蓄滞洪区兴修各种必要的避洪避险设施，包括安全台、安全区、围村埝、避水楼、转移道路工程、交通工具、救生设备及洪水警报系统等，准备在分洪时使用。

蓄滞洪区必须由批准的流域防洪规划或区域防洪规划确定。

四、涵闸

涵闸是涵洞、水闸的简称。涵洞是堤、坝内的泄、引水建筑物，用于水库放水、堤垸引泄水。水闸是修建在河道、堤防上的一种低水头挡水、泄水工程。汛期与河道堤防和排水、蓄水工程配合，发挥控制水流的作用。

根据 SL265—2001《水闸设计规范》，平原区水闸的等级划分及洪水标准如表 6-3 和表 6-4 所示。

表 6-3 平原区水闸枢纽工程分等指标

工 程 等 别	Ⅰ	Ⅱ	Ⅲ	Ⅳ	Ⅴ
规 模	大（1）型	大（2）型	中型	小（1）型	小（2）型
最大过闸流量（m^3/s）	≥5000	5000～1000	1000～100	100～20	<20
防护对象的重要性	特别重要	重要	中等	一般	—

表 6-4 平原区水闸洪水标准

水 闸 级 别		1	2	3	4	5
洪水重现期（年）	设计	100～50	50～30	30～20	20～10	10
	校核	300～200	200～100	100～50	50～30	30～20

五、其他防洪工程

1. 河道治理

充分发挥河道泄洪能力是防止洪水灾害的重要措施。为此对河道治理要力争顺应河势，巩固堤岸，彻底清除泄洪障碍，尽可能保持河道稳定，以提高河道泄洪能力。

2. 退田还湖

"退田还湖"是治河、治湖的重要工程措施之一。对那些有碍行洪、蓄洪的围垸实施还河、还湖，能有效增大河道泄洪能力，增大调蓄能力，降低附近防洪保护区的洪水位。

第二节 防洪非工程措施

通过法令、政策、经济和防洪工程以外的技术等手段，以减轻洪水灾害损失的措施，统称为防洪非工程措施。防洪非工程措施一般包括洪水预报、洪水警报、洪泛区、蓄滞洪区管理、河道清障、洪水保险、超标准洪水防御措施、洪灾救济等。重点介绍以下防洪非工程措施。

一、防汛指挥调度通信系统

目前可供水利部门使用的微波通信干线有15000km，微波站500个，这个通信网以国家防总办公室为中心，连接七大流域机构和21个重点省（市）防汛指挥部。先后在长江的荆江分洪区和洞庭湖区，黄河的三门峡花园口区间和北金堤滞洪区，淮河正阳关以上各蓄滞洪区，永定河官厅山峡、永定河泛区、小清河分洪区等河段的地区，建成了融防汛信息收集传输、水情预报、调度决策为一体的通信系统。此外，在全国多处重点蓄滞洪区建有通信报警系统和信息反馈系统等。

二、水文站网和预报系统

1949年全国仅有水文站148个、水位站203个、雨量站2个。经过多年的建设，目前有水文站3万余处。建成了黄河三门峡至花园口区间、长江荆江河段等50多处河段水文自动测报系统和150多座水库水文自动测报系统，共有遥测站点1900多个。

洪水预报和警报系统就是在洪水到来之前，利用过去的资料和卫星、雷达、计算机遥测收集到的实时水文气象数据，进行综合处理，作出洪峰、洪量、洪水位、流速、洪水达到时间、洪水历时等洪水特征值的预报，及时提供给防汛指挥部门，必要时对洪泛区发出警报，组织抢救和居民撤离，以减少洪灾损失。

三、防洪预案

所谓预案，就是针对各类防洪工程可能出现的洪水，事前作出预防方案和调度计划。

各级防汛指挥部门根据流域规划和防汛实际情况，按照"确保重点，兼顾一般"的原则，制定所辖范围内的江河防洪方案，并报上级审批，以备实施。对于原有的防御洪水方案要检查有无补充修订。必要时对防御洪水方案做好宣传教育工作，做到统一思想，统一认识。有防洪任务的大型水库要根据批准的汛限水位和运行方式制定调度运用计划；中、小型水库和水电站汛前应制定调度运用度汛计划，确定汛期限制水位，并报上级防汛指挥部批准。江河蓄滞洪区汛前要作好蓄滞洪安全避险和转移预案。

四、防汛保障措施

1. 防汛组织保障系统

防汛工作担负着发动群众、组织社会力量、从事指挥决策等重大任务，而且具有多方面的协调和联系的职能，因此，需要建立起强有力的组织机构，担负起协调配合和科学决策的重任，做到统一指挥，统一行动。我国的防汛组织机构是各级政府领导下的、由政府相关部门参加的各级防汛抗旱指挥部（一般与抗旱合二为一，称防汛抗旱指挥部，沿海还有防台风任务，也称三防指挥部）。防汛抗旱指挥部下设办公室，负责日常工作。

各级防汛抗旱指挥部在同级人民政府和上级防汛抗旱指挥部的领导下，是所辖地区防汛抗旱工作的指挥机构，具有行使政府防汛指挥和监督防汛工作实施的权力。根据"统一指挥、分级分部门负责"的原则，各级防汛指挥部要明确职责，保持工作的连续，做到及时反映本地区的防汛情况，坚决执行上级防汛抢险调度指令。防汛工作由地方政府行政首长负总责，地方政府行政首长是本地区防汛指挥部的指挥长，防汛指挥部是各地方防汛的领导集体。为了保障这个领导集体有效地领导、指挥防汛工作，必须要有相应的保障体系，这个体系就是相应的防汛指挥部办公室或专门机构。办公室或专门机构是防汛指挥部和专业部门领导的防汛参谋部和办事机构。为了提高办事效率和及时提供决策支持，办公室要有高素质的、相对稳定的人员并配备现代化的软、硬件设备；为应战不同类型的组合洪水，要拟定好各类防汛预案，为指挥者提供周密的作战方案；要建设好防汛指挥系统，为指挥者提供准确及时的信息和技术支持。

2. 防汛队伍保障系统

抢险队伍是抗洪抢险的突击队。抢险队有三种组织形式：一是中国人民解放军和中国人民武装警察部队，是防汛抗洪的重要力量，在历年的抗洪抢险中都发挥了举足轻重、不可替代的作用。汛前由各级防汛指挥部明确部队的防护重点和范围，并进行演习。二是专业抢险队伍。主要由防洪工程管理单位的专业管理人员组成。专业抢险队伍平时根据管理养护掌握的情况，分析工程的抗洪能力，判定险工、险段部位，做好出险时抢险准备；进入汛期即投入防守岗位，密切注视汛情，加强检查观测，及时分析险情，并进行抢险。三是机动抢险队伍。机动抢险队是从专业防汛队伍中选拔有抢险经验的人员组成，配备较先进的施工机械和交通运输设备，训练有素、技术熟悉、反应迅速、战斗力强，是紧急抢险的技术骨干力量，承担着关系重大、技术性强的防洪工程抢险任务。

为了能使地方抢险队伍真正做到拉得出、抢得住，必须做到"保障有力"。抢险队伍要建立健全组织领导机构，配备各方面的专业人员和交通工具、通信设备、抢险器材等。机动抢险队，必须落实国家防总办公室和财政部农业司联合开展防汛机动抢险队试点工作中提出的要有机构、场地、综合经营项目、规章制度、经费来源等具体要求。

3. 防汛物资器材保障系统

河流洪水涨得过快，低洼地区居民来不及转移，或是发生溃垸、分洪，解救被洪水围困的群众，救生物资器材的保障显得尤为重要。各级防汛部门应当根据当地实际情况，事前作好救生应急预案。防汛抢险预案除应落实组织领导、救生队伍和安置措施外，还要重视救生物资器材保障系统的建设：一是救生物资的居民、防汛部门、专业部门的分级储备；二是水运、公路、铁路、民航等部门的救生物资的抢运；三是救生物资、器材的现场分发、投递。

4. 救灾队伍和物资保障系统

受洪水围困、溃垸或破堤蓄洪后转移群众的安置和生活保障是防汛工作非常重要的一个环节。同防汛抢险的预案一样，在特大洪水的预案中必须落实救灾队伍，做好救灾物资的保障工作。救灾队伍应当包括组织群众紧急转移的各级组织者、灾民的临时安置和生活物资分配和发放人员。救灾物资如帐篷、粮食、煤炭、医药等，由防汛指挥部相关成员单位储备，由防汛指挥部组织紧急调运。溃堤或蓄洪紧急转移的灾民，临时居住时间往往长达数月，缺衣少食，民政部门要做好灾民的生活救济工作，必要时要发动和接受社会募捐。

5. 社会秩序保障系统

防汛紧急时期，新闻部门要配合防汛指挥部做好宣传发动工作，动员全社会全力以赴地投入防汛。为了使防汛、抢险、救灾工作能紧张、有序地开展，防止坏人破坏、不法分子乘机浑水摸鱼，要动员公安、交警和广大民兵、治安人员维护好社会治安、交通秩序。要打击破坏防洪设施、偷盗防汛物料的犯罪分子和不法分子。灾民集中地更要做好治安保卫工作，维护灾民生活安定。

6. 公共交通和医疗卫生保障系统

防汛抢险、救灾紧急时期，人员、物资调动频繁，城市公交、公路、水运、铁路部门要动员一切力量，组织好运输力量，保证人员、物资的及时调运；保障运输线路的畅通，做好疏导工作，必要时可以调度防汛无关车辆绕道行使。

为保障灾民的健康，防止疫情的发生，在灾民集中地做好医疗卫生工作非常重要。卫生部门要组织医疗队下到灾民集中地，宣传卫生知识，对饮用水源、粪便进行消毒；要设立临时医疗点，为灾民防病、治病。

五、洪水管理

洪水管理是人类按可持续发展的原则，以协调人与洪水的关系为目的，理性规范洪水调控行为与增强适应能力等一系列活动的总称。洪水风险管理是洪水管理的模式之一。无风险管理的模式是以高投入确保安全、万无一失，以洪水不再泛滥成灾作为治水目标；或者是严格限制洪泛区的经济发展，即使淹了也没什么损失。从我国的国情和现实出发，我国目前只能选择有风险的洪水管理模式。近些年来，我国的防汛减灾思路进行了战略转移，由"洪水控制"、"防御洪水"转向"洪水管理"，在可持续发展的前提下，对洪水灾害进行风险管理，就是调整人与水的关系，从"人与水抗争"转向"人与水共存"。

洪水风险管理的主要内容包括对洪水的预测和调度中的风险管理，如对洪水预报的精度、预报中可能出现的失误的评价；提高预报精度，避免失误的方法及采取相应的补救措施；洪水调度方案的制定；洪水预报的实时校正和洪水调度方案的调整等。

第三节　抗旱工程措施

一、水源工程

水利工程设施是防旱减灾的重要工程保障，水源工程是抗旱的主要工程措施之一。目前，全国各地仍有部分无水利设施灌溉的耕地，部分耕地虽有水利设施但抗旱能力较低。各地在进行防旱减灾工程建设的时候，要重点突出水源工程建设，确保供水安全。一方面，要积极加大病险水库的治理和山塘的清淤工作力度，充分挖掘现有工程的蓄水能力，增加工程蓄水容量。加强对大中型灌区的配套挖潜建设，发挥工程的设计灌溉效益。另一方面要积极引导群众搞好小型水源工程，拦、蓄、引、提并举，广泛组织发动群众切实加强小型或微型集雨蓄水工程（如水窖、水池）建设，推进雨水集流等微型蓄水工程，千方百计增加水资源的总量。在干旱少雨的山区，要依靠当地水资源和充分利用雨水来解决用水问题，如水窖等雨水集蓄工程。水池、水柜、水塘等小型、微型蓄水工程，不仅解决了农村饮水困难，还为农业抗旱提供了水源。据中西部10多个省（自治区、直辖市）资料统计，目前共建成各类小型、微型工程460

多万个，解决了 2300 多万人的饮水困难，配合各种节水技术，发展灌溉或抗旱保苗补水面积 150 万 hm²，使得这些地方的水利条件得到初步改善，为农业产业结构调整创造了条件。这种因地制宜的小型、微型水利设施是解决干旱地区农村用水的重要途径，它可以推动高新节水技术的推广和旱地高效农业的发展，突破了干旱地区原有农田水利的建设经验。

坡面蓄水工程是一项水土流失地区拦蓄坡面径流、削减坡面径流量的水源工程措施。坡面蓄水工程是解决山区人畜用水、抗旱保丰收的小型水利设施。坡面蓄水工程可与坡面截流沟工程、水土保持林草措施、梯田、水土保持农业耕作措施和沟道治理工程相结合。坡面蓄水工程的作用在于拦截分散坡面径流，减轻坡面土壤侵蚀，控制山洪和泥石流的形成和破坏作用，合理利用水土资源。在干旱地区，增强抗旱能力，减轻干旱威胁，还能改良土壤，改善生产条件，提高土地生产能力，促进农、林、牧、渔业全面发展。

坡面蓄水工程主要包括水窖、涝池、蓄水埝。

蓄水埝是西北黄土高原地区的一种蓄水工程，该地区的一些塬面上，经历长期的水土流失和人类生产活动，逐渐形成宽窄、长短不同的小沟槽，人们在这些小沟槽里修筑拦水坝埝。拦蓄塬面径流，称为蓄水埝。沟槽宽 10～20m，纵坡较缓，平时多作为道路，降雨时则为地表径流排泄汇集入沟的网道。甘肃省陇东和陕西省渭北旱塬的塬面上，有很多这种蓄水埝。随着水土保持工作的发展及大规模基本农田建设，对旧的沟槽道路进行了改造，分段修建蓄水坝埝，节节拦蓄源面径流洪水，控制水土流失，便利交通和解决人畜用水。

坝埝的高低根据沟槽深浅决定，埝高多高出两岸 0.5～1m，防止沉陷。两端预留排水口可以引洪漫地。施工要求与涝池坝类同。

此外，要积极兴建城镇供水水源工程和乡村人畜饮水工程，发展乡镇供水产业，有计划地进行乡镇供水设施建设，增加供水能力，合理制定和适时修订人畜饮水困难标准，加快饮水困难地区人畜饮水工程建设，确保发生大的干旱时人们生活用水的正常供给。

二、水资源调配工程

我国降雨径流在年内和年际间变化剧烈，这是造成干旱灾害频繁和农业生产不够稳定的主要原因之一。在一个地区，要在深入研究降水、地表水、土壤水和地下水相互作用和转化规律的基础上，通过合理调配，使当地地表水、土壤水和地下水资源得到充分的利用。为了能提供稳定的水源，还需增加调蓄能力，以调节降雨径流在时间和地域上变化的不适应性和随机性。1954 年以来，我国虽已修建了大量的水库工程，但其径流调节能力与世界许多先进国家相比，还处于较低水平，若再考虑径流年内、年际变化大的特点，则调节能力更显不足，还需增建一批蓄水工程。水库建设要根据水源情况和需水要求，合理布局。对南方一些以短期季节性干旱缺水为主的地区，适合兴建具有一定调蓄能力的年调节水库；在北方地区水资源短缺，年际变化又大，应争取兴建一批具有较大调蓄能力的水库，以满足多年调节要求。

我国降水径流空间分布不均，不同地区之间，供需平衡情况有很大差异，同时，在不同流域或地区之间还存在干旱及其灾害非同期遭遇的可能性。因此，应因地制宜地兴建跨流域调水工程，进行水量补偿，以调节降雨径流的空间分布不均。20 世纪 60 年代以来，全国已修建了引江济淮、引滦济津和引黄济青等多项工程，这些近距离跨流域调水对调剂地区间水资源余缺起到了很好的作用。为了解决黄淮海流域的干旱缺水问题，从长江引水补给这一区域用水的跨流域远距离调水的南水北调工程正在建设。南水北调东线主要解决京津地区、山东省和河北省东部地区的缺水问题；中线主要解决河南省、河北省中部地区和北京市的用水；西线主要解决黄河上、中游及其邻近地区的用水问题。南水北调工程以及诸如东北地区的引松济辽的北水南调工程，在解决 21 世纪我国北方城市缺水，改善农业用水，缓解城乡用水矛盾，提高防旱减灾能力等方面将起到重要作用。

三、灌区工程

灌溉工程是防旱减灾最重要的基础设施。许多著名的老灌区，如四川的都江堰，陕西的泾惠渠、渭惠渠，山西的潇河灌区，河北的石津渠等，通过增建引水枢纽和改建渠系等措施，相应提高了老灌区的灌溉保证率，改善了引水条件，扩大了灌溉面积，成功地发挥了老灌区的防旱减灾作用。经过 50 多年的建设，各地从自身所具有的自然条件出发，建成了诸如：南方丘陵区引、蓄、提等大、中、小工程联合为一体的"长藤结瓜"式的灌溉系统；南方江河下游平原和水网湖区的圩垸灌溉系统；北方井渠结合的灌溉系统；黄土高原结合农林措施的水利灌溉系统；黄河下游引黄沉沙引水灌溉系统；西北内陆河荒漠绿洲灌溉系统和海涂开垦利用灌溉系统等。这些具有地区特色的灌溉系统，在各地防旱减灾中发挥了重要的作用。

农田灌溉事业要采取"以内涵为主，适当外延"的发展方针。在现有的灌溉设施中，1960 年以前修建的占 56％，1970 年以前修建的占 80％。这些工程经多年运行，老化失修和损坏报废现象相当严重，不少工程施工质量差。据统计，全国约有 2/3 的大型水库和 3/4 的中小型水库存在不同程度的工程病险质量问题，机电井的完好数量只占配套机电井的 88％；万亩以上灌区有近 30％的设计灌溉面积，由于工程不配套未能受益；灌区已有 10％的工程丧失了功能，60％的工程设施受到不同程度的损坏。此外，再加上由于自然条件变化和人类经济活动引起的水源衰减和农业供水量减少等原因，原有水利灌溉设施处于萎缩状态。据统计，在 1980～1984 年的 5 年间，减少灌溉面积达 340 万 hm²，其中 1984 年一年减少 108 万 hm²。在 1991～1994 年的 4 年间，灌溉面积又减少 253 万 hm²，其中工程老化失修损坏报废约占 37%，建设用地占用约占 20%，水源不足和向工业、生活让水而减少的灌溉面积约占 8%。在上述期间，也新增了灌溉面积，因而使全国灌溉面积出现起落和徘徊。由于减少的灌溉农田多为高产熟地，新增的多为低产农田或荒地，不能以量抵质，因而需经一段时期的熟化过程。从灌溉设施对提高农业生产的作用、资金投入效果及从我国国力来综合分析，今后一个时期农田灌溉应以扩大内涵为主，继续加强现有灌溉设施的节水配套及更新改造。把重点放在现在灌溉工程的修复改善上，即加强对现有工程的整修、配套、改造和管理，以恢复、巩固和提高现有工程的灌溉效益。对现有灌溉面积中的中低产田，按节水、节能、高产和旱、涝、碱综合治理的要求进行改造。对自流灌区，重在进行渠系配套和防渗衬砌。对排灌泵站、机电井的机电设备，重在按节能要求进行技术改造，提高运行效率。通过这些工作，进一步提高灌溉保证率。在以内涵为主的基础上，适当外延，新建和续建必要的工程，有计划地恢复扩大灌溉面积。

四、节水工程

节水是我国一项基本国策，也是一项抗旱工程措施。节水已引起社会各界高度关注，形成广泛共识。1998 年以来，全国节水投入 138 亿元，形成了 110 亿 m³ 的节水能力，节水工作呈现前所未有的好局面。

农业是节水大户，农业节水工作要研究推广农业旱作技术和渠道衬砌、管道输水、喷灌、滴灌等节水技术，尽快改善大水漫灌等浪费水资源的灌溉方式。对于节水项目要给予优惠政策。灌区中低产田的改造、配套和灌溉方式的变革将是今后长期的重要任务。在干旱地区和广大山区推广集水灌溉，结合水土保持的开展，鼓励农民兴办小型、微型水利工程。在水稻灌区也要加强灌溉管理，推广节水控制灌溉技术。

发展高效节水农作物，建立和完善节水灌溉技术、节水农业措施、节水管理技术三个体系。

第四节　抗旱非工程措施

一、旱情监测预报

建立面向全国的抗旱信息系统，形成由中央、省、市、县组成的信息管理网络，集旱情监测、传输、分析和决策支持于一体，涵盖水情、雨情、工情、农情等各种相关因素，可以及时掌握、分析、预测全国和区域旱情的发生、发展过程以及对农业生产、城市供水的影响，通过及时实施有效的抗旱措施，最大限度地减轻旱灾的损失。

抗旱信息系统的重要性在于对旱情作出监测预报，不但能为各级决策部门提供及时准确的旱情和抗旱信息，准确评价干旱对经济社会的影响，而且还可以提出合理的对策建议，更加科学地指挥部署抗旱减灾工作，大大提高我国抗旱减灾管理水平。

目前，北京、山东、重庆、安徽等 12 个省（自治区、直辖市）已经开展了土壤墒情监测系统建设，使判别旱情的基本信息——墒情建立在科学测报基础之上。其他省（自治区、直辖市）也正在着手进行墒情监测系统的规划和建设，为建立全国抗旱信息系统奠定基础。

二、抗旱预案

干旱成灾是一种悄然发生的"蠕变过程"，是一种"慢性病"。一次严重的干旱一旦形成，往往给工农业生产和城乡居民生活及生态环境造成重大损失和影响。因此，非干旱时期，在水主管部门主持和有关部门及社会团体的积极参与下所开展的干旱预案研究，是一项对提高公众的防旱减灾意识和减轻旱灾损失有重要现实意义的举措。

抗旱预案旨在研究一个地区出现潜在的及历史的干旱灾害时，政府部门和公众在资源配置和减轻灾害不利后果方面应采取的行动。这种对干旱灾害预先进行的"风险管理"和提前准备的有针对性的应急计划，与干旱灾害发生时的"危机管理"和临时反应相比，是一项更周密有效的防旱减灾措施。

抗旱预案是以水资源的可持续利用为指导，以现有水源和供水能力为条件，通过水资源的优化配置和合理利用，最大限度地解决城镇供水和工农业生产用水矛盾，为正确实施抗旱调度提供科学依据。坚持"先生活、后生产，先节水、后调水，先地表、后地下"的原则，分别按春、夏、秋三季多年干旱的出现频率排序，采用降雨距平法或受旱面积比重法，选定轻旱、重旱、特大旱三种典型年，分析现有抗旱能力、可用水源与用水需求及抗旱要求的矛盾，根据这些典型年分析现有水源及供水工程保证程度，并提出相应的综合抗旱措施。

抗旱预案的编制要力求实用性、可操作性。预案编制的主要内容有：一是基本情况概述；二是供水与需水分析；三是防旱抗灾对策，包括轻重缓急合理配置水资源；四是抗旱效果预测。重点是当发生干旱时，应采取什么样的对策和措施，包括水资源优化调度措施和临时性工程措施。哪些地方会出现旱情旱灾，怎样调水，保什么，弃什么等明确的方案；最终体现抗旱社会效益与经济效益的最大化。

抗旱预案由四个主要的部分组成，即典型干旱模式的选择、干旱严重程度的评价、干旱反应行动和旱后评价。

典型干旱模式可以从本地区历史上发生过的干旱事件中，选择资料条件较好的一般、严重和特大干旱年的雨情、水情及其地区分布作为干旱预案研究的典型模式；在实测资料系列较短时，为研究可能出现的极端干旱事件，参照历史文献描述的严重雨情和灾情，对典型模式进行调整，以之作为潜在的干旱模式。

干旱严重程度评价，一是指典型干旱模式在现状下重现时，在其干旱发展过程中，如何根据气象、水文、水利和农业等动态因子，选用适当的干旱指标，以评价干旱严重程度和所处阶段，如干旱初期阶段、干旱警戒阶段、干旱紧急阶段和干旱灾害阶段等；另一是干旱对农业、城市供水和生态环境等影响严重程度的评价。

干旱反应行动，包括在干旱发生期间不同干旱阶段所执行的短期应急措施，以及为提高抗旱能力而进行的长期抗旱减灾计划。在干旱紧急阶段，除采取利用好分散和储备的水源等应急措施外，应实行相应的强制性限制用水措施。在供水社会效益、经济价值和缺水危害调研的基础上，明确严重干旱或极重干旱期重点和非重点的供水部门，制定干旱期水资源分配方案，减少干旱经济损失和不利的影响。

旱后评价既是抗旱预案成果实时运作效果的检验性评价，也是充实和完善抗旱预案，改善干旱风险管理效能的重要步骤。旱后评价的基本内容包括：评价抗旱预案研究对减轻旱灾经济损失和消除不利社会后果的作用，评价抗旱预案研究所采取的防灾、减救和灾后恢复反应行动的有效性。抗旱预案是经历预案研究－灾后评价－预案研究的一个不断深化的动态过程，预案研究结果须不断修正，以反映变化中的社会、经济和环境状况。

抗旱预案是主动防灾的一项重要举措。近年来，我国不少省份实施了抗旱预案制度。安徽省开展了抗旱条例的研究，并经安徽省人大审议通过，2003年在全省实行；陕西省开展了县级以上城市抗旱应急供水预案和关中西部灌区抗旱应急水量调度预案的研究。就实际效果而言，这项工作的开展，对主动应对干旱灾害，开展防旱抗旱减灾起到了积极作用。但就全国而言，这项工作仍处在摸索和研究阶段，所以须加强抗旱预案的研究实施工作。

三、抗旱调度和管理

做好农业、工业、城镇生活用水分配调度，要注意以下几点：

（1）做好区域性水资源基础工作，了解掌握本地区水文气象及供水工程情况，了解区域内地表水、地下水资源变化规律，工农业、城镇用水现状，水资源利用程度和存在问题等。

（2）掌握了解本地区工农业和国民经济发展规划（如当地矿产资源、工业结构、商业结构、交通现状和发展方向），当地的农业结构、种植作物组成及城镇企业发展现状和趋势。

（3）在以往的河流规划或专业性水利规划的基础上，做好本地区的水资源综合利用规划，提出本地区国民经济各部门不同水平年的供需平衡分析。预测本地区各水平年近期和远期需水量。

（4）提出本地区水工程建设的措施和意见。如对现有工程加固挖潜配套，改造老化工程，设备更新和拟建工程，在人畜饮水困难地区加强供水工程的措施等。

（5）在本地区工农业城镇供需水现状的基础上分析工业城镇生活用水发展趋势，安排好地区内农业、工业和城镇生活用水的统一分配调度的妥善计划，并每年修订一次。做好地区性和流域性水资源的分配调度，是提高区域内水资源利用率的前提，也有利于协调各项用水矛盾，取得较好的生态效益和经济效益。

搞好水资源调度和合理分配，必须加强以下工作：一是科学利用水资源规划；二是加强国民经济的用水供需预测；三是加强工程建设；四是加强水资源统一管理；五是要有健全的水利法制体系；六是要有水利产业效益和社会效益；七是建立健全适应社会主义市场经济的水费价格；八是加强有力的管理机构；九是加强科学技术对水资源管理和优化调度的应用；十是加强水环境保护。

实行水务一体化管理是做好城市抗旱工作的体制保证。已实行水务一体化管理的城市，要统筹考虑生活、生产和生态用水需求，进一步完善流域、区域水量调度方案，落实管理、监督措施，细化配用水计划，充分发挥有限水源的抗旱作用，优先保障城市居民生活用水安全。没有实行水务一体化管理的城市，要结合贯彻《中华人民共和国水法》，积极开展水资源统一管理工作，尤其是发生干旱缺水的城市要把握住时机，突出展现水务一体化管理在城市抗旱工作中的关键作用，促进实现水务一体化管理。

四、旱作农业措施

旱地农业即雨养农业，它是我国农业发展一个不可忽视的重要组成部分。旱地农业在我国南、北方均有分布，在全国耕地面积中，一半以上的面积为旱地农业。由于受气候、地形和水资源条件的限制，农业不能统统都靠灌溉来解决问题，不能搞灌溉农业的耕地，要结合水土保持工作搞好旱地农业。

我国群众通过长期实践，积累了不少旱地农业抗旱增产的经验。因此，在现代科学水平下，继承和发展旱地农业技术，是今后发展旱地农业的重要途径。

1. 逐步建立旱地农业抗旱耕作新体系

此体系是以深松为主体，深松、翻耕、耙茬相结合和耕耱相结合的抗旱耕作体系。生产实践和科学实验表明，这种耕作体系在协调耕层土壤的水、肥、气、热状况，保墒抗旱、抗蚀保土方面，具有明显的优越性，对气候季节变化和作物生育的阶段性有较强的适应性。

2. 建立用地和养地的新体系

此体系包括合理调整作物布局，逐步改变北方旱地大面积单一种植，适当增加养地作物——豆类作物的种植面积，进行豆谷、粮肥轮作。建立一个以有机肥为主，以化肥为辅；以底肥为主，以追肥为辅，化学肥料氮磷钾合理配置的施肥制度。这一体系对实行合理轮作，克服重茬连作的弊端，种地养地并重，提高土壤肥力水平，保证旱作农业的高产稳产有着重要作用。

3. 建立抗旱栽培新体系

此体系包括用科学方法选育高产抗旱作物和耐旱品种；在处理种子时，采用科学的营养浸种和雪水浸种方法；在抗旱播种方面采用抢墒、顶凌等播种方法，以充分利用耕层贮水。通过抗旱栽培，一方面增强了作物内在的抗旱力，另一方面改善了作物栽培的外在水分条件，从而提高了作物的抗旱能力。

20世纪80年代以来，陕西、甘肃、宁夏、青海、山西和内蒙古不少典型村、乡，不断改进传统农业技术，采用伏秋深耕、蓄水保墒；增施肥料、有机肥与无机肥结合；搞好农田基本建设，增强保水保肥抗旱能力；选用良种，增强抗旱耐瘠薄能力；改革栽培方式，实行模式化栽培技术等。在多年实践中，他们把传统技术和现代技术相结合，摸索出了一条适合我国北方干旱半干旱区发展旱地农业的技术途径，在提高土壤肥力、增强农田抗旱能力等方面都取得显著效果。

此外，在有条件的旱地农业区，修建环山渠、山塘和水窖等小型工程，将坡地上和耕地周边的雨水径流汇集贮存起来，发展"径流农业"或"半水浇地"、"半水灌溉"。半水浇地是一些地方由于受水资源和工程等条件限制，不能实行完全灌溉的一种非常规的灌溉形式。我国东北地区在春季进行的春玉米"坐水"播种就是半水灌溉的一种类型。实践证明，径流农业或半水灌溉是提高旱地农业抗旱能力和农业增产的有效措施。

特别在北方旱地农业区，我国传统的旱地农业抗旱技术得到了继承和发展。例如，在改变和改善旱地生产条件方面所进行的改良土壤、建造坝堰、引洪漫地、平田整地、修梯田、培地埂、建水平沟和鱼鳞坑等；在改善耕作技术方面所进行的深耕、伏耕、中耕、除草、耙耱镇压、开沟培垄、水平耕作、带状种植、间作套种等；在蓄水保墒方面的夏雨秋用、秋雨春用、地膜覆盖等；在选育耐旱作物和品种等方面，各地都涌现了一批旱地农业增产的典型小流域和小区。这些先进典型展示了我国旱地农业存在着巨大的增产潜力。

五、抗旱服务组织

抗旱服务组织是水利服务体系的一个组成部分，也是农业社会化服务体系的一个组成部分。抗旱服务组织以抗旱服务为中心，公益性服务和经营性服务相结合，以机动、灵活、方便、快捷的服务形式搞好抗旱和实现稳产增产为目标，提供多方位的综合性服务。例如，提水灌溉，抗旱设备维修，燃料和电力供应，灌排设施的建设与维护，抗旱技术咨询等。实践证明，抗旱服务组织比较适合我国农村实际情况，被广大基层干部和群众誉为抗旱的"及时雨"、"轻骑兵"、"抗旱110"，成为农村社会化服务体系的重要组成部分，每年在抗旱浇地、解决农村人畜临时性饮水困难等应急抗旱和维修、租赁抗旱设备，参与各类抗旱工程建设中发挥着很大的作用，已发展成为新时期政府组织抗旱的生力军。

抗旱服务组织不仅有利于合理使用抗旱资金和充分利用分散的水源，而且有利于农业节水技术的推广和节水抗旱政策法规的执行。抗旱服务组织的建立，促进了抗旱资金使用和管理的改革，使抗旱补助资金从分散投放变为对抗旱服务组织固定资产的集中投入，形成长期的抗旱能力，发挥长期的抗旱效益。在易旱地区推广抗旱服务组织建设，是不断提高抗旱服务的工作效率和科学水平的重要手段。

但是，目前抗旱服务组织的建设和发展还不平衡，要健全抗旱服务组织，必须逐步建立起以县级抗旱服务组织为龙头，以乡镇抗旱服务组织为纽带，以村组抗旱协作组织为基础的社会化抗旱服务网络，尽可能覆盖广大易旱地区。其次，各级抗旱服务组织要加强管理，提供多方位的综合性服务，如提水灌溉、抗旱设备维修、供应，小型水利和节水设施的建设与维护，抗旱技术咨询等。同时要在以抗旱服务为中心的前提下，延伸和扩展自身的服务领域，改进服务质量，重视经济效益，以提高抗旱服务组织的自我发展能力。再有，要改善和加强抗旱服务组织的能力建设，依靠科技进步，改善服务设施，不断提高人员素质，开展科学抗旱措施的研究，提高服务水平和效率。

第五节　台风灾害的防御措施

一、防御台风灾害预案

为防御台风灾害，沿海地区要结合各地实际，制订切实可行的防御台风灾害预案。

台风灾害防御预案的编制应遵循以下原则：坚持以人为本，坚持防、避、抢、救相结合，把确保人民的生命安全放在首位。在台风来临前，积极做好各项防范措施，突出一个"防"字，转移危险地段群众是重中之重的工作任务。在台风来临时，突出一个"避"字，避其锋芒，及时撤离人员，转移物资，减少损失，防止无谓的牺牲。在台风过后，突出"抢"和"救"，迅速组织抢险、救灾，减少灾害损失，尽快恢复生产和生活秩序。同时，明确职责，建立以各级政府行政首长负责制为核心的各项防汛防台风责任制。

台风灾害防御预案应落实以下各个环节的工作：

（1）当接到台风生成信息，有可能影响我国时，沿海各级防汛部门要密切注视台风动向，检查防御台风的各项准备工作。

（2）当预报台风可能影响大陆时，气象、海洋、水文部门要定时发布台风信息。各级防汛指挥部负责人要立即进行防台风部署，有关部门和乡镇要指定专人负责收听台风气象信息。

（3）当台风逐渐移近，预报在两天内可能登陆时，防汛防台指挥部要及时会商，研究部署防台风的紧急措施，按照防台风预案部署行动。水利部门要及时检查水利和防洪工程设施的运转情况，加强海堤巡查，做好抢险的准备，水库做好调蓄洪水的准备，大坝实行 24h 巡查制度。水文气象部门要加强监测，密切注视台风的动向。城市电力、公交、市政建设部门要加强水电气管线、排水设施、交通道路的检查，做好防台风准备，要进行广告牌、霓虹灯、高空作业设施的安全检查，检查危房，做好危房加固和住户的转移安置，农村要对成熟的农作物组织抢收，所有低仓位的重要物资要转移到安全地带，出海的渔船驶入港口避风。

（4）当预报 24h 内台风就要登陆时，防汛防台指挥部即刻发布台风紧急警报，有关地区电视台、广播电台要及时播发台风消息，将台风警报信号传到千家万户，对预报登陆地区和预报严重影响地区有关县级以上人民政府要发布防台风的动员令，组织工作组深入第一线，指挥抢险工作。抢险队伍整装待命，抢险物资（车辆、救生衣、冲锋舟、照明设施等）一应齐备，做好抢险准备。乡镇干部要立即深入自己包片的村庄和工厂，按原定计划将人员就近安置到结构坚固、能防御台风的建筑物中，或者地势较高的安全地带，必要时要实行强制转移。公安部门和治保人员要做好安全保卫工作，停港避风的船只要做好防撞等保安措施。当台风登陆时，切记在海堤上抢险人员应暂时撤离，尽量减少人员在堤上的活动。

（5）当台风过后，要发布解除台风警报。当大风已过，潮水退却后，抢险队伍和救灾人员要立即出动，紧急抢堵海堤决口，检查修复各类水毁工程。各级政府要组织抗灾救灾，安置好灾民的生活，把救援物资送到群众的手里，水利、交通、通信、电力、供水等部门要组织突击队，迅速修复损毁的各项基础设施，保证社会生活正常运转。卫生部门及时做好卫生防疫工作。海水淹过的地方要及时抽排积水，受灾的农作物要尽快洗苗施肥，海水泡过的机器设备要立即清洗烘干，尽快恢复生产，重建家园。

二、台风灾害的防御措施

台风是一种严重的自然灾害，特别是强度较大的台风，以目前的科学技术水平，人力是无法抗拒的。但是我们面对疯狂的台风，决不能无所作为，任其肆虐。我们可以采取积极的防台风措施，尽量减轻台风造成的灾害损失，保护沿海城乡经济社会的发展。防御台风的主要措施有：

（1）建设高标准海塘和城市、水库防洪工程。海塘是沿海地区防台风、御海潮的重要屏障，城市防洪堤是保卫城市免遭洪水侵袭的依托。近年来，中央和沿海各省投入大量资金建设了一批标准海塘、江堤、城市堤防、山区水库等防洪工程，在抗御台风中有效地减轻了台风灾害损失。

（2）加强生态工程建设。多年来的防御台风实践表明，海堤前面的防护林带可以有效地防风消浪，海堤后面的防护林带也具有显著的防风以削减水力破坏的作用。

（3）编制防御台风预案。凡事预则立，不预则废。台风的防御难度很大，必须事先制定出一整套切实可行的防台风办法，台风一旦来了，可以按照预案统一调度指挥，有效控制灾情。预案划定不同风力、方向、登陆地点和时限的防守方案，建立专业抢险组织和群众性的抢险队；落实抢险工具、物料的储备。对危房、容易淹没的地区以及外来人口要逐村逐户地调查，登记造册。要落实人员、重要物资，避险转移的地点、线路和时机，做到临危不乱，处惊不慌。

（4）提高沿海民宅抗台风能力。台风登陆后，狂风暴雨常常造成大量居民房屋倒塌，导致人员伤亡。如 2004 年在浙江登陆的第 14 号台风（云娜），全省因房屋倒塌致死人数占总死亡人数的 66.5%。惨痛的教训告诉我们，必须加强民宅特别是沿海民宅的抗风能力，建立民宅安全保障体系。

第六节　山洪灾害的防御措施

一、山洪灾害的成因

山洪灾害的发生主要有以下三个方面的因素。

1. 地貌地质因素

山洪灾害易发地区的地形往往是山高坡陡谷深，切割深度大，侵蚀沟谷发育，其地质大部分是渗透强度不大的土壤，如紫色砂页岩、泥岩、红砂岩、板页岩发育而成的抗蚀性较弱的土壤，遇水易软化、易崩解，极有利于强降雨后地表径流迅速汇集，一遇到较强的地表径流冲击时，形成山洪灾害。

2. 气象水文因素

副热带高压的北跳南移，西风带环流的南侵北退，以及东南季风与西南季风的辐合交汇，形成了山丘区不稳定的气候系统，往往造成持续或高强度集中的降雨；气温升高导致冰雪融化加快或因拦洪工程设施溃水而形成洪水。据统计，发生山洪灾害主要是由于受灾地区前期降雨持续偏多，土壤水分饱和，地表松动，遇局部地区短时强降雨后，降雨迅速汇聚成地表径流而引发山洪、泥石流、山体滑坡造成的。从发生、发展的物理过程可知，发生山洪灾害主要还是持续的降雨和短时强降雨引发的。

3. 人类活动因素

山丘地区过多地开发土地，或者陡坡开荒，或工程建设对山体造成破坏，改变地形、地貌，破坏天然植被，使森林遭到破坏，失去水源涵养作用，易产生山洪。由于人类活动造成河道不断被侵占，河道严重淤塞，河道的泄洪能力减小，也是山洪灾害形成的重要因素之一。

二、山洪灾害防御预案

山洪灾害防御预案应包括以下主要内容：

（1）成立防御组织机构，确定责任人，明确职责，强化行政指挥手段和责任人的责任意识。

（2）阐述本地区的地形地质存在的险病隐患、暴雨洪水特性，列出历史上发生的山洪灾害等情况。

（3）明确安全区、警戒区、危险区的划分范围，具体到村、组、人。

（4）划定成灾暴雨等级，确定避灾的预警程序、信号发送的手段和责任人，转移路线、转移人员安置办法和地点，转移安置任务的分工，制定人员转移安置的原则和纪律。

（5）提出防御治理的工程措施及其规划设计方案。

（6）提出防御工程资金的来源和筹措办法，以及其他非工程措施的制定和实施办法，山洪灾害安全转移方案。

三、山洪灾害的防御措施

根据山丘地区山洪灾害的致灾原因和特点，山洪灾害的预防重在"防、躲"，主要是采取预防和躲避措施。山洪灾害的防御必须科学论证，全面规划，逐步治理，从根本上减少人员伤亡和财产损失。具体措施落实应体现在以下几个方面：

1. 加强领导

山丘区各级党委、政府要从稳定和发展的高度来认识山洪灾害，增强紧迫感和危机感，成立领导班子，建立健全山洪灾害防御工作指挥机构。各级防汛抗旱指挥部是同级人民政府防灾减灾的指挥机构。计划、财政、水利、国土、气象、水文、交通、广电、农业、林业、地矿、城建、保险、乡（镇）等部门要在政府及其防汛抗旱指挥部的统一领导下，切实加强领导，履行各自职责，密切配合，协同做好山洪灾害的防御工作。

2. 科学编制预案

一是务实调查。对山洪灾害易发区内的社会经济、自然地理、气象水文、历年洪灾、现有防御体系、灾害隐患点等情况进行全面的调查摸底。二是科学论证。在实际调查的基础上，从气象、水文、地质、生态环境等多种因素对区域山洪灾害的成因、特点及发展趋势进行科学的论证。三是精心编制预案。在充分掌握第一手资料的基础上，精心编写区域山洪灾害防御预案，绘制区域内山洪灾害风险图，划分并确定区域内"三区"范围、地点，制定安全转移方案，明确组织机构的设置及职责，并制定防御山洪灾害的工程和非工程措施规划，逐步实施。

3. 落实重点

一是落实防灾减灾值班制度。山洪灾害易发区每年4～9月份要坚持24h值班制。二是落实预警信号制度。每个村、组、院落都要确定1～2名信号发送人。信号一般为预先设定的，如口哨、打锣、放铳或警报器等。为加强责任心和提高积极性，每个监护信息员可由当地乡（镇）、村级政府给予每年适当补助。三是落实防灾减灾应急资金和物资器材。各县（市）财政应每年防汛期留足资金。四是落实避灾演习。每年各乡（镇）、村在重点防范区组织群众进行一次避灾演习活动，以提高群众的防范意识。

4. 加大宣传力度

为进一步提高山区群众对山洪灾害的认识，强化躲灾、避灾意识，各地应每年要进行一次全方位、多层次、多形式的宣传发动，采取层层召开会议，出动宣传车，出标语、横幅、宣传栏，设立警示牌，编印发送山洪灾害防御手册等宣传资料的多种形式宣传活动，使有关法律、法规、山洪灾害防御常识和对策做到家喻户晓，人人皆知。

5. 强化工程措施

为全面落实山洪灾害防御预案，在抓落实各项非工程防御措施的同时，大力强化工程措施。通过山洪灾害易发区内的工程措施规划，在自力更生、生产自救的形式下，逐年实施工程措施。搞好水毁工程恢复，治理水土流失，加大病险水库、山塘治理力度，开展退耕还林还草工作，提高生态质量，有效预防水土流失，减轻山洪灾害损失。

总之，要做好山洪灾害防御工作，就要明确目标、突出核心、抓住关键、强化基础。防御山洪灾害的目标是躲灾避灾，确保安全；核心是强化责任，突出基层；关键是落实预案，群测群防；基础是宣传教育，增强意识。

第七节　防汛抗旱决策指挥系统

我国洪水和干旱灾害频繁，防洪抗旱历史悠久，积累了丰富的防汛抗洪斗争经验。随着经济社会的发展，科技水平的提高，对防汛抗旱的需求越来越高，仅利用传统的减灾手段已经远远不能满足需求。为江河确保防洪和供水安全，除了常规的工程手段外，非工程手段必不可少。为此，国家防总办公室1992年着手建设防汛抗旱决策指挥系统。

一、防汛抗旱指挥系统现状和存在问题

1. 现状

新中国成立以来，特别是近20年来，我国在防汛决策指挥方面开展了大量工作，取得了很大成绩，主要表现在以下5个方面：

（1）形成了防汛与气象部门紧密合作的机制，对天气状况的实时监视和预报有了长足的发展。不仅本国天气预报结果能够实时获得，而且可以借鉴一些发达国家的天气预报成果。在一些防洪重点地区，建立了多普勒天气雷达站，进一步提高了降雨预报的精度和质量。

（2）初步建立了覆盖全国主要防洪地区的水情测报网络，初步建立了报送工情、旱情和灾情的工作制度。全国已建成各类水情报汛站8600多处，形成了一套完整的水情测报制度，积累了丰富的水情数据和测报资料。

（3）除公共通信网外，水利部门先后建设了一批专用防汛通信网。在长江、黄河、淮河、海河和珠江等重点防洪地区建设了14条微波干线，并在一些防洪重点地区建设了一点多址微波通信网和集群移动通信网。建立了26处蓄滞洪区的洪水预警反馈系统。另外，还配备了一批卫星地面接收设备。形成了一定规模的防汛通信专网。

（4）防汛计算机网络。水利部、各流域机构、各省（自治区、直辖市）的水文和防汛单位，通过多种渠道筹资，先后建设了一批不同规模和功能的计算机局域网。同时，还建成了从流域机构、省（自治区、直辖市）到水利部的低速实时水情信息计算机传输网。近年来，水利部门利用这些网络开展了实时水情传输、洪水预报、防洪调度等业务，取得了很好的效果。

（5）开展了一些防洪决策支持系统研究。自20世纪80年代开始，防汛系统根据工作需要，逐步开展了一些防汛信息处理、预报、调度方案制定等研

究，提出了许多模型和方法。90年代建成了全国水情数据库。水利部以及长江、黄河、淮河等流域都开展了一些防洪决策支持系统方面的研究，并取得一些可喜成果。

2. 存在问题

我国防汛抗旱指挥系统还有许多不完善之处，主要存在以下5个方面的不足：

（1）水文测站的建设标准低。大部分测站只能施测中常洪水，能够测到30年一遇洪水的测站只占测站总数的1/3左右。很多测站的设备陈旧，一旦遇到大洪水，很可能测不到、报不出。向中央报汛的测站中有40%左右不能实现自动记录，一次收集齐向中央报汛的3002个测站的信息需要1～2h。

（2）工情、灾情、旱情的信息报送不够规范，没有统一的标准，主要靠电话语音报信，或用传真文字报信。人工统计信息困难，查阅历史资料不便，用计算机传输没有量化标准，尚未形成规范制度。

（3）计算机网络速度低，带宽窄，节点少，尚未连接到防汛信息的基层汇集点（水情、工情、旱情分中心）。各级防汛单位的局域网大都设备性能低，可靠性差，难以实现水利部、流域机构和省（自治区、直辖市）间的互联互通，更难以满足大量图形、图像的处理和调度以及会商等需求。

（4）天气预报和洪水预报的精度仍不够高。我国大江大河的洪水灾害基本上是暴雨形成的，但目前监视中小尺度天气系统的手段不足，定点、定量降雨预报的精度不高。一些江河洪水预报的实效性和精度也难以满足实际需求。

（5）防洪决策支持手段落后。防洪工程数据库、社会经济状况数据库、历史灾情数据库等尚未建立起来，尚未实现防洪工程信息的查询与展示。基本没有实现实时制定和比选洪水调度方案的目标，仍停留在基于事先制定的洪水调度方案开展洪水调度的阶段。

二、国家防汛抗旱决策指挥系统

1. 决策指挥系统的建设目标

决策指挥系统建设的总目标是根据防汛工作的需求，用5年左右的时间，建成一个以水、雨、工、旱、灾情信息采集系统和雷达测雨系统为基础，通信系统为保障，计算机网络系统为依托，决策支持系统为核心的国家防汛抗旱指挥系统。要求该系统先进实用、高效可靠，达到国际先进水平，能为各级防汛抗旱部门及时地提供各类防汛抗旱信息，较准确地作出降雨、洪水和旱情的预测预报，为防洪抗旱调度决策和指挥抢险救灾提供有力的技术支持和科学依据。系统建成后应达到以下具体目标：

（1）在水情信息采集方面，中央报汛站中的雨量和水位观测，全部采用数据自动采集、长期自记、固态存储、数字化自动传输技术，以提高观测精度和时效性。中央报汛站的测洪能力提高到接近或达到相当于设站以来发生的最大洪水或略高于堤防防御标准的水平。大江大河站在发生超标准洪水或意外事件的情况下，有应急测验措施。对流量、泥沙等其他水文信息通过人工置数进行数字化自动传输。

（2）在报汛方面，通过对中央报汛站报汛设施的更新改造，建设224个水情分中心，实现在0.5h内收集齐全国3002个向中央报汛的主要测站的水雨情信息。

（3）建成分布合理，初具规模的工、旱、灾情信息采集网，初步实现工、旱、灾情信息传输的计算机网络和有关信息的实时传输。建设228个工情分中心、267个旱情分中心，以及15个移动工情信息采集站。工程险情和突发事件要测得到，报得及时，信息丰富直观。建立健全旱情测报网，规范旱情信息的采集和传输，并能够对水文气象干旱、农业干旱等作出分析评价和趋势预测。

（4）建设防汛通信和计算机网络。首先考虑使用邮电公用网，充分发挥已有防汛通信设施的功能，为防汛决策指挥提供可靠的通信保证。依托国家公网，建设全国地市级分中心及其以上的计算机网络，提高信息传输的质量和速度，提高信息共享的程度，改善防汛信息的流程，并通过防汛抗旱计算机网络的建设带动整个水利信息网的建设。

（5）建设中央、流域机构、省（自治区、直辖市）和地市级防汛抗旱决策支持系统。加快各类防汛抗旱信息的收集、处理、存储和展示的速度，提高洪水预报的精度，延长洪水预见期，建立江河洪水调度方案实时制定和比较分析系统，改善防洪调度分析手段，提高洪水模拟仿真能力，改善各级防汛抗旱部门的工作环境，提高效率、质量和防汛决策指挥的科学性。

（6）建设黄淮地区的新一代天气雷达系统，提高中小尺度天气系统的监视能力和降水预报精度。

2. 决策指挥系统的建设原则

为确保工程达到预期目标，在决策指挥系统建设中拟遵循以下原则：

（1）根据我国的防汛抗旱任务和特点，以及防汛抗旱组织的现状，系统建设实施"统一领导、统一规划、统一标准、统一组织实施"的原则。

（2）遵循"统筹兼顾、公专结合"的原则，充分利用现有的通信信道资源、网络资源、信息资源。从实际出发，针对薄弱环节进行充实完善和提高。

（3）坚持"实用，可靠、先进"的原则。"实用"是指要考虑系统的实用性和可操作性，根据实际需要设计系统的规模，并充分利用现有的设备资源。

"可靠"是"实用"的重要组成部分，在恶劣环境下要确保系统能正常运行，保障汛情上传，命令下达。"先进"是指整个系统要先进，技术起点要高，尽量选用最先进的软件，采用先进的管理方法。

（4）系统建设统一规划设计，根据急缓程度和现有基础分期实施，边建设边受益。

（5）投资分摊，多方筹资，合理制定投资政策，充分调动并发挥中央和地方的积极性。

3. 决策指挥系统的总体结构

国家防汛抗旱决策指挥系统是一个覆盖全国的多层次的分布系统，它的总体结构与防汛抗旱组织体系的层次相对应，按防汛抗旱机构的职责和隶属关系分为3层，即国家防总，流域机构和省（自治区、直辖市）防汛抗旱指挥部，以及地（市）防汛抗旱指挥部3级。各级之间由通信系统和计算机网络连接。

国家防汛抗旱决策指挥系统大致可以分为信息采集系统、通信系统、计算机网络系统、防汛决策支持系统和黄淮地区新一代天气雷达应用系统5个部分。信息采集是基础，决策支持是核心，防汛通信与计算机网络是保障。

4. 信息采集系统

防汛抗旱决策指挥所需的信息可分成水情信息、工情信息、旱情信息和灾情信息四大类。信息源的分布几乎覆盖了全国所有地区，涉及水利、水电、气象、农业等诸多部门。这些信息是各级防汛部门进行防洪抗旱、调度决策必不可少的科学依据。

（1）水情信息采集。改善向中央报汛的水文站的测报设施和手段，建成实用可靠、技术先进的水情信息采集站。改变传统的水情信息传输方案，建设224个水情分中心，并建设连接水情分中心与附近报汛站、邻近水文自动测报系统中心站之间的无线通信网络。构成一个覆盖全国重点防汛地区基层报汛站点的水情信息采集、传输系统，确保在能够将实时雨情、水情信息准确、及时传递到各有关防汛抗旱指挥部，为防洪调度指挥和抗洪抢险救灾提供全面的水情信息服务。

（2）工情信息采集。建成覆盖228个重点防洪地区、807个重点防洪县的工情信息采集系统。改善工情信息采集、报送的技术手段，改变工作流程，实现迅速、准确、全面地为各级防汛部门提供工情信息的要求。

（3）旱情信息采集。补充、完善现有旱情监测站点的布局，形成覆盖全国的旱情信息采集、报送网络，规范信息的报送内容和制度，使各级抗旱管理部门能按时、按要求收集到分析旱情、制定抗旱方案、调度水资源等信息，为进行抗旱工作提供信息服务。

（4）灾情信息采集。通过灾情信息采集系统建设，形成覆盖全国县以上防汛抗旱部门的灾情信息采集系统，进一步改进和完善县级防汛抗旱部门的灾情信息处理设施，进一步加快现有灾情报送、传输速度。在地区级以上防汛抗旱部门利用计算机技术实现灾情统计上报。结合工程险情信息的采集实现实时灾情的采集、传送、上报等工作。

5. 防汛通信系统

遵循"专用网和公用网相结合、互通互连"的原则组建防汛通信网，充分利用现有的通信资源。在防汛通信网建设中，以满足防汛工作为第一需要。在充分利用公用通信网的条件下，基本完成覆盖全国重点防洪地区防汛通信网的建设，达到下列目标：

（1）完成重点报汛站通信网的建设，提高向中央和流域机构报汛信息的传输可靠性和及时性。

（2）改善国家防总办公室、流域机构、重点防洪省（市）和大型防洪工程管理单位之间的通信手段，确保工程的安全运行状况能及时上报，上级的防洪调度指令能迅速下达。

（3）补充和完善重点防洪地区微波通信网，保证通信畅通，使重要汛情能及时上报，防汛指挥命令能迅速下达。

（4）完善蓄滞洪区信息反馈系统建设，实现及时通报汛情，发布洪水警报和安全转移危险地区人员，并实时收集有关命令执行情况的反馈信息。

（5）实现重点防洪河段、大型水利工程的工情、险情的图像传输，为电视电话会议、传真等通信业务和异地会商、监视汛情和灾情的发展变化提供通信手段。为全国防汛计算机联网提供数据传输通道。

6. 计算机网络系统

利用公用通信网以及防汛通信网，采用因特网技术，建成覆盖国家防办、流域机构与重点防洪省（直辖市、自治区），大型防洪工程管理单位，地市级防汛抗旱办公室和水文分站，以及重点防洪城市防汛抗旱办公室的计算机网络。达到显著提高收集防汛信息的速度和质量，扩充信息种类，增加信息量，监视突发事件，实现各级防汛部门信息共享，为有关部门提供信息服务，并为水利部开展其他业务提供网络服务。防汛计算机网络系统是各级防汛部门与其他水利业务部门在异地之间传送数据、文本、图形、话音、静态和动态图像的系统，需提供足够的、可靠的信道，实现各级防汛部门共享信息。

7. 防汛抗旱决策支持系统

决策支持系统是国家防汛抗旱指挥系统的核心。它在信息采集、通信、计算机网络系统的支持下工作，实现对防汛抗旱指挥决策过程的支持。系统建成后要实现以下目标：

（1）能及时、完整地完成各类防汛信息的收集、处理和存储。

（2）能快速、灵活地以图、文、声音、图像等方式提供雨情、水情、工情、灾情等背景资料，以及有关历史资料等，提供全面的信息服务。

（3）提高洪水预报的效率和精度，增长预见期。

（4）改善洪水调度方案分析手段，提高洪水调度的科学性和严密性。

（5）能迅速和较准确地预测、统计分析实际灾情，提供抢险救灾和人员转移的信息支持。

（6）能为防汛管理和决策的实施提供现代化的管理手段。

（7）能随机或定期收集旱情信息，进行旱情信息管理、分析和旱情发展趋势预测。

第七章　防汛抗旱有关法律法规介绍

　　法是调整社会关系的。法的部门划分是按照其调整的社会关系的不同而确定的。防汛抗旱法律法规是为了减轻水旱灾害损失，由国家制定或认可的有关法律、法令、条例等。新中国成立以来，我国根据实践经验，参考国外经验，先后制定了《中华人民共和国水法》、《中华人民共和国防洪法》、《蓄滞洪区运用补偿暂行办法》、《中华人民共和国河道管理条例》、《中华人民共和国水库大坝安全管理条例》、《中华人民共和国防汛条例》等法律法规及规范性文件。各级政府根据国家这些法律法规，又制定出本地区的实施细则及有关配套法规。全国还建立了六七万人（其中，专业2万多人）的相应的执法队伍，已初步形成了国家和地方防洪法律体系、执法队伍和执法监督保障机构，使我国的防洪管理和洪水调度工作逐步规范化和制度化。

第一节　法　　律

　　在法的体系里，水法同国家法、行政法、民法、刑法、民事诉讼法等法的部门一样，具有相对的独立性，是法的体系的一个组成部门。现有的国家防汛抗洪法律有《中华人民共和国水法》、《中华人民共和国防洪法》。这些法律是开展各项防汛抗洪工作的依据和重要保证。

一、《中华人民共和国水法》

　　《中华人民共和国水法》作为我国水资源方面的基本法，对水保护的方针和基本原则、保护的对象和范围、保护水资源的防治污染等的主要对策和措施、水资源管理机构及其职责、水的管理制度以及违反水法的法律责任等重大问题作出了规定。

　　2001年修订后的《中华人民共和国水法》总共8章，82条，于2002年10月1日起实施生效。

　　第一章　总则，共有13条。说明了水立法的依据、水资源的所有权。水法规定水资源属于国家所有，某些山塘、水库中的水资源属于集体所有。这一章还规定了水资源的范围、水法的基本原则以及水资源管理机构、水管理制度，对一些重大问题作出了原则性规定。

第二章　水资源规划，共有 6 条。规定了水资源规划的制定和审批程序。

第三章　水资源开发利用，共有 10 条。对开发利用水资源的原则和审批程序进行规定。

第四章　水资源、水域和水工程的保护，共有 14 条。规定了保护地表水以及水库渠道的具体措施，开采地下水的规划和防止水流阻塞、水源枯竭，禁止围湖造田，对保护水工程以及有关设施也作出了相应的规定。

第五章　水资源配置和节约使用，共有 12 条。规定了各国和各地方的水长期供求计划的制定和审批程序，以及水量分配方案的制定与执行。还规定了实行取水许可制度的范围和要征收水费、水资源费。

第六章　水事纠纷处理与执法监督检查，共有 8 条。对解决水事纠纷的原则和程序，以及执法监督作了具体规定。

第七章　法律责任，共有 14 条。明确规定行为人违反水法的各种行为所应承担的民事责任、行政责任或刑事责任，对执行处分的机关也作了规定。

第八章　附则，共有 5 条。规定了国防条约、协定中与我国法律不同时应遵循的原则，规定国务院和地方人大常委会可以依照水法，制定相应的实施办法以及水法生效实施日期等问题。

二、《中华人民共和国防洪法》

防汛抗洪关系到国家、集体财产和人民群众的生命安全，单位和个人都有为保卫国家集体和人民群众的安全贡献自己力量的责任。《中华人民共和国防洪法》规定，任何个人和单位都有参加防洪抗洪的义务，该法适用于一切单位，包括党政、司法机关、部队、企事业单位、群众团体、农村集体组织等。无论上述单位是否处于防汛抗洪一线，都对防汛抗洪负有责任，在必要时，应履行自己的义务，以维护国家、集体和人民的利益。

《中华人民共和国防洪》法共有 8 章 66 条，于 1998 年 1 月 1 日起施行。

第一章　总则，共有 8 条。规定了防汛抗洪是全民的义务，开发利用水资源要服从防洪总体安排，各级防汛指挥机构的职责、权限。

第二章　防洪规划，共有 9 条。对编制防洪和排涝规划的原则和审批程序作了明确的规定。

第三章　治理与防护，共有 11 条。规定了河道、湖泊的治理和管理的原则及权限，对涉河、临河等方面的工程（如码头、管道、桥梁以及围湖造地），规定了审批程序。

第四章　防洪区和防洪工程设施的管理，共有 9 条。制定了洪泛区、蓄滞洪区的定义及有关政策，对防洪工程设施（如水库、堤防等）的安全管理。

第五章　防汛抗洪，共有 10 条。规定了防汛抗洪工作实行各级人民政府行政首长负责制，与防汛抗洪有关部门的职责以及在汛情紧急的情况下，防汛指挥机构有权在其管辖范围内调用所需的物资、设备和人员。

第六章　保障措施，共有 6 条。明确了防汛抗洪的投入和资金来源，并对其用途进行了具体规定。

第七章　法律责任，共有 12 条。明确规定了违反防洪法的各种行为所应承担的民事责任、行政责任或刑事责任。

第八章　附则，共有 1 条。防洪法实施生效日期。

1998 年长江、松花江大水和 2003 年淮河大水期间，有关省防汛抗旱指挥部按照《中华人民共和国防洪法》的规定，对辖区内有关地区宣布进入紧急防汛期，确保了抗洪抢险工作的顺利进行。

第二节　行　政　法　规

行政法规是指国家行政机关，为了执行法律、履行行政管理职能，在其职权内，根据法律制定的普遍性规则。它包括：

（1）国务院制定的行政法规和发布的决定、命令。

（2）国务院各部、委发布的命令、指示和规章。

（3）省、直辖市人大和人大常委会制定的地方性法规。

（4）民族自治地方人民代表大会制定的自治条例的单行条例。

（5）县级以上各级人民政府发布的决定和命令。

现有的国家防汛抗洪行政法规主要有：《中华人民共和国防汛条例》、《中华人民共和国水库大坝安全管理条例》、《中华人民共和国河道管理条例》、《蓄滞洪区运用补偿暂行办法》等。另外，各省、直辖市、自治区还制定了一些相关的配套法律、法规。这些都是保证防汛抗洪工作顺利进行的有力武器。

一、《中华人民共和国防汛条例》

《中华人民共和国防汛条例》是根据原《中华人民共和国水法》制定，共 8 章 48 条，于 1991 年 7 月 2 日起施行生效。近年来，根据 2002 年制定的《中华人民共和国水法》和《中华人民共和国防洪法》，对《中华人民共和国防汛条例》进行了修订，2005 年 7 月 15 日国务院批准施行。新的《中华人民共和国防汛条例》共 8 章 49 条。该条例对防汛组织、防汛准备、防汛与抢险、善后工作、防汛经费、奖励与处罚进行了明确规定。

二、《中华人民共和国水库大坝安全管理条例》

《中华人民共和国水库大坝安全管理条例》是根据《中华人民共和国水法》

制定，适用于中华人民共和国境内坝高 15m 以下、10m 以上，或者库容 100 万 m³ 以下、10 万 m³ 以上。对重要城镇、交通干线、重要军事设施、工矿区安全有潜在危险的大坝，其安全管理也参照本条例执行。本条例共 6 章 34 条，于 1991 年 3 月 22 日起施行生效，该条例对大坝建设程序审批、大坝管理、大坝防汛抢险以及一些违法行为及其处罚作了详细规定。

三、《中华人民共和国河道管理条例》

《中华人民共和国河道管理条例》是根据《中华人民共和国水法》制定，适用于中华人民共和国领域内的河道（包括湖泊、人工河道、行洪区、蓄洪区、滞洪区）。本条例共 7 章 51 条，于 1988 年 6 月 10 日起施行生效，该条例对河道的整治与建设、河道保护、河道管理经费以及违法行为及其处罚作了明确规定。

四、《蓄滞洪区运用补偿暂行办法》

《蓄滞洪区运用补偿暂行办法》是国务院根据《中华人民共和国防洪法》制定，该办法共 5 章 26 条，于 2000 年 5 月 27 日起施行生效。该办法对蓄滞洪区运用补偿原则、补偿对象、范围和标准以及补偿程序和违法行为作了明确规定，附录中还列出了国家蓄滞洪区名录。

第三节　部门规范性文件

规范性文件指的是法律、法规和规章以外的文件。我国防汛抗旱方面的规范性文件主要有：《特大防汛抗旱补助费使用办法》、《中央级防汛物资储备及其经费管理办法》。

一、《特大防汛抗旱补助费使用办法》

《特大防汛抗旱补助费使用管理办法》是经中华人民共和国财政部、水利部联合颁发的部门规范性文件。该办法共 6 章 22 条，于 1999 年 1 月 1 日起施行生效。该办法对特大防汛抗旱补助费的申请和审批、使用范围、监督管理等进行明确的规定。该办法颁布的目的是为了加强特大防汛抗旱补助费的管理，提高资金使用效益，更好地支持防汛抗旱工作，完善国家防灾抗灾体系，促进国民经济的发展。

二、《中央级防汛物资储备及其经费管理办法》

《中央级防汛物资储备及其经费管理办法》是由财政部、水利部、国家防汛抗旱总指挥部联合颁布的，目的是为了加强中央级防汛物资储备及其经费的管理。该办法共 26 条，于 1995 年 9 月 27 日起施行生效，该办法对中央级防汛物资储备品种、定额和方式、管理以及调用结算、物资储备经费、更新经费和管理费的来源作了明确的规定。

第八章 防汛抗旱案例

第一节 洪水调度

案例1：1998年长江隔河岩、葛洲坝等水库（水利枢纽）联合调度

1998年，我国长江发生了仅次于1954年的全流域性大洪水。在党中央、国务院的坚强领导下，广大军民发扬"万众一心、众志成城，不怕困难、顽强拼搏，坚忍不拔、敢于胜利"的伟大抗洪精神，依靠建成的防洪工程体系，抵御了一次又一次洪水的袭击，确保了人民群众生命财产的安全，最大限度地减轻了洪涝灾害造成的损失，取得了抗洪抢险救灾的全面胜利。在这次抗洪斗争中，长江流域各水库发挥了巨大的、不可替代的作用。

一、洪水情况

1998年汛期，长江上游先后出现8次洪峰并与中下游洪水遭遇，形成了全流域性大洪水。受6月中下旬暴雨影响，长江中下游从6月24日起相继超过警戒水位。7月2日宜昌出现第一次洪峰，流量为54500m³/s。7月18日宜昌出现第二次洪峰，流量为55900m³/s。7月21~31日，长江中游地区再度出现大范围强降雨过程，7月24日宜昌出现第三次洪峰，流量为51700m³/s。8月份，长江上游又接连出现5次洪峰，其中8月7~17日的10天内，连续出现3次洪峰。8月7日宜昌出现第四次洪峰，流量为63200m³/s。8月8日4时沙市水位达到44.95m，超过1954年分洪水位0.28m。8月16日宜昌出现第六次洪峰，流量为63300m³/s，为1998年的最大洪峰。8月下旬，长江干流宜昌先后出现第七次和第八次洪峰，洪峰流量分别为56100m³/s和56800m³/s。接连不断的洪峰、长时间超历史的洪水位，使长江中下游干流堤防经受了巨大的考验，洪湖监利江堤等堤防险象环生。

二、水库调度

在长江第一次洪峰出现时，清江隔河岩水库也发生了入库流量为12300m³/s的洪水，隔河岩水库充分利用预留的5亿m³防洪库容，为长江干流削减洪峰流量4300m³/s。7月18日和24日，长江第二次和第三次洪峰在宜

昌形成，隔河岩水库又连续两次拦洪削峰，分别削减清江洪峰流量 $1160m^3/s$ 和 $945m^3/s$。

隔河岩水库在长江第四次洪水中错峰调度难度最大，也是最紧张的一次。按照水库度汛计划，长江沿线水库进入 8 月后不承担为长江干流错峰的任务，水库汛限水位提高到正常蓄水位。8 月 7 日，隔河岩水库在第四次洪峰形成前水位达到了 202.36m，超过正常蓄水位 2.36m，水库已没有防洪库容。按当时的气象预报，受上游来水和三峡区间、清江流域降雨影响，长江干流和支流均将出现洪峰，预测沙市水位将超过荆江启用分洪区水位。隔河岩水库如何调度，能否再继续拦洪削峰，引起了各级领导的高度重视。为确保长江中下游干堤安全，充分挖掘水库的防洪潜力，国家防总办公室于 8 月 7 日发出了紧急通知，要求隔河岩水库最大限度地发挥防洪作用，又紧急通知四川、重庆，全力为下游拦蓄洪水。面对长江第四次洪峰，各级防汛指挥部精心组织，科学调度，最大限度地发挥了隔河岩水库的作用，最大削峰率达 52%，水库最高调洪水位达到了 203.92m，超过设计洪水位 0.63m，拦蓄洪量 3.52 亿 m^3，减少洪峰流量 $2700m^3/s$。第四次洪峰过后，隔河岩水库利用长江洪水间隙及时预泄，削减长江第五次洪峰流量 $800m^3/s$。

面对长江第六、七、八次洪峰，国家防总在总结前五次水库调度经验的基础上，制定了上游、中游、下游水库调度原则，并充分挖掘了葛洲坝等水库（水利枢纽）的潜能，使水库调度更加科学和主动，作用发挥得也更加充分。对第六次洪峰，长江上游重庆、四川省大中型水库共拦蓄洪量 9.4 亿 m^3，削减洪峰流量 $6800m^3/s$；隔河岩、葛洲坝、漳河水库削减洪峰流量 $6100m^3/s$。葛洲坝水利枢纽为长江第七次洪峰错峰 15h，最大削减洪峰流量达 $2000m^3/s$，清江隔河岩水库关闸错峰 40h；漳河水库关闸错峰 56h。在抗御第八次洪峰中，隔河岩、葛洲坝、漳河水库共拦蓄洪量 1.62 亿 m^3，削减洪峰流量 $3150m^3/s$。

三、水库发挥的作用与效益

在抗御 1998 年长江大洪水过程中，湖南、湖北、江西、四川、重庆等 5 省（直辖市）的 763 座大中型水库参与了拦洪削峰，拦蓄洪量 340 亿 m^3，发挥了重要作用。在抗御长江第六次洪峰时，隔河岩、葛洲坝、漳河等水库通过拦洪削峰，降低了沙市水位 0.40m 左右，减轻了下游的防洪压力，为避免运用荆江分洪区，保证荆江大堤的安全，减轻洪湖监利等江堤的防洪压力发挥了巨大作用。据统计，1998 年全国共有 1335 座大中型水库参与拦洪削峰，拦蓄洪量 532 亿 m^3，减免农田受灾面积 228 万 hm^2（合 3420 万亩），减免受灾人口 2737 万人，避免 200 余座城市进水。

四、几点经验

1998 年长江流域水库调度，为水库在流域性大洪水中的调度积累了宝贵的经验。

（1）在抗御全流域性的大洪水中，只要各水库共同参与，既能有效地削减干支流的洪峰流量，降低干流河道的洪峰水位，也能发挥其巨大的拦蓄洪量的作用。

（2）对全流域性大洪水统一指挥、科学调度，是有效发挥水库作用的保证。在 1998 年长江全流域性大洪水中，国家防总对长江流域的水库进行了统一调度，实现了上、中、下游水库联合运用，充分发挥了水库的防洪作用。

（3）良好的工程质量，是充分发挥水库防洪作用的基础。1998 年之所以能够在关键时刻对隔河岩等水库实行风险调度，超标准运行，最大限度地发挥其拦洪削峰作用，是以水库良好的工程质量为保障的。

（4）要善于挖掘所有水利工程的防洪潜力。1998 年，葛洲坝水利枢纽最大削减洪峰流量 $2700 \mathrm{m}^3/\mathrm{s}$，作用相当显著。对于一个径流式水电站，能发挥如此大的拦洪削峰作用，是没有预料到的。

案例 2：1983 年汛期丹江口调度

汉江中游的丹江口水利枢纽是一座以防洪为主，同时具有发电、灌溉和航运等综合效益的大型水利工程。

关于丹江口水利枢纽调度问题，1981 年长江流域规划办公室提出了丹江口水利枢纽（初期工程）正常蓄水位为 157.00m 的水利规划报告，之后又提出了《丹江口水利枢纽调度规程》。规划报告及规程根据汉江洪水特性，划分 8 月 20 日前为夏汛洪水，其后为秋汛洪水；又从适当解决防洪、兴利的矛盾出发，采用相同的防洪标准，按分期洪水制定分期防洪库容，即：8 月 20 日前预留防洪库容 53.5 亿 m^3，防洪限制水位为 149.00m；8 月 21 日～9 月 30 日预留防洪库容 31.3 亿 m^3，防洪限制水位为 152.50m；从 10 月 1 日起逐步均匀充蓄，10 月 10 日至 157.00m。按秋季洪水调度，遭遇 20 年一遇洪水，采用一天水文预报进行预报调度，最高水位为 156.9m，杜家台分洪工程配合分洪；当下游丘庄站预报流量大于 20 年一遇、小于百年一遇洪水时，丘庄站允许泄量为 27000～30000m^3/s，新城以上民垸及杜家台分洪工程配合分洪。

《丹江口水利枢纽调度规程》规定，丹江口水库水位，9 月 30 日应按 152.50m 控制，从 10 月 1 日起逐步均匀充蓄，10 月 10 日蓄至 157.00m。

而 1983 年实际调度情况是：

9 月 30 日，丹江口水库水位为 156.58m，超过规定。国家防总办公室要求丹江口水利枢纽管理局按调度规程规定降低库水位，丹江口水利枢纽管理局的同志因为中央气象台和湖北气象台均预报汉江3天内无降雨，未予执行。

10月3日8时，汉江上游石泉至安康间开始降雨，然后扩展至汉江北岸。3日8时水库水位为156.83m，17时水库水位已涨至156.86m，距正常蓄水位157.00m仅差0.14m，只留约1亿m³的防洪库容，水库失去调洪能力。3日17时丹江口水利枢纽开一深孔泄洪。

10月4日10时，丹江口水库库区开始降大雨。至10月4日20时后，丹江口水利枢纽已开7深孔、4堰孔，下泄流量达11800m³/s。

10月6日11时，丹江口水库出现入库洪峰，流量为34200m³/s，水库下泄流量为15500m³/s，水库水位已超过正常蓄水位，达158.79m，水位继续上涨。

10月7日11时，水库水位为160.01m。

10月7日19时，水库水位为160.07m，达到本次洪水的最高库水位。水库下泄流量为19600m³/s。

10月7日16时，汉江中游民垸邓家湖分洪。杜家台分洪工程也于同时开闸运用。

10月8日13时，汉江民垸小江湖分洪。

邓家湖、小江湖共计分洪8.8亿m³。杜家台分洪最大流量为5100m³/s。

10月10日，汉江沙洋洪峰水位为44.50m，相应流量为22500m³/s，超过历史最高水位（1964年10月，44.34m）0.16m。

汛情发生后，在湖北省委领导下，丹江口水利枢纽管理局、长江流域规划办公室和湖北省广大干部群众，全力以赴做好防汛工作。河南省也承担了风险并作出牺牲。丹江口水库发挥了拦洪蓄水、减轻下游洪水灾害的作用。但更重要的是，要在这一基础上，认真总结这次洪水调度工作中的经验教训。

1983年10月汉江洪水，丹江口水库入库洪峰流量为34200m³/s，相当于43年一遇；7天洪量为94.2亿m³，相当于23年一遇。在7天洪量为23年一遇的情况下，水库最高水位达到了160.07m，超过了设计百年一遇洪水水位（160.00m，下泄流量为16100m³/s），或设计千年一遇洪水水位（160m，下泄流量为34500m³/s），使水库上游遭受洪水灾害，如河南省淅川县淹地8万亩，受灾6万人；同时，也加大了邓家湖、小江湖的分洪水量。

造成这一后果的主要原因是9月底丹江口水库严重超蓄。这是违背调度规程和水库工程管理通则的。

按照《水库工程管理通则（试行）》第35条"在汛期到来以前，应严格按照计划，将库水位降至防洪限制水位，腾出应有的防洪库容。"第36条"汛期库水位，应按规定的防洪限制水位进行控制。"按照丹江口水利枢纽调度规程，9月30日水库水位应控制在152.50m，预留防洪库容31.3亿 m³。而1983年9月30日实际水库水位已达156.58m，预留防洪库容只有2.1亿 m³，大大降低了水库的调蓄能力。

按长江流域规划办公室计算，如果按照规程，9月30日起调水位为152.50m，1983年10月大洪水调洪成果是：按设计调度规程，预见期为24h，预报精度为0.8，但不考虑预报预泄，丹江口水库最高库水位分别为157.30m或157.50m。这与1983年10月水库最高水位160.07m是截然不同的两种结果。

众所周知，丹江口水利枢纽是一座以防洪为主，兼有发电、灌溉和航运等效益的综合利用的水库。因而，它的调度运用是一个系统工程，需要依据规划和所承担的任务进行综合性的总体研究，不能单目标决策。而是要多目标决策。在多目标的情况下，寻求最优、次优和满意的决策，即要寻求综合性总体的最大效益。研究后最终确定的决策或指标，从单目标看来，不一定是最优的或效益最大的（但也应该是次优的或满意的）；而从综合总体看来，则应该是最优的，效益是最大的。我们不能从单目标的情况出发否定多目标的决策，否则就可能会失误。1983年汛期，丹江口水利枢纽调度失误，决策者的思想根源正是忽略了用系统工程方法寻求多目标最优决策，寻求总体的最大效益。

《综合利用水库调度通则》第三条明确规定："水库调度运用要依托经审查批准的流域规划、水库设计、竣工验收及有关协议等文件。水库设计中规定的综合利用任务的主、次关系和调度运用原则指标，在调度运用中必须遵守，不得任意改变。情况发生变化需改变时，要进行重新论证并报上级主管部门批准。"

中华人民共和国水利部颁发的《综合利用水库调度通则》，必须遵守和执行，也应该是水利工作者对1983年汛期丹江口水利枢纽调度运用进行认识和总结的一个基点。

案例3：2003年淮河洪水调度

一、2003年淮河洪水

2003年6月20日～7月21日，淮河流域降雨异常偏多。除伏牛山区和淮北各支流上游外，淮河水系30天降雨量都超过400mm以上，大别山区和颍河中游局部地区超过800mm，暴雨中心安徽省金寨县前畈雨量站降雨量达946mm。最大30天平均降雨量为472mm，比1991年相应降雨量偏多21％，最大30天降雨总量为898亿 m³，大于1991年最大30天降雨总量（739亿 m³）。

大范围高强度集中降雨造成淮河出现三次较大的洪水过程，淮河干流息县控制站以下约 750km 河段超警戒水位，最大超幅 3.35m，占淮河全长的 3/4；淮河王家坝以下约 640km 河段及部分支流主要控制站超过保证水位；淮河干流中下游近 500km 河段水位超过 1991 年。

二、洪水调度实例

1. 濛洼蓄洪区启用调度

濛洼蓄洪区位于安徽省阜南县，地处河南、安徽两省交界处，以淮河左堤与濛河分洪道右堤连成蓄洪圈堤，圈堤全长 95km，堤顶宽 8m，现有堤顶高程 31.28～30.09m，建有王家坝进水闸和曹台子退水闸。濛洼蓄洪区总面积 181km²，耕地 18 万亩，设计蓄洪水位为 27.66m，蓄洪库容为 7.5 亿 m³。区内共 4 个乡，1 个国营农场，现有人口 15.2 万人。自 1954 年建成蓄洪区至 2003 年，已有 11 年 14 次进洪，蓄洪总量为 64.5 亿 m³，为削减淮河干流洪峰起到了重要的作用。

濛洼蓄洪区调度运用涉及河南、安徽两省，根据批准的《淮河洪水调度方案》规定，当淮河王家坝站水位达到 29.00m（废黄河高程），且有继续上涨趋势时，开启王家坝闸蓄洪。濛洼蓄洪区的运用由淮河水利委员会提出意见，报国家防总决定，安徽省防汛抗旱指挥部组织实施。

2003 年 6 月底，淮河连续多日普降大到暴雨，经过分析计算，预报王家坝于 7 月 3 日中午将出现洪峰，洪峰水位为 29.30～29.40m。7 月 2 日，淮河防汛总指挥部（以下简称淮河防总）紧急向国家防总上报对濛洼蓄洪区运用的建议，并向安徽省防汛抗旱指挥部发出做好濛洼蓄洪区启用的紧急通知，同时利用防汛异地会商系统与安徽省防汛抗旱指挥部及时进行会商，7 月 2 日 20 时，国家防总紧急与淮河防总、安徽省防汛抗旱指挥部、河南省防汛抗旱指挥部进行会商，决定启用濛洼蓄洪区。根据国家防总的命令，淮河防总于 7 月 2 日 22 时 12 分命令安徽省防汛抗旱指挥部 7 月 3 日 1 时开启王家坝进洪闸向濛洼蓄洪区分洪。濛洼蓄洪区这次分洪调度，在规定的时间内安全转移 1.9 万多群众及大量财产，由于王家坝及时开闸，分洪效果显著，有效削减了淮河洪峰，降低了淮河王家坝河段水位 0.20m，将 29.30m 以上高水位持续时间缩短 24h。为迎战后期可能出现的更大洪水，在濛洼蓄洪区开闸分洪 2 天后（蓄洪 2 亿 m³），经国家防总同意，淮河防总果断决定关闭王家坝闸，将濛洼蓄洪区余下 5.5 亿 m³ 的蓄洪能力用于淮河可能发生的更大洪水。

7 月 8～10 日，淮河上、中游再降暴雨，淮河水位迅速回涨。为了缓解淮河中游的防汛压力，充分发挥濛洼蓄洪区的作用，淮河防总下令王家坝闸于 7 月 11 日 0 时再次开闸分洪。第二次持续开闸分洪 60h，蓄洪 3.5 亿 m³。

濛洼蓄洪区两次共蓄洪 5.5 亿 m^3,为减轻淮河防洪压力发挥了重要作用。

2. 入海水道调度

洪泽湖是淮河中下游结合部的巨型平原水库,承泄淮河上中游 15.8 万 km^2 的来水。洪泽湖大堤保护苏北里下河、渠北、白宝湖地区 3000 万亩土地和 2000 万人的防洪安全。

中华人民共和国成立后,经过 40 多年的整治,洪泽湖下游的排洪能力由 8000m^3/s 扩大到 13000~16000m^3/s,防洪标准有较大提高。但是,洪泽湖下游洪水出路不畅,现有泄洪通道有入江水道、苏北灌溉总渠及分淮入沂河道。洪泽湖的防洪标准仍不足百年一遇,若遇淮沂洪水并涨,则只能防御约 50 年一遇洪水,如遇百年一遇洪水,洪泽湖就要采取临时分洪措施,下游地区将受到不同程度的洪水灾害。一旦里运河大堤失守,将造成大量洪水倾入里下河地区,致使人民生命财产遭受巨大损失。

为解决淮河下游洪泽湖洪水出路,根据入海水道工程设计规划,当淮河上、中游发生洪水,洪泽湖蒋坝水位达到 13.50~14.00m 时,启用入海水道分洪。受淮河普降暴雨影响,洪泽湖水位快速上涨,在充分利用洪泽湖其他泄洪能力的情况下,7 月 4 日 14 时 20 分,洪泽湖蒋坝控制站水位涨至 13.07m,上游洪水正在向洪泽湖推进,洪泽湖防洪压力越来越大。淮河防总按照国家防总的指示,并根据淮河防洪形势,7 月 4 日 16 时 20 分向江苏省防汛防旱指挥部下达提前启用入海水道分洪的命令。7 月 4 日 23 时 48 分入海水道正式分洪,最大分洪流量达 1870m^3/s,至 8 月 6 日关闸,共泄洪 33 天,累计下泄洪水 44 亿 m^3,降低洪泽湖水位 0.4m。根据《淮河洪水调度方案》的规定,当洪泽湖水位超过 14.50m 时,洪泽湖周边圩区要破圩滞洪,据测算,如果没有入海水道排洪入海,洪泽湖最高水位可能达到 14.77m,洪泽湖周边圩区将被迫滞洪,影响数十万人和上百万亩耕地。淮河防总及时下令启用入海水道,有效地缓解了洪泽湖的防洪压力,7 月 14 日 15 时洪泽湖蒋坝水位最高达到 14.37m,避免了洪泽湖周边圩区的启用。

第二节 山 洪 防 御

案例 4:湖南省防御和治理山洪灾害的总结与反思

山洪是山丘区洪水的简称,主要是指山丘区由于暴雨或拦洪设施溃决等影响,造成溪河洪水暴发的自然现象。山洪灾害给人类社会带来的危害,主要表现为溪河洪水泛滥以及伴生的泥石流、山体滑坡等造成的人员伤亡、财产损失、基础设施毁坏以及环境资源破坏等。

湖南省位于长江中游以南，由于特殊的地理位置和气候条件，洪涝灾害频繁发生，其中山洪灾害占有相当大的比例，造成的人员伤亡多、财产损失重。近些年，山洪灾害有加剧的趋势，已经成为全省防灾减灾中的突出问题，引起了各级党委、人大、政府和社会的广泛关注。与平原洪水相比较，山洪灾害有以下突出特点：

一是突发性。山洪来势凶猛，极易突发成灾，防不胜防。

二是多发性。据统计，湖南省从 12 世纪至 20 世纪，山洪灾害发生的频率为每百年 63 次，其中 16 世纪以来为每百年 92 次，19 世纪以来年年都有山洪灾害。

三是区域性。湖南省山洪灾害发生的区域比较明显，主要集中在 4 个降雨高值区中具备相应下垫面条件的地区，即澧水上游以五道水为中心的地区，资水、沅水的分水岭及其下游地区，湘东北幕阜山至与江西省交界的罗宵山脉地区，以及湘南的南岭、九嶷山地区。

四是季节性。山洪与降雨的季节性相一致。

五是破坏性。据 20 世纪 90 年代的资料统计，湖南省山洪灾害直接经济损失超过 1000 亿元，因灾死亡人数达 3650 人，分别占洪涝灾害直接经济损失和死亡人数的 63.1% 和 87.9%。

一、湖南省减轻山洪灾害已经采取的主要措施

（1）广泛开展了防治山洪灾害的宣传教育。各级党委、政府把普及山洪灾害防治知识作为一个重要举措，采取多种途径，加强《中华人民共和国水法》、《中华人民共和国防洪法》、《中华人民共和国水土保持法》等有关法律法规的宣传教育，宣传山洪灾害的危害，普及防御知识，努力让干部群众了解山洪灾害，增强防范意识，提高自我防御能力。2002 年绥宁县印发了 8 万多册山洪灾害防御基本知识手册，发放到了山洪灾害易发区基层干部和群众手中并组织学习；湖南省防汛抗旱办公室 2002 年汛后组织专家编写出版了《山洪灾害防治百题问答》，为宣传普及山洪灾害防治知识提供了一个较好的科普读物。

（2）初步制定了综合防治山洪灾害的规划。湖南省防汛抗旱指挥部从 1999 年开始，就组织各地认真调查，在分析历次山洪灾害形成及造成危害的基础上，摸清底子，确定山洪易发区，每年汛前核查一次，并对重点地区通过媒体向社会披露。在此基础上，根据山洪灾害发生的可能性和危害程度的大小，将山洪易发区划分为危险区、警戒区和相对安全区。据最新统计，湖南省共有山洪易发区域 78 处，区内面积 2 万 km²，人口 553 万人，涉及全省 14 个市（州）89个县（市）739个乡（镇），其中危险区有人口近100万人。2002年汛后，湖南省防汛抗旱指挥部组织有关技术力量，在全国率先编制了综合防治山洪灾害规划，为加快全省防治山洪灾害提供了科学依据。

（3）不断实施了防治山洪灾害的工程建设。一是集中整治了一批病险水库，投入各类资金20多亿元，治理了200多座大中型水库的病险，一大批小型水库的病险也得到了整治，相应的防洪设施得到了加强；二是大力开展了小流域综合治理和水土保持工作，投入资金2.5亿元，在水土流失严重的45个县200余条小流域开展综合治理，建成各类水保工程5600处；三是全面启动了"四水"治理，共投入11亿元，"四水"沿线的87个市（县）城市防洪能力得到了明显增强；四是积极开展了退耕还林、还草，改善生态环境；五是加强河道管理，提高河道行洪能力，实行了涉河建筑物的防洪影响评价制度。

（4）积极探索了避灾躲灾的有效途径。从1999年开始，全省选择山洪灾害易发区开展了防御山洪灾害预案研究，2002年投入200多万元开展了山洪灾害防御试点。在试点地区，增设了预报预警设施，制定了防御预案，各项防汛责任制落实到了最基层。

（5）建立健全了防御山洪灾害的责任体系。近几年，湖南省政府与各市（州）政府签订的防汛责任书中，对防御山洪灾害也提出了明确要求。湖南省政府2002年制定了全省特大洪涝灾害应急救灾预案。湖南省防汛抗旱指挥部还制定了部门防灾责任制。根据山洪形成和发展的规律，各级防汛指挥部还突出抓了基层的防灾责任制，建立了乡干部包村、村干部包组、党员包户的责任制，落实了信息观测员。

二、综合治理山洪灾害的思考

山洪灾害来势猛、损害大，从近几年防洪抗灾的实践分析，目前，山洪灾害已经成为人类尤其是山丘区自然灾害的主要方面之一，治理山洪已经刻不容缓。通过调查我们感觉到，治理山洪必须要在明确防治工作的目标、原则的基础上，全力实施以下三大工程。

1. 要明确防治山洪灾害的主要原则和远近目标

（1）防治工作应遵循的主要原则。

一是以人为本，确保人民生命安全的原则。树立以人为本，减少人员伤亡，将人民生命安全放在首要位置，在遭遇特大暴雨山洪时确保安全转移。

二是全面规划、统筹兼顾、标本兼治、综合治理的原则。以水系为单位，并结合行政区域编制山洪灾害防治方案，做到"左右岸兼顾，上下游协调"。

三是工程措施与非工程措施相结合、近期以非工程措施为主的原则。

四是治理山洪灾害与改善生态环境相结合、坚持生态效益优先的原则。

（2）防治工作的远近期目标。以 2000 年为基准年，近期考虑到 2010 年，远期考虑到 2020 年。山洪灾害防治工作分近期工作目标和远期工作目标。

近期目标为：建立和完善山洪易发区山洪灾害防御组织领导指挥机构及防灾减灾体系，建立重点山洪易发区预警监测、预报系统，完善水情、雨情、灾情测报监测预警系统、通信系统，落实防洪避灾预案，躲灾避险、搬迁转移等措施，完成大中型病险水库和重要小型病险水库治理，确保人民生命安全。

远期目标为：在开展植树造林、退耕还林还草和水土保持等生态治理工程的同时，加大小流域综合治理、河道治理、防洪水库建设以及堤防等工程建设的力度，增加植被、土壤的雨水截留量，减少水土流失，提高山洪易发区的抗灾能力，从而达到最大限度地减少山洪灾害损失的目的。

2. 要全力实施三大防灾体系工程建设

（1）非工程防灾体系。

一是山洪灾害监测系统建设。加强对山洪易发区的水文、气象和水土流失、地质情况进行监测，及时预警，在出现险情时以利于居（村）民的及时转移，最大限度地减少山洪所造成的人员和财产损失。

二是通信、预警系统建设。包括无线预警广播系统、避险决策支持系统、雨水情、险情采集系统和计算机网络系统。

三是躲灾避灾方案。山洪易发区内躲灾避灾分为临时转移和永久转移。经测算，考虑临时转移 43.14 万户 168 万人，新、扩建转移道路 7737km，桥梁 1929 座，设立指示碑牌 2 万余个。结合移民建镇，实施人口永久转移，共需永久转移 3.79 万户 15 万人。

四是山洪灾害防御预案。每个山洪易发区必须根据本地的实际情况编制《山洪灾害防御预案》，以减少山洪灾害造成的损失。

（2）工程防灾体系，包括以下六大工程的建设：

一是坡面及冲沟治理工程。共需修筑堰塘 5 万余座，进行沟头防护 6.5 万处，修建谷坊 7.5 万座，修建小型拦沙坝 1.7 万座，修建大、中型拦沙坝 92 座。

二是崩塌、滑坡防治工程。对于崩塌、滑坡区采取上拦（开截流沟、排洪沟）、下堵（挡土墙、谷坊、拦沙坝）、中间削（削坡开级），并结合护坡等措施进行综合治理，其中修建挡土墙 222km。

三是河道治理工程。共需疏挖河道 3400 处 2500km，护岸 3100 处 2586km，河道扫障 4100 处，清除土方 1518 万 m³，拆除石方 888 万 m³。

四是堤防加固工程。除"四水"干流和主要支流外，全省受山洪灾害影响尚有 300 个城镇需加修堤防，其中县级城镇 31 个，乡镇 269 个，累计需要新建堤防 235 处 1066km，整修堤防 222 处 1153km。

五是病险水库除险加固工程。近期急需进行除险加固的水库还有 1367 座，其中中型病险水库 65 座，小型病险水库 1302 座。

六是新建水库工程。在有建库条件的地方可根据实际情况结合灌溉、供水等综合利用，在山洪易发区上游新建部分中、小型防洪水库，对山洪进行有效调峰和削峰，减轻山洪灾害的危害。全省共规划新建水库 186 座，其中中型水库 36 座，小型水库 150 座，可增加防洪库容 9.35 亿 m^3。另外对部分有条件的水库进行扩建，全省共有 17 座，其中大型水库 1 座，中型水库 12 座，可增加防洪库容 3.76 亿 m^3。

（3）生态防灾体系。根据湖南省生态系统整体规划方案，主要有两大任务：

一是退耕还林。到 2010 年湖南省退耕还林 1400 万亩，荒山荒地造林 1100 万亩。

二是水土保持。坡改梯 320 万亩，整治劣地 120km^2。

3. 要努力加快防治山洪灾害步伐

（1）加强宣传，统一抗灾思想。要利用群众喜闻乐见的形式，重点宣传山洪灾害的突发性、破坏性、毁灭性，普及防治山洪的基本常识，不断提高人们主动防范、依法防灾的自觉性，增强人们的自救意识和自救能力。

（2）加强领导，落实防御山洪灾害责任制。各级政府要把防御山洪灾害责任制作为行政首长防汛责任制的重要内容落到实处。特别是要突出抓好基层责任制的落实，将责任制落实到县、乡和村、户。各有关部门要按照各级政府的统一部署，认真负责，协同配合，做好防御山洪灾害的相关工作。

（3）加强检查，认真落实防御山洪灾害预案。各级各部门都要进一步修订和细化防御山洪灾害预案，落实基层预报测报及通信报警的措施和责任，做到测报有设施、预警有手段、转移有路线、避灾有地点、安置有方案、生活有着落、防疫有保障。

（4）加强实时监测和预警预报，减少人员伤亡和财产损失。各地要高度重视山洪灾害多发地区降雨和地质情况的适时预报测报，及时通报山洪、泥石流、滑坡实时监测信息，提前转移受山洪灾害威胁地区群众。一旦山洪灾害发生，要按照防御山洪灾害预案，立即组织抢险救灾，千方百计减少人员伤亡和财产损失，同时要及时组织救灾，逐级上报，保证信息畅通。

第三节 防 凌

案例 5：1993～1994 年度黄河宁蒙河段防凌

一、凌情

1993 年 11 月中旬前，内蒙古河段气温较往年偏高 2℃，11 月 15 日寒流入侵以后，气温骤降，巴彦高勒至昭君坟一带，日平均气温由冷空气前的 5℃降为－14℃左右，降幅近 20℃。11 月 16 日平均气温转负，河道开始流凌，流凌密度为 30％～60％。11 月 17 日巴彦高勒、三湖河口和昭君坟三站的极端负气温分别达到－22℃、－20℃和－18℃。11 月 18 日三湖河口水文站以上 100km 处及其以下 20km 处首先封冻，11 月 20 日昭君坟水文站断面封冻，11 月 21 日头道拐水文站断面封冻。至 1994 年 1 月底，最大封冻长 800km，封冻上首位于宁夏贺兰县的潘城，其中宁夏河段封冻长 80km，内蒙古河段封冻长 650km，山西河曲河段封冻长 70km。宁夏河段冰层较薄，平均冰厚 0.25m；内蒙古河段乌海至磴口区间冰厚 0.5～0.6m，磴口至乌拉特前旗区间冰厚 0.5～0.9m，包头河段冰厚 0.5～0.7m；山西河曲河段冰厚 0.5m 左右。内蒙古河段槽蓄增量为 7.66 亿 m^3，较常年偏多 22％，槽蓄增量主要集中在三湖河口断面以上。凌期主要特点：一是流凌时间短，封河时间提前，较常年提前 7～16 天；二是三湖河口断面以上封河水位高，昭君坟断面以下封河流量小，水位低；三是河曲河段出现了两封两开的现象。

二、灾情

因封河早，流量大，因此封河、开河时均产生了不同程度的险情和灾情。内蒙古河段封、开河期总共出现 8 次险情，其中 4 次抢护不及造成不同程度的灾害，共淹没土地 18 万多亩，被淹农户 1883 户 9800 多人，倒塌房屋 1760 余间，直接经济损失近 4500 万元。

最严重的一次封河期灾情：1993 年 12 月 6 日，当封河上首封至三盛公闸时，由于气温回升，冰块下滑，在闸下 3～5km 处形成冰塞，致使巴彦高勒站水位猛涨至 1054.40m，超千年一遇洪水水位 0.20m。为拦河闸运行以来的最高水位。12 月 7 日，闸下水位居高不下，防洪堤全部偎水，堤防出水高度一般为 30cm，低处只出水 9cm。7 日 22 时左右，闸下 3.3km 处（磴口县南套子）堤防决口，由于天寒地冻，取土困难，抢护不及，到 8 日 8 时，决口处已冲宽达 38m。经 5 昼夜的奋力抢堵，12 月 12 日决口处全部堵复。这次决口淹地 80km²，耕地 6 万亩；1757 户 9460 人家中进水；倒塌房屋 1750 间；2986 户 13962 人被迫搬迁；冲毁闸、桥 19 处，公路 7km。直接经济损失 4000 万元。

三、刘家峡水库防凌调度

1993～1994 年度刘家峡水库直接参与黄河上游防凌水量调度，根据国家防总国汛 [1989] 22 号文《黄河刘家峡水库凌期水量调度暂行办法》中规定，刘家峡水库下泄水量采用月计划旬安排的调度方式，即提前 5 天下达次月的调度计划及次旬的水量调度指令，刘家峡水库下泄水量按旬平均流量严格控制，各日出库流量避免忽大忽小，日平均流量变幅不能超过旬平均流量的 10%。其调度过程为：

（1）封河前期控制。指内蒙古河段封河前期控制刘家峡的泄量，以达到设计封河流量之目的，使内蒙古河段封河后水量能从冰盖下安全下泄，防止产生冰塞造成灾害。

（2）封河期控制。指内蒙古河段封河期控制刘家峡出库流量由大到小均匀变化，主要目的是减少河道槽蓄水量，并为宁蒙河段顺利开河提供有利条件。

（3）开河期控制。指在内蒙古河段开河期对兰州站流量加以控制，防止"武开河"，保证凌汛安全。

四、认识与体会

1. 正确处理发电与防凌的关系

截至 1993 年，黄河上游已陆续修建了龙羊峡、刘家峡、盐锅峡、八盘峡、青铜峡 5 座水电站，这些电站的修建，为西北地区经济发展提供了廉价的电力，5 座水电站总装机容量为 335.3 万 kW，占西北电网总装机容量的 39%；设计发电量为 158 万 kW，1990 年发电量为 153.5 万 kW，占西北电网发电量的 37%。由此可见，黄河上游梯级水电站在西北电网中占有非常重要的地位。然而，水电站的发电运行同防凌所要求的径流调节有所不同，水电站的发电运行主要按照用电负荷的需要进行调节，而防凌则要求按下游不同河段的河道安全泄量进行下泄。这样，水电站的发电运行与防凌就产生了矛盾。刘家峡水库投入运用至 1990 年，汛期平均蓄水 28.8 亿 m³，调节到非汛期泄放，冬季下泄流量增加 200m³/s，无疑对发电是有利的，但对下游防凌则产生不利的影响。黄河防凌工作的指导思想是：立足于防御历史上发生的最严重凌情，确保防凌安全，突出依法防凌，实现防凌与水量调度的高度和谐统一。防凌同防汛一样，关系到沿河群众生命财产安全的大事，因此，为保证防凌安全，凌期水库调度必须遵循以下原则，即发电、供水服从防凌，防凌调度立足于确保防凌安全，兼顾供水和发电，实现水资源的优化配置和合理运用。

2. 行政首长负责制是做好防凌工作的保证

各级政府要加强领导，落实和健全以行政首长负责制为核心的各项防凌责任制，各级行政首长作为防凌工作第一责任人要真正做到思想、责任、工作、指挥"四到位"，依法统管防凌工作全局。各级防凌指挥部要结合本地区、本部门的具体情况，对防凌工作进行认真部署，把各项防凌责任制层层落实到实处。

3. 加强防凌队伍的组织及培训

根据各地的实际情况，抓好防凌队伍建设，按照防凌任务要求组织好基干班、抢险队、冰凌观测队和爆破队。加强各专业队伍的业务培训工作，提高防凌抢险技术水平。对薄弱堤段和历史上多次出现冰坝的河段要部署专门力量重点防守，一旦出现凌水漫滩偎堤，要按照防汛工作管理规定，做好巡堤查险工作。

第四节　防　台　风

案例 6：浙江省抗御 9711 号台风

1997 年第 11 号台风于 8 月 18 日 21 时 30 分在浙江省温岭市石塘镇登陆，之后穿过浙江中腹部的台州、金华和杭州南部进入安徽省境内。由于这次台风范围大、强度大、风力大、雨量大和潮位特高，形成风、潮、雨"三碰头"，给浙江造成巨大的经济损失。

一、风、潮、雨"三碰头"，损失惨重

这次台风具有以下特点：

（1）移动稳定，路线规则。台风接近冲绳岛后便转向西北，直至登陆后影响浙江全省。

（2）范围大。台风云系范围最大直径达 1500km，其中 10 级风圈半径有 180km。

（3）强度大，风力强。台风过程中心气压曾达 920hPa，登陆时中心气压为 955hPa。最大风速曾达 60m/s，登陆时也达 40m/s 以上，台风中心经过的内陆中心地区的风力也在 10 级以上，浙东沿海和义乌、琥义、兰溪等地的最大风力达 12 级。台风实测到的最大瞬时风速：椒江大陈为 57m/s，象山石浦为 54.2m/s，温岭为 33m/s，玉环坎门为 36m/s，宁波北仑为 33.3m/s。

9711 号台风袭击正值农历 7 月 16 日天文大潮期（晚高潮），台风增水与天文高潮位叠加，使浙江沿海出现特高潮位。从台州湾以北沿海到杭州湾钱塘江河口段，均超过历史最高潮位 0.25～1.05m。其中海门站最高潮位为 7.50m，相当于 140 年一遇；峙门健跳潮位为 7.45m，相当于 120 年一遇；杭州闸口站潮位为 9.95m，相当于 50 年一遇；海盐澉浦站潮位为 8.40m，相当于 60 年一遇。

9711 号台风还造成浙东南、浙中和浙北地区发生大范围暴雨，局部特大暴雨。暴雨中心在北雁荡山、四明山和天目山，次降雨量（3 天）分别达到 653mm、417mm 和 492mm。最大日降雨量乐清佛头站为 499mm，温岭太湖站为 422mm，奉公岩头站为 391mm，小蒋站为 317mm，临安双淤塘站为 435mm，市岭站为 356mm。全省 200mm 降雨量的覆盖面积达 1.5 万 km²，占全省面积的 14.7%；300mm 降雨量覆盖面积为 0.3 万 km²。由于雨量大，造成灵江、曹娥江、浦阳江和钱塘江等江河及温黄、肖绍宁、杭嘉湖等平原河网水位普遍超过警戒线，部分超过危险水位。

9711 号台风，风、雨、潮"三碰头"引起异常汹涌的潮浪，具有极强的破坏性，造成大片农田、城镇海水倒灌受淹。台州市除少量新建的标准海塘外，一线海塘几乎全线崩溃；宁波市一线海塘有 77km 被毁。台州市椒江区水深 2.2m，黄岩永宁江两岸村镇普遍水深 2m 以上，三门城关水深 1.8m，受淹历时 18h；舟山市普陀区沈家门镇潮水深达 3m 以上，定海城区 1.5m，岱山和嵊泗两县城关进水深 1~1.5m。一些江河上游山洪暴发，下游受高潮位顶托，排水不畅，使仙居、天台、临海及温黄平原等地大面积洪涝，一片汪洋，时间长达 2~5 天，其中临海城关及大田平原水深 1.2~2m，最深达 4m 以上，温岭大溪平原水淹长达 150h 之久；宁波平原受淹水深普遍在 0.6m 以上，个别达 2~3m，受淹历时长达 3~5 天。狂风还带来大量房屋倒塌，电力、交通、电信等中断，损失惨重。

据统计，在 9711 号台风中浙江省共有 86 个县（市、区）、1530 个乡（镇）、27170 个行政村、1890.1 万人不同程度受灾；有 28 个县级城镇进水，227 万人一度被海潮、洪水围困，紧急转移 145.7 万人；受灾农田面积 1030.5 万亩，其中成灾 562.5 万亩、绝收 153 万亩；减产粮食 5.08 亿 kg；死亡 236 人；倒塌房屋 8.5 万间，损坏 77.6 万间；损毁江堤海塘 2005km（其中海塘 776km），损坏小（2）型以上水库 83 座，渠道决口 1458.8km，冲毁塘坝 2254 座、水闸 673 座、泵站 2204 座、小水电站 236 座、桥梁 1831 座、渡槽 164 座；停产、半停产企业达 10.35 万家；公路中断 1190 条次，供电线路中断 2885 条次，通信线路损坏 4092km，浙江全省直接经济损失达 197.7 亿元。

二、领导重视，指挥得力，措施得当，成效显著

为确保安全度汛，各级党委和政府都十分重视防汛工作，汛前准备工作抓得早、抓得实。3 月底浙江省全面完成了水利工程的安全度汛检查，基本完成了水毁工程的修复，对病险工程落实了安全度汛措施和保安责任人；编制和修订了沿海县（市）、乡（镇）防御台风暴潮的预案；各类防汛抢险物资储备到位；抗洪抢险队伍落实；强化各级行政首长负责制，明确并公布了市（地）政府防汛工作责任人，层层签订防汛责任书；落实了各部门的防汛工作职责。这就在思想上、组织上、技术上、物资上等各方面为防御台风做好了较充分的准备。

在9711号强台风袭击期间，浙江省委、省政府主要领导全力以赴领导抗台救灾工作。多次主持抗台形势分析会，动员部署防台救灾工作，就在9711号台风刚移出浙江省，8月19日下午，浙江省委就召开了常委扩大会议，研究部署救灾工作，并下达了紧急通知，安排通知了救灾经费和物资。

在9711号台风登陆前后，浙江省委、省政府决策及时、准确、果断。在强台风登陆前夕的紧急关头，浙江省委、省政府提出了要坚决、及时、全部撤离危险地段人员的命令。各地党委、政府按照预案，亲临第一线指挥抗台救灾，带领广大干部群众加强重点部位防范，坚决、及时、有组织地进行人员物资的安全转移，全省共紧急转移145.7万人，最大程度地减少了人员的伤亡。广大基层党组织和党员干部发挥了战斗堡垒和先锋模范作用，战斗在最危险、最险恶的地方，有的人不顾自己家里房屋倒塌、亲人伤亡，带领群众抢险救灾；有的为转移、救护群众以身殉职，涌现出许多动人的事迹。

在抗御9711号台风暴雨中，各级水利部门加强了水利工程的检查、抢护，确保全省小（2）型以上水库的安全度汛，同时，各类水利工程充分发挥了减灾作用。如浙东海塘在防御9711号台风中，据统计分析，共减少潮水淹没面积96万亩，减少直接经济损失22亿元。

三、各部门通力协作，团结抗台救灾

在抗御9711号强台风期间，浙江省军区、省武警总队、省水利厅、省气象局等省级各有关部门，按照工作分工，部署落实防台救灾措施。在大灾面前，在浙江省委、省政府的统一部署和指挥下，各级各部门以对党、对人民高度负责的精神，齐心协力，尽心尽职，团结抗台救灾。水利部门精心组织洪水调度，参加抢险现场技术指导；气象、水文、海洋等部门及时提供准确预报；交通、电力、电信、铁路等部门及时组织水毁抢修，在较短的时间内恢复公路、铁路、供电、通信的畅通；卫生防疫部门及时派出医疗队，深入灾区，开展防疫、医疗、消毒工作；农业部门调集种子，加强台风后的作物田间管理的技术指导；保险部门及时组织理赔工作；民政部门及时开展救灾工作，确保灾民有粮吃、有衣穿、有房住；物资、财政、城建、商业、公安等部门也都结合各自工作，积极投入防台救灾工作；各新闻单位大力宣传抗台抢险中的先进事迹，鼓舞全省军民奋战灾害的斗志。

第五节　紧急防汛期

案例 7：2003 年淮河流域紧急防汛期

2003 年夏季副热带高压脊线稳定维持在淮河流域，大气环流有利于冷暖空气长时间交汇在江淮和黄淮地区，导致该地区出现持续时间长、范围广的强降雨。淮河流域发生了自新中国成立以来仅次于 1954 年的第二位流域性大洪水，严重的洪涝灾害极大地威胁着人民生命财产安全。安徽省委、省政府以"三个代表"重要思想统领防汛抗洪工作，始终把确保人民群众生命安全放在防汛抗洪工作的首位，安徽省防汛抗旱指挥部果断决策，科学调度，沉着应对，依法防汛，沿淮各级党委、政府和广大抗洪军民万众一心、众志成城、顽强拼搏、严防死守，社会各界通力协作、全力支持，夺取了 2003 年抗洪抢险斗争的伟大胜利，整个防汛抗洪工作做到了"科学防控，紧张有序"，实现了"五个确保"的防汛目标。

一、依法宣布进入紧急防汛期

2003 年 6 月 21 日江淮地区入梅以后，淮河流域降雨明显增加。受上游来水及降水影响，安徽省淮河干、支流水位迅猛上涨。6 月 29 日以后，涡河的上游以及皖东的部分地区持续出现大暴雨，相当一部分地区累计降雨量超过 500mm，王家坝以上面雨量达到 167mm。6 月 30 日 16 时，淮河干流王家坝站水位突破警戒水位，7 月 2 日 13 时，王家坝站水位突破保证水位。7 月 3 日 1 时，根据国家防总和淮河防总的调度命令，安徽省防汛指挥部坚决服从大局，果断执行命令，准时开启王家坝闸。7 月 4 日，启用怀洪新河分洪。7 月 4 日 6 时，淮河干流五河县以上河段全线超过警戒水位，淮河干流出现了自 1991 年以来的最大洪水，王家坝、正阳关、淮南、吴家渡站水位分别为 28.66m、26.52m、24.15m 和 21.86m，分别超警戒水位 0.34m、1.52m、1.85m 和 1.56m，其中正阳关站水位超过保证水位 0.02m，淮河干流水位仍在上涨，防汛形势相当严峻。据气象预报，此后两天，淮河上游及安徽中北部仍有大到暴雨，淮河汛情仍在迅速发展。

为确保淮河度汛安全，安徽省防汛抗旱指挥部根据《中华人民共和国防洪法》的相关规定，于 7 月 4 日宣布：从当日 12 时起，安徽省淮河防汛进入紧急防汛期。在此期间，安徽省防汛抗旱指挥部要求沿淮各个行洪区、蓄洪区随时做好启用准备，确保人员撤退到安全地带；省级及以下相关部门实行 24h 值班制度，全省各地各级行政负责人立即上岗到位，组织人员加强巡逻和检查险情。

二、紧急防汛期的紧急措施

安徽省宣布淮河进入紧急防汛期后，安徽省政府、省防汛抗旱指挥部采取了一系列措施加强防汛工作。7月7日，安徽省政府发出紧急通知，进一步严明抗洪救灾八大工作纪律，对巡堤查险、信息上报、物资经费的使用管理等，均提出了严格要求。要求各市、县人民政府和省直有关部门务必认真贯彻执行，如有违反，将严肃查处，并追究其政纪和法律责任。

为迎战淮河第二次洪峰，安徽省政府7月7日连夜在蚌埠市召开沿淮六市市长会议，紧急部署应对措施，省防汛抗旱指挥部下达了严防死守、确保淮北大堤安全的四条命令，向媒体公布了淮北大堤和重要城市圈堤的防守责任人。7月12日晚，安徽省委、省政府又在蚌埠连夜召开紧急会议，进一步部署防汛抗洪救灾工作，要求各地做到万无一失，决不功亏一篑。

为确保防汛抗洪工作的及时、高效运转，安徽省防汛抗旱指挥部紧急成立了对外联络、交通运输保障、抗灾自救、卫生防疫、综合文秘、宣传、气象水情、技术保障和后勤保障以及纪检监察等10个工作组。安徽省纪委、省监察厅发出《关于加强对防汛救灾工作监督检查的紧急通知》，对有关职能部门履行职责，落实防汛抗洪救灾工作责任制，对防汛抗洪救灾资金和物资调拨、分配、使用情况进行监督检查。安徽省公安厅组织警力加强路面巡控，保证运送抢险物资、人员的车辆优先通行；安徽省交通部门对防汛救灾物资车辆开通绿色通道；安徽省委宣传部发出了《关于进一步做好防汛抗洪救灾宣传报道工作的紧急通知》，要求"一报两台"及加大宣传力度。各部门加强协作，密切配合，形成防汛抗洪的强大合力。

三、解除紧急防汛期

7月底8月初，淮河干流主要站水位已陆续降至警戒水位以下，淮河堤防出现险情1620处，其中较大险情358处均得到有效控制，安徽省淮河防汛抗洪取得了阶段性的重大胜利，安徽省防汛抗旱指挥部依照《中华人民共和国防洪法》宣布，从8月2日16时起，解除淮河紧急防汛期。当时正值安徽省主汛期和台风多发期，天气多变，淮河及沿淮湖泊水位较高，防汛救灾形势仍不容乐观，安徽省防汛抗旱指挥部在宣布解除淮河紧急防汛期的同时，要求各地继续做好防汛工作，确保万无一失；同时正确处理好排水和蓄水防旱的关系，以夺取2003年防汛抗旱的最后胜利。

第六节 险 情 抢 护

案例8：长江干流九江大堤堵口抢险

一、基本情况

江西省九江市城区长江大堤西自篁湖闸，东至乌石矶，全长17.46km，其中钢筋混凝土防洪墙和土石混合堤11.27km，土石堤3.5km，岸线2.69km，通江涵闸19座，与10.4km内湖堤防共同组成九江市城区完整的防洪体系。

九江市城区长江大堤1998年溃口段位于4～5号闸间，该段堤始建于1968年，经多次加高加固而成，为土石混合堤。在土堤的迎水面建有浆砌块石防洪墙。由于汛期渗漏严重，1995年在浆砌块石防浪墙前加做了一层厚20cm的钢筋混凝土防渗墙、防渗斜板和防渗趾墙。建成后，堤顶高程达到25.25m的设计要求，防渗效果也较明显，仅在4～5号闸附近有少数渗漏。

1998年8月7日，长江九江站水位22.82m。12时45分，长江大堤九江城区段第4～5号闸间堤脚挡土墙下有一股浑水涌出，约10～15cm高。14时左右，大堤堤顶塌陷，出现直径2～3m的坑，可看到江水往内涌流。不久土堤被冲开5～6m的通道，防渗墙与浆砌石墙悬空，水从防渗墙与浆砌石墙下往内翻流。

14时45分左右，防渗墙与浆砌石墙一起倒塌，整个大堤被冲开30m左右宽的缺口，最终达62m宽，最大进水流量超过400m³/s，最大水头差达3.4m。

二、出险原因

(1) 水位高，历时长。1998年汛期，九江站最高水位为23.03m，超警戒水位时间长达94天，其中超历史记录最高水位的时间长达40天。在长时间的渗流作用下，土体的抗渗强度减小，从而加速渗流变形破坏。

(2) 违章建设油库平台，破坏了大堤的防渗层。由于建设油库平台的挡土墙，使堤基的粉质壤土层失去了保护，江水直接进入该层，从而使渗径缩短，渗流量加大。这是诱发大堤出险的重要原因。

(3) 堤基薄弱环节未经处理。堤基存在粉质壤土，此土含粉细砂多，黏粒少，形成堤基内的软弱夹层，抗渗透变形能力差，建堤内又未经处理。这是造成大堤出险的内在因素。

(4) 发现险情不及时，防汛物料准备不足，抢险方法不当。由于发现险情不及时，贻误了抢险时间。同时，决口处防汛物料准备不足，决口后江中备料船一度通信受阻，未能及时到位。加上抢险方法不当及油库平台上游墙的存在，给抢险带来困难。

三、可能造成的危害

4～5号闸口溃决若不及时堵住，将直接危及保护辖区内将阳区、庐山区和九江县部分地区的 48km² 、48万人口，京九铁路、九江港、昌九高速公路等重要交通设施将被迫中断，315家大中型企业停产，将造成巨大的经济损失和无法挽回的政治影响。

四、抢险措施

险情发生后，现场抢险人员开始用砂包往涌水上压，但未压住，管涌由1处发展到3处，冒水高度达20cm。接着用棉絮和砂包往管涌上压，甚至把一块大石头往管涌上压，也没有效果，管涌反而越来越大。这时30多名抢险队员跳入江中寻找漏水涌洞，发现油库平台上游挡土墙与防洪墙交接处有吸力点，就摊开棉絮，拉住四角，上面放砂石袋压下去堵，管涌出水变小。但很快背水堤脚挡土墙上端堤身塌陷，出现直径约60cm大小的洞，往外冒水。接着在离岸约1.5～2m处突然出现直径3m的漩涡，往漩涡内抛砂石料马上被卷走了。

12时39分，九江市防汛指挥部决定调船只堵口。14时左右，10艘已装有块石、黄土的预备船相继开出。不久，抢险人员将一辆132跃进双排座汽车推到决口处，但很快被水冲走。15时左右，开出的预备船陆续到达4～5号闸段江面，但由于这些船没有防汛人员押船和指挥，看到决口处水流很急，不敢把船开近决口，便在江中心打转转，无法有效组织这些预备船抢险。15时30分左右，抢险人员将一条铁驳船和一条水泥船绑扎在一起，顺水流进行堵口，因无人驾驶，无法定位，当漂进决口附近时，绑扎的钢绳被拉断，两船被水流冲走，第一次试图用船堵口失败。

17时左右，九江市领导和在场的部队领导一起，当机立断，指挥一艘长75m、载重16500t的煤船在两艘拖船的配合下，将煤船成功地定位在决口当中，有效地阻止了洪水的大量涌入，为后来成功堵口起了十分重要的作用。随后，专家组制定了初步抢险方案，采取继续向决口处沉船，抛石块、粮食，设置拦石钢管栅等办法控制决口，同时在下游抢筑围堰。经过两天两夜的奋战，围堰在8月9日合龙，进水量得到控制。

8月9日，一部分兵力继续加固围堰，一部分兵力抢筑钢木土石组合坝。到10日下午组合坝的钢架连通，开始堆砌碎石袋。但是，此时的围堰还很单薄，进水流量虽然得到控制，但涌进的水流仍然有50～60m³/s。加上几天来洪水淘刷，堤脚处已深达近 10m，部分已抢筑的组合坝出现下沉和倾斜。因此，抢险形势依然十分严峻，如果稍有不慎，可能出现大的反复。针对这种情况，11 日上午抢险指挥部召开紧急会商会，提出必须坚持"尊重科学、确保安全、质量第一、万无一失"的原则，既要再接再厉，继续发扬顽强拼搏的精神，巩固战果；又要科学抢险，防止急躁情绪，并紧急制定了下一步的抢险方案。在抢险力量部署上作了适当调整，集中用兵，重点用兵，成建制用兵。主要力量分两线配备，第一道防线挡水围堰立即加高加固，第二道防线组合坝及内侧后墙全力抢筑。同时加强各方面力量的协调，建立指挥部成员每天会商制度。由于加强了指挥协调，抢险进度明显加快。11 时晚围堰加固完成，共抛填石料 2 万 m³，渗水明显减少。12 日下午后戗抢筑取得突破性进展。指挥部果断作出决定，从下午 4 时 25 分开始合龙，下午 6 时 30 分合龙成功。经过抢险部队 5 昼夜的殊死奋战，长江大堤决口终于被堵上了，堵口抢险取得决定性胜利。13 日，抢险部队发扬连续作战、不怕疲劳的精神，开始了加高加固后戗和闭气工作。经过一昼夜的战斗，到 14 日 6 时 30 分，抢筑起一条长 150m、底宽 25m、顶宽 4m、高 8m、坡比 1∶3、用石料 3.56 万 m³ 的堵口大堤。抛土闭气工程也于 8 月 15 日 12 时全面完成，共抛填黏土 1.5 万 m³，闭气效果比预期好。至此，决口抢堵工程完成。

为进一步加固大堤，确保万无一失，抢险工作紧接着转入填塘固基和抢筑第三道防线。为此，南京军区又调应急机动作战部队 7000 名官兵投入了紧张的施工。指挥部从全省紧急调集了 100 辆大卡车、11 辆装载车和推土机，日夜抢运石料、河砂。至 20 日 18 时，填塘固基工程和抢筑第三道防线工作终于完成，填塘抛石 3 万多 m³，建成了一条长 453m、底宽 8m、顶宽 2.5m、高 3.5m、坡比 1∶0.5 的挡水堤。至此，历时 13 个昼夜的堵口抢险工作全部结束。这期间共沉船 10 艘（其中两艘被水冲走）、块石 4.51 万 m³、碎石 3.33 万 m³、黏土 1.87 万 m³、粮食 2700t、钢材 80t、木材 430m³、毛竹 3550 根、化纤袋 176.4 万条、麻袋 1.21 万条、铁丝 7.75t、马钉 0.44t、三色布 1000m³、机械设备 25 台、土工布 8400m³，投入解放军及武警官兵 2.4 万人，在堵口现场及时参加抢险的约 5000 人，包括运输、装料、上料人员，高峰时抢险人员达 1 万人。在党中央、国务院和中央军委的英明领导下，在人民解放军和武警官兵的英勇奋战下，在广大干部群众、公安干警和专家、工程技术人员的共同努力下，军民共同谱写了一曲抗洪抢险的壮丽诗篇。

1998 年汛后，有关部门对决口段进行了清理和修复。修复的堤段经受住了 1999 年洪水的考验。

五、经验教训

（1）要把防汛工作责任制真正落到实处。各级政府要以对党对人民高度负责的精神，加强对防汛工作的领导，切实担负起本地防汛工作的全面责任，正确估价本地防汛工作的质量和抗洪能力，坚决克服松懈麻痹思想和侥幸心理，真正做到思想到位、责任到位、工作到位、指挥到位，把防汛工作责任制落实到基层，落实到具体的人员，用严格的责任制和严明的纪律提高战斗力，掌握防汛工作的主动权。同时，要结合城市防汛的特点，建立精干高效的城市防汛工作体系，防止职责不清、互相扯皮和贻误时机的情况发生。

（2）要采取有力措施，确保重点堤防安全。要认真排查和及时消除防汛工程隐患，采取领导、专家和群众监督检查相结合的办法，经常对防汛工程特别是重点堤防的安全情况进行认真的检查。查险不力、处险不及时和防汛物资准备不足都可能导致堤防决口。要严格落实防汛巡查制度，充分做好防汛物资和人员的准备，确保重点堤防安全度汛。

（3）要强化防洪工程建设和管理。在堤防建设和堤防加固工程中，要特别重视地质勘探工作和堤身、堤基及防渗处理工作，做到科学设计、科学施工，确保防汛工程质量。严格落实堤防建设终身制，严格执行招投标制和工程监理制，确保工程质量，不要给防汛工作留下隐患。同时要强化河道和堤防的安全管理，严格执法，坚决制止妨碍防汛安全的行为。

案例 9：长江武汉丹水池漏洞抢险

丹水池堤位于武汉市江岸区长江左岸。

1998 年 7 月 29 日 17 时 25 分，江岸区巡堤人员在巡查长江丹水池中南油库堤段时发现距防水墙 8m 处有三处直径约 4cm 的管涌险情，立即向丹水池街道和江岸区防汛指挥部报告。江岸区防汛指挥部立即向武汉市防汛指挥部报告，并带领有关人员赶到现场，当机立断抽调湖北省武警一支队八中队、江岸区公安干警和江岸区防汛指挥部及当地居民共近 300 人，同时调集黄砂、瓜米石、片石近 60t，在管涌处修筑围堰导滤。经过 1h 奋战，19 时 20 分，基本控制局势，渗水变清，险情稳定。后指派 20 多名抢险人员彻夜守护观察，未发现异常。

7 月 30 日 11 时 28 分，防守人员发现原管涌内侧 1.5m 左右出现新的管涌，涌水口迅速扩大达 80cm 左右，形成浑水漏洞，浑水不断上涌，涌高达 1m 多，涌水量约为 0.4m³/s。同时在堤脚处发现 4 处渗浑水。江岸区、丹水池街道防汛指挥部迅速逐级汇报，区委书记、区长火速赶到现场组织抢险。

中午 12 时 30 分，武汉市防汛指挥部接到江岸区防汛指挥部关于险情恶化的情况后，即派武汉市防汛专家顾问组组长和武汉市防汛指挥部副指挥长、市防汛办公室主任立即赶赴现场，与区里同志一起研究整险处险措施，指挥抢险。

开始在背水面涌水口倒沙和细骨料堵口，都被冲走；再填粗骨料还是堵不住。经分析，堤基很可能已内外贯通，于是巡查迎水面。12 时 40 分，中南石化职工王占成发现迎水堤外江面有一漩涡，便奋不顾身跳入江中，探摸水下岸坡，发现有 0.8m 宽的洞口，江水向里涌，找到了浑水漏洞的进水口。现场抢险人员纷纷跳入江中，用棉被、毛毯包土料，封堵洞口。同时在堤背水面用土袋、砂袋围井填砂石料反滤，实行外堵内压导渗。经过 3h 的奋战，堤背水面涌水明显减弱，险情基本得到控制。接着在武汉市防汛指挥部的统一指挥下，抢险人员分成三个队，堤内两个队负责运送材料，堤外一个队负责填筑外平台，进行加固堤防。

到 7 月 30 日 19 时，漏洞险情得到有效的控制。

这次抢险共动用各种运输车辆 300 台次，黄土 300m³，瓜米石 200m³，黄砂 200m³，分口 200m³，编织袋 4.7 万条，编织彩条布 400m²，棉被、毛毯约 50 条。共调集武警、公安干警、交警、突击人员及各类抢险队员 2600 人投入抢险战斗。

此处险情发生的原因，主要是地基地质条件差，建堤时又未作彻底处理。20 世纪 50 年代钻探的地质资料表明，土层自上而下分别为 1.0～1.8m 为杂填土，2.2～3.0m 为砂壤土，6.0m 左右为粉质壤土，再下为细砂层。此段 1931 年 7 月 29 日水位 27.21m 时曾经溃口；1935 年 7 月 9 日，发现 200 余 m 堤基穿洞险情；1954 年 8 月 24～25 日发生直径 30cm 的浑水漏洞和两个直径 1m 的深跌窝等险情。

通过这次抢险，主要经验教训如下：

（1）防汛部门要全面细致地掌握堤防现状、建堤历史、险情历史，汛前做好各方面的准备。

（2）巡堤查险要组织技术力量，正确判险，正确决策。这次丹水池险情由管涌恶化成漏洞，先采用内导、后采取外堵内导的方法是正确的、成功的。

（3）重大险情抢护，要统一组织、统一指挥。丹水池抢险，市、区、街指挥部领导都到了现场，明确了各个部位的抢险指挥人员和运料指挥人员，现场虽然紧张，但做到了忙而不乱。

（4）防汛通道应畅通无阻，以便汛期巡查和物料运输。丹水池堤段惯称"八厂联防"，实际是 11 个单位，相互之间均有院墙隔断，许多单位的房子做到了堤脚。这次抢险便是将墙壁打洞递运材料的。此事件发生后，武汉市防汛指挥部迅即发布了 4 号命令，"八厂联防"沿堤打通 20m 宽的通道，第一期 10m 宽的通道已经打通。

（5）巡堤查险不仅要查堤身、堤内外脚、背水堤内禁脚地，而且临水堤外还要有船只巡查水面。在水位高、江面宽、风浪大时，船只巡查也很有必要。

案例 10：青海省沟后水库垮坝失事

青海省海南藏族自治州沟后水库，设计总库容为 330 万 m³，坝高为 71m，水库正常洪水位、设计和校核水位均为 3273.00m，坝型为砂砾石面板坝，是四等小（1）型工程。水库工程于 1985 年 8 月正式动工兴建，1989 年 9 月下闸蓄水，1990 年 10 月竣工。1992 年 9 月通过竣工验收。

1993 年 8 月 27 日 22 时 40 分左右，水库大坝在库水位低于设计水位 0.75m 的情况下，突然溃决，给当地人民群众的生命财产造成了巨大损失。经核实，垮坝洪水直冲下游沿河村庄和县城。受灾农牧民、居民、职工群众 521 户 2837 人，死亡 288 人，失踪 40 人，摧毁和严重损坏房屋 2932 间；毁坏农田 1.37 万亩、人畜饮水主管道 35km、水工建筑物 405 座、公路 26.3km、农灌渠道 50km、输电线路 10 多 km、公路桥梁 3 座，直接经济损失达 1.53 亿元。

沟后水库是个库容只有 330 万 m³ 的小水库，竟然造成这样巨大的损失，教训是极为深刻的，必须从中吸取教训，举一反三，引以为戒，改进工作。

（1）各级干部和人民群众都要增强水患意识。这个问题，经常强调，每年都讲很多次，但有些同志总是不以为然，麻痹大意，心存侥幸，有的地方根本就没有度汛预案，这些地方一旦出事，必然酿成大祸。增强水患意识，一定要落实到切实可行的度汛预案上，居安思危，有备无患，真正做到万无一失，否则就是一失万无。

（2）要有明确的责任制。沟后水库的设计、施工、验收、管理都存在许多漏洞，几年来视而不见，无人负责。垮坝之后，通信不畅，报警无着，甚至很难找到领导干部。可见那里领导干部的官僚主义达到何等严重的程度，没有责任制，或者有责任制而不落实，必将导致奇灾大祸。一定要依法治水，依法管水，严格实行防汛工作的各级政府行政首长负责制，每个环节都要有明确的责任制，而且要反复检查落实。各级领导干部一定要把人民群众的安危放在第一位，忠于职守，尽职尽责，高度认真负责地做好防汛工作。

（3）要特别重视中小河流、中小型水库和中小城市的防汛安全工作。这些年，我们对大江大河大湖和大城市的防汛工作比较重视了，当然也不可松懈，还需继续加强。当前比较突出的问题是，中小河流淤积设障严重；相当一部分中小型水库工程质量差，且又疏于管理，隐患不少；中小城市则大多没有周密的防洪除涝规划，防洪能力薄弱。对于河流的清淤除障、水库的除险加固，我们多年来三令五申，警钟长鸣，但是有些地方依然我行我素，不听指挥。防汛工作一定要做到：清淤除障，加固堤防，突出重点，险段先上，团结治水，保证通畅。对于那些由于有令不行、造成巨大损失的地方，一定要追究责任，从重惩处，以确保政令畅通，层层落实。

（4）要强化行业管理。各级水利部门都要按职责分工，切实负起责任，严格工程质量监督和检查验收，确保工程项目决策的科学性和工程运行的可靠性。对工程技术问题，一定要充分听取专家和技术人员的意见，切不可搞行政命令。

（5）要及早组织防洪工程的全面检查。要早检查、早部署、早落实，把工作做在前头。"凡事预则立，不预则废"，防汛工作也是如此。等出了事再抓就晚了。各级政府和各有关部门，都要着手对堤防、水库、水闸等防洪工程的河道淤积、设障情况进行一次全面的、认真的检查，发现问题及早解决，从严要求，不留隐患。

案例 11：湖南省郴州市四清水库抢险

一、工程概况

四清水库位于湖南省郴州市北湖区保和乡严塘村、湘江三级支流同心河上游，距郴州市区 15km，是一座以灌溉为主，兼顾防洪、发电、养殖、旅游等综合效益的中型水库。坝址控制流域面积 31.1km²，其中外引（月峰河）面积 21.3km²，设计灌溉面积 3.4 万亩。工程于 1964 年 10 月动工兴建，1965 年 1 月竣工。大坝初建高度为 29.8m，1978 年冬为扩大灌溉效益，又加高了 4m。

水库枢纽由大坝、溢洪道、发电站、放水涵管组成。水库总库容为 2220 万 m³，正常蓄水位为 295.30m，正常库容为 1760 万 m³；汛期限制水位为 293.00m，相应库容为 1400 万 m³。大坝为均质土坝，坝顶高程为 298.80m，最大坝高为 33.80m，坝顶宽 5m，坝顶轴长 305m，坝底轴长 160m。

该水库地处岩溶地区，限于修建时的技术水平与经济条件，建设标准低，施工质量差，自建成以后险情不断，坝体曾 4 次出现局部塌陷，存在坝基渗漏严重、坝体填土质量差、坝坡过陡等严重隐患。1998 年大坝安全鉴定时，评定该坝为三类坝，需要重点进行除险加固。

二、出险时的天气情况

2002 年 7 月 26 日～8 月 6 日，四清水库库区一直降小到大雨，11 天累计降雨 119.5mm。8 月 6～8 日，四清水库库区连降暴雨，2 天实测雨量达 191.2mm。

8 月 6 日 8 时，前水库水位为 290.23m，相应库容为 1023 万 m^3；至 8 月 8 日 7 时 20 分大坝出现险情时，水库水位涨至 291.51m，相应库容为 1151 万 m^3。

出现险情后，降雨仍在继续，直到 8 月 8 日上午 10 时大雨才停止。在 10 日前基本维持阴雨天气。10～11 日阴晴天气。12 日阴有阵雨，中午 1h 降雨 15mm。13 日阴有阵雨，中午两次降雨 80min，降雨量为 29.3mm。14 日后转为阴天。

三、出险情况及原因

8 月 8 日 7 时，水库管理人员在大坝外坡三级戗台（高程为 292.00m）距溢洪道 125m 处发现平行坝轴线的纵向裂缝，长约 40m，宽 0.2m。当时水库水位为 291.51m，相应库容为 1151 万 m^3。由于大雨未停，滑坡范围迅速扩大，每一级坝面都有多条纵向裂缝。到上午 10 时，滑坡面积达到 6000 余 m^2，纵向裂缝长达 150 余 m，裂缝错距 1.8m，坝体右段、中段外突明显，并伴有渗水。在 278.00m 戗台裂口段发现 5 处小股流水。受天气影响，险情不断加剧，到 12 日凌晨基本得到控制为止，整个滑坡裂缝长 180m，高度范围从 272.00m 到 296.00m，滑裂面积 8000 多 m^2，滑动深度为 1.5～6.5m，最大水平位移为 7.5m，滑坡体约 2.5 万 m^3，对滑坡体定性为坝体大面积浅层滑坡。

据分析，造成滑坡的原因主要有三个方面：一是连续长时间强降雨，使坝体表层土持水处于饱和状态。二是坝体土质差，施工质量差。表层以下 1m 深左右都是杂质土，施工时，靠近边坡外沿坝体无法达到设计夯压密度。该坝于 1978 年加高，本次滑坡弧线主要是沿新老坝填土结合部位下滑的。据查阅大坝安全鉴定时土工试验资料，土料平均密度为 13.85kN/m^3，最小平均密度仅为 10.9kN/m^3；天然含水量偏高，平均为 32.5%，最高达 51.1%，土料渗透系数为 17.1×10^{-5} cm/s，防渗性能差。三是坝坡太陡，最大坡比为：第一级 1：2.4，第二级 1：2.1，第三级 1：1.9，最小第四级 1：1.7，不能满足抗滑稳定的要求。

四、抢险情况

抢险从 8 月 8～14 日，历时 6 天。

8 日 8 时许，郴州市防汛指挥部接到四清水库险情报告，立即组织技术人员奔赴现场，确定了开导渗沟排水、切断外引水、加大泄流量、买彩条布覆盖坝面的应急方案。随即组织 100 多人开挖导渗沟；调运 13000m 彩条布和砂卵石到现场；又陆续组织抢险部队人数共 500 多人投入抢险。

湖南省防汛抗旱指挥部接到险情报告后，组织 5 名专家火速赶往现场，8

日 18 时即与郴州市领导和工程技术人员一起制定出第 1 号抢险方案:切断外引,加大泄量;覆盖坝体,开沟排水,块石压脚。

10 日,湖南省防汛抗旱指挥部组织水利厅和国土资源厅第二批专家到达现场。专家组根据现场情况制定了第 2 号抢险方案:继续降低库水位,进一步堆石压脚,立即削坡减载,马上布置观测点以加强变形观测。

14 日,大坝险情基本得到控制,第一阶段抢险任务完成,达到预期目的。专家组对后段工作作了具体安排,要求采取措施进一步降低库水位,并继续堆石压脚,导渗排水,严格观测。

15 日,各参战部队撤离抢险现场,宣告第一阶段抢险工作胜利完成。

经过 2000 多军民 7 个昼夜的英勇奋战,在大坝下游面高程 280.00m 以下筑起了四级平台堆石体;从 269.00m 坝脚地面以上筑第一级,长 150m,宽 5m,高 2.5m;272.50m 砌石棱体上第二级,长 150m,宽 4m,高 2.5m;275.00m 以上第三级,长 170m,宽 7m,高 2m;277.50m 以上至 2800.00m 沿坝坡堆石,平均厚度 0.75m。庞大的堆石体形成后,阻止了坝体滑坡,至 14 日 8 时,坝体滑坡基本得到控制,库内水位下降到 289.72m,险情基本排除。8 月 24 日,水位降至安全水位 285.00m,相应库容为 495 万 m³,经报请湖南省防汛抗旱指挥部同意,8 月 27 日,郴州市防汛抗旱指挥部正式宣告四清水库脱险。

第七节 河 道 清 障

案例 12:武汉市外滩花园清障情况

一、基本情况

武汉市外滩花园位于长江左岸汉阳东门外滩,武汉长江大桥桥头上首。该项目 1994 年立项,1996 年开始兴建,总建筑面积 69100m²,共 8 栋 450 户套住宅,其中别墅 14 套。2001 年 11 月中央电视台《焦点访谈》披露时已销售 390 套,建筑面积 57793m²;尚未销售的还有 60 套,建筑面积 11307m²。已销售的房屋涉及户数 325 户,其中已装修并入住的有 157 户。

二、清障措施

2001 年 11 月 19 日,中央电视台《焦点访谈》披露武汉市外滩花园违法建筑后,湖北省委、省政府高度重视,专门召开了省委常委会、省长办公会等多次会议,对外滩花园的清障问题确定了三条主要意见。一是明确清障工作目标,保证在 2002 年汛前全部拆除,力争更快一些;二是做好思想工作,确保社会稳定；三是举一反三，向全省发出河道清障工作的通知，要求各地认真检查，清除洪障。根据会议的意见和要求，为了加强对清障工作的领导，武汉市委、市政府组织有关部门成立了外滩花园拆迁安置指挥部，明确了工作职责。研究制定的清障工作主要分为三个阶段：第一阶段为调查、动员及前期准备阶段，要求于 2001 年 12 月 10 日前完成；第二阶段为组织实施阶段，要求于 2002 年 3 月底以前完成；第三阶段为分期拆除和江滩整理阶段，要求于 2003 年主汛期前完成。在拆迁安置的过程中，所采取的主要措施：一是制定政策。2001 年 12 月 13 日发布了《汉阳外滩花园购房户搬迁安置实施意见》，明确采取提供环境、地段良好的房源，并按市场价格 9 折优惠的办法对住户实施等值易地安置的政策。二是落实责任。自 2001 年 12 月 9 日起，从市、区有关部门抽调 9 名局级干部，组织近 200 名工作人员，组成了 8 个工作专班，一个工作专班包一栋楼，9 名局级干部为责任人，逐户上门，耐心做好宣传动员工作。三是环环相扣。搬迁安置指挥部组成了房屋装修评估、房源提供、价格计算、协议签订、补偿退款、住户搬家、拆除实施等一条龙配套工作机制，工作做通一户，协议签订一户，搬迁安置一户。

三、拆除情况

通过采取上述措施，2002 年 1 月中旬，外滩花园 1 号楼内 44 户全部搬出，1 月 25 日 0 时 30 分，1 号楼成功爆破，爆破面积 10539m^2，占总建筑面积的 15%。截至 3 月 2 日，外滩花园入住 157 户中，有 106 户办理完拆迁安置手续；购房未入住的 168 户中，有 113 户办理完手续。共有 219 户得到搬迁安置。同时，第 2、3、4 号楼的住户已全部搬出，炮眼全部打完。至 2002 年 4 月 15 日，外滩花园清障全部完成，恢复了河道岸滩之原貌。

第八节 抗 旱 应 急 调 水

案例 13：引黄济津应急调水

天津市位于水资源严重缺乏的华北地区北部，海河流域尾闾，特殊的自然地理环境决定了天津本地水资源匮乏。历史上为缓解天津用水，海河流域的密云、岳城、岗南三大水库都曾经向天津供水。由于华北地区连续干旱，1981 年国务院决定：密云、官厅水库只供北京市用水，不再向天津、河北供水，通过临时引黄河水调剂解决天津供水问题。在中央的帮助下，于 1972 年、1973 年、1975 年、1981 年和 1982 年，共 5 次实施引黄济津，及时解决了天津用水困难，确保了天津的经济社会发展。为从根本上解决天津市供水问题，在党中央、国务院和兄弟省（直辖市）的支持下，1983年建成了引滦入津工程，从此天津主要依靠河北省境内的潘家口水库供水，暂时停止了从黄河引水。

1997年以来，海河流域持续干旱，为天津供水的潘家口水库来水持续偏枯，蓄水严重不足。而随着城市人口增加和经济社会发展，天津用水量大增，在加强节约用水的基础上，引滦水仍不能满足用水需要。党中央、国务院果断决策，国家防总、水利部先后于2000年、2002年、2003年和2004年四次组织实施引黄济津应急调水，天津九宣闸4次分别收水4.08亿m³、2.47亿m³、5.0亿m³和4.3亿m³。引黄济津应急调水解决了天津供水的燃眉之急，确保了天津经济社会的可持续发展和社会稳定。

近四次成功实施引黄济津应急调水，从决策、方案制定、工程建设、输水管理等方面可总结为以下几个方面。

一、提前预测，精算水账，预筹水源

后汛期，海河流域来水情况已基本明了，水文部门提前对后汛期至第二年汛前天津主要水源地潘家口水库的可能来水量以及可利用水量作出预测，天津市在加大节水力度的基础上测算出期间的最少需水量，由此可推算天津市所需调用的水量。天津市在确保城市供水安全的前提下，要根据引黄以及其他可能利用水源的成本和费用，作好方案比选，决策引黄济津所需水量。

引黄济津的水源主要靠黄河下游的小浪底水库来调节，小浪底水库按引黄济津所需水量、流量（一般黄河孙口水文站流量不小于300m³/s），综合考虑黄河灌溉供水、防洪、防凌以及下游防断流等调度需求，提前作出蓄水以及泄流计划，为引黄济津储备足够的水源。如小浪底水库蓄水不足，还必须提前从黄河上中游向下游调水。2002年引黄济津前，小浪底水库蓄水严重不足，黄河水利委员会协调甘、宁、蒙、豫、鲁等省（自治区）的水利部门和国电西北分公司，通过加大上游刘家峡水库的出库流量，压减宁、蒙灌溉用水和中游万家寨水库蓄水，严格调控小浪底水库的出库流量等措施，先后向下游调集了20多亿m³的黄河水，确保了引黄济津的水量。

二、优选引水线路，做好沿线污控和口门封堵工作

应急调水的输水线路在满足引水流量的前提下，线路要短，损失要小，新建工程少，水体不能被污染。近三次引黄济津路线经过了多次反复勘测和优选，最后选定了位临线路，即从山东省聊城市境内的黄河位山渠首闸引水，经位山三干渠至河北临清立交穿过卫运河，进入河北境内的临清渠、清凉江、清南连渠、南运河至天津的九宣闸，全长580km。这条线路避开了20世纪70年代引黄采用的卫河、卫运河线路，最大限度地保证了水体不被污染。

引黄济津是为城市引水，因此确保水质安全是前提。为此，引黄济津期间，沿渠道所有引、排水口门都暂时加以封堵，形成输水直通车，严防污水排入引水渠，污染水质。

三、进行统一指挥调度和分段责任制

引黄济津应急调水涉及山东、河北和天津三省（直辖市），准备时短，矛盾多，协调难度大，按"急事急办、特事特办"的原则，由国家防总负责组织协调，水利部海河水利委员会统一调度，工程建设（主要是渠道清淤、建筑物的维修加固等）和输水管理采取段负责制。工程建设资金按概算一次拨付到有关省，包干使用。输水管理费按每公里渠道需管护人员人数和工日定额计算并一次拨付。上游省按核定的输水损失率，按时保质保量完成向下游省（市）的输水任务，节余水量归已，少送水量按方加倍受罚，扣减相应的管理费用。为此在三省交界处严格做好水量水质的监测工作，由送水方主测，收水方监测，或者中间人主测，各方认可。

引黄济津应急调水所需资金按照"谁用水、谁花钱"的原则，主要由天津市承担，中央给予了适当补助。

四、把握输水时机，确保冰期输水保安全

冬季输水容易造成输水涵洞和桥梁阻塞以及渠道决口的现象。引黄济津尽量避开沿线灌溉时段，抓住冰冻前天气好、工程运行状态佳的有利时机，在确保安全的前提下，大流量引水，缩短引水时间。

冰冻初期，要采取大流量高水位引水，以形成相对高而厚的稳定冰盖，冰盖形成后，渠首流量要减少 $20\% \sim 30\%$ 左右，形成冰下均匀输水，避免渠道水位的忽高忽低，否则容易造成冰盖垮塌产生冰坝和壅冰阻塞过水建筑物。要时刻关注气温变化，对流量作出适时调整。容易阻水阻冰的重要建筑物要昼夜派人把守，及时清理流冰，确保工程本身安全。

案例 14：引岳济淀生态应急补水

白洋淀是华北平原最大的淡水湖泊，享有"北国江南"、"华北明珠"的美誉，是华北平原仅存的为数不多的生态湿地之一。由于海河流域连续 6 年干旱，尤其是 2003 年大清河水系上游降水较少，靠本水系已无法向白洋淀补水，白洋淀再次面临干淀。白洋淀干淀不仅造成淀区人民生活、生产用水严重不足，更导致水生动植物失去繁衍生长的条件，淀区生态环境急剧恶化。水利部高度重视白洋淀生态环境恶化的问题，汪恕诚部长、鄂竟平副部长要求采取有效措施，为白洋淀补充水量，挽救白洋淀生态环境。海河水利委员会同河北省在认真勘测现场的基础上，提出了应急补水实施方案，即从位于海河流域南部的漳河上汛前蓄水较多的岳城水库向白洋淀应急补水，把岳城水库汛前弃水变

为维系白洋淀生命的生态用水。输水渠道主要利用已有河渠，途经 414km 进入白洋淀。计划输水时间 4 个月，岳城水库放水 4.17 亿 m^3，入白洋淀 1.59亿 m^3，维持白洋淀最低生态用水需求。国家防总办公室密切关注补水工作准备情况，指导海河水利委员会完善补水方案，把握补水时机，确保补水工作按计划启动。

2003 年 12 月 28 日，引岳济淀生态应急补水工程开工建设。2004 年 2 月16 日岳城水库民有渠开闸放水，3 月 1 日水头到达白洋淀，至 6 月 29 日输水结束，输水历时 134 天，岳城水库累计放水 3.9 亿 m^3，白洋淀收水 1.6 亿 m^3，淀内水位由补水前的 5.80m 上升至 7.20m，水域面积由 31km^2 扩大到120km^2，淀内蓄水增加到 1.16 亿 m^3。补水取得了显著的生态、经济和社会效益，避免了白洋淀再次干涸，淀区生态面貌较补水前大为改善，淀区群众安居乐业，生产、旅游等各项事业呈现繁荣景象。

调水期间，水利部和国家防总办公室密切掌握补水工作动态，及时协调下拨资金，海河水利委员会积极做好补水沿线的监督检查和信息上报工作，沿线市（县）政府和水利部门把引岳济淀当作一项重要任务来抓，切实做好保水、护水等各项输水管理工作，杜绝偷水、抢水现象，保障了输水工作的顺利进行。

引岳济淀是海河流域第一次跨河系生态调水工程，也是我国继黄河、黑河、塔里木河调水，扎龙湿地、南四湖应急补水之后的又一项生态补水工程，是水利部门贯彻科学发展观，坚持人与自然和谐共处，走可持续发展水利之路，实现防汛抗旱工作两个转变的又一次重要实践。温家宝总理亲自批示："这件事办得好"，回良玉副总理以及水利部领导都对引岳济淀工作给予了充分肯定。

案例 15：珠江流域压咸补淡应急调水

2002～2004 年珠江流域连续干旱，特别是 2003～2004 年，珠江流域平均降水量比多年平均降水量偏少 40%，上游来水大幅减少，珠江三角洲地区咸潮危害十分严重。2003～2004 年冬春季节的咸潮上溯，区域内 500 多万人的生活和一大批工业企业的生产因含氯度超标而受到不同程度的影响。珠海、澳门供水工程连续 170 天不能正常取水，两地多数地区只能低压供水，不得已将供水标准降到含氯度 400mg/L（国家饮用水标准含氯度≤250mg/L），澳门个别时期甚至将供水标准降到 800mg/L。2004 年入秋后，珠江三角洲地区遭遇近 20 年来最为严重的咸潮上溯，2005 年 1 月 11 日，广州沙湾水道三沙口氯化物含量达 8750mg/L，是国家标准的 35 倍，部分地区间歇停水。至 2005 年

1月27日，珠海、澳门已经连续无法正常取水达32天，珠海、澳门的蓄水水库仅存1500万 m³，而且其中700万 m³ 蓄水的含氯度高达500mg/L。

咸潮问题严重影响了广大人民群众正常的生产、生活秩序，人民群众身体健康受到威胁，给珠江三角洲地区造成了巨大的经济损失和社会影响，引起政府、媒体和社会各界的广泛关注。党中央、国务院高度重视珠江三角洲地区的供水问题，温家宝总理、回良玉副总理相继作出重要批示，要求确保珠江三角洲地区的供水安全。国家防总、水利部密切关注珠江咸潮的动向，珠江水利委员会提早进行珠江三角洲咸潮和供水形势的分析及预警工作，积极协调贵州、广西、广东三省（自治区）及南方电网公司等有关电力部门和单位，制定珠江压咸补淡应急调水预案，上报国家防总和水利部。水利部汪恕诚部长、鄂竟平副部长亲自安排布置调水工作，要求按照"全面、统筹、精细、合理"的原则，细化完善调度方案。国家防总办公室及时掌握咸潮动态，指导珠江水利委员会完善调水方案，准确把握调水时机，现场协调水量调度与电力调度之间的矛盾，确保调水工作按计划启动。

远距离调水压咸补淡在珠江流域尚属首次，在全国也无先例，技术上难度非常大：一是流量至少要达到2500m³/s方能抵御咸潮；二是必须与天文大潮错开，时间控制十分重要；三是西江流域几大水库要进行调水接力，而后与北江的飞来峡水库调水必须同时叠加才能把来之不易的水资源用在刀刃上，放水时机、水流演进推算和抢蓄淡水的时机都十分关键。就操作上来说，涉及贵州、广西、广东等三个省（自治区），水利、电力、交通、航运等多个部门，以及西江、北江沿线多个水利水电枢纽，调水线路1336km，涉及面很广，战线很长，能否组织好、协调好，是一个重大的挑战。

2005年1月7日，应广东省政府请求，国家防总批准实施从西江上游天生桥、岩滩及北江飞来峡等水利水电枢纽向下游应急调水，缓解咸潮压力，为珠江三角洲地区补充淡水。1月17日，贵州天生桥一级水电站开始加大泄量放水，标志着珠江压咸补淡应急调水正式启动。至2月4日调水结束，共从上游增调水量8.43亿 m³（其中从西江上游贵州与广西的天生桥一级电站调水4.65亿 m³，从广西的岩滩水库调水2.2亿 m³，从广东的北江飞来峡水库调水1.58亿 m³）。1月29日调水前锋进入珠江三角洲地区，调水工作重心转到抢淡补淡阶段。2月14日，抢蓄淡水工作圆满结束。

调水期间，各有关单位顾全大局，克服困难，精心组织，通力协作，出色地完成了调水任务。国家防总、水利部领导密切关注调水动态，深入一线指导调水工作，国家防总办公室随时掌握调水进展情况，协调处理调水与电力调度的矛盾，督促有关方面相互配合，齐心协力，共同做好调水工作。水利部珠江水利委员会积极做好组织、协调和水量调度工作，优化调水方案，加强水文、咸潮的监测预报，确保了调水工作的顺利开展。贵州、广西两省（自治区）顾全大局，认真做好辖区内工程调度和管水、护水工作，保证了应急调水工作安全、有序进行。南方电网公司、广西电网公司和沿线水利水电枢纽管理部门克服困难，严格按照调度指令下泄水量，合理安排电网调度，圆满地完成调水任务并确保了电网安全运行。广东省全面动员，精心组织抢引淡水工作，确保调水发挥最佳效益。

实施珠江压咸补淡应急调水效果非常明显，珠海、中山、广州、江门、佛山等 5 市利用水库、水闸累计直接取水 5411 万 m^3（其中珠海、澳门蓄淡水库增加蓄水 552 万 m^3），比原计划取水 1500 万 m^3 增加 3900 多万 m^3。又利用河道河涌储蓄淡水 4500 万 m^3，可保证珠海、澳门、中山等市汛前正常供水，澳门居民喝上了符合饮用标准的自来水。此次调水还使珠江三角洲河网地区 2.3 亿 m^3 的水体得以置换，主要水道及河涌水质从调水前的 Ⅳ～Ⅴ 类水提升到 Ⅱ～Ⅲ 类水，珠江八大出海口门河段氯化物大大降低，水环境得到明显改善。本次调水工作圆满地、超过预期地完成了任务，经济、社会和生态效益十分显著，在政治上也产生了良好的效果。回良玉副总理批示："此事办的很好。"全国政协副主席、澳门中华总商会会长马万祺亲自题写了"千里送清泉，思源怀祖国"的对联，表达了澳门特区居民对祖国的衷心谢意。广东省委、省政府向国家防总、水利部发来感谢信，盛赞这次调水是国家防总、水利部贯彻落实"立党为公、执政为民"的生动实践。

附录 防汛抗旱法律法规及规范性文件

一、《中华人民共和国水法》

（1988年1月21日第六届全国人民代表大会常务委员会第二十四次会议通过，2002年8月29日第九届全国人民代表大会常务委员会第二十九次会议修订通过，自2002年10月1日起施行）

第一章 总 则

第一条 为了合理开发、利用、节约和保护水资源，防治水害，实现水资源的可持续利用，适应国民经济和社会发展的需要，制定本法。

第二条 在中华人民共和国领域内开发、利用、节约、保护、管理水资源，防治水害，适用本法。

本法所称水资源，包括地表水和地下水。

第三条 水资源属于国家所有。水资源的所有权由国务院代表国家行使。农村集体经济组织的水塘和由农村集体经济组织修建管理的水库中的水，归各该农村集体经济组织使用。

第四条 开发、利用、节约、保护水资源和防治水害，应当全面规划、统筹兼顾、标本兼治、综合利用、讲求效益，发挥水资源的多种功能，协调好生活、生产经营和生态环境用水。

第五条 县级以上人民政府应当加强水利基础设施建设，并将其纳入本级国民经济和社会发展计划。

第六条 国家鼓励单位和个人依法开发、利用水资源，并保护其合法权益。开发、利用水资源的单位和个人有依法保护水资源的义务。

第七条 国家对水资源依法实行取水许可制度和有偿使用制度。但是，农村集体经济组织及其成员使用本集体经济组织的水塘、水库中的水的除外。国务院水行政主管部门负责全国取水许可制度和水资源有偿使用制度的组织实施。

第八条　国家厉行节约用水，大力推行节约用水措施，推广节约用水新技术、新工艺，发展节水型工业、农业和服务业，建立节水型社会。

各级人民政府应当采取措施，加强对节约用水的管理，建立节约用水技术开发推广体系，培育和发展节约用水产业。

单位和个人有节约用水的义务。

第九条　国家保护水资源，采取有效措施，保护植被，植树种草，涵养水源，防治水土流失和水体污染，改善生态环境。

第十条　国家鼓励和支持开发、利用、节约、保护、管理水资源和防治水害的先进科学技术的研究、推广和应用。

第十一条　在开发、利用、节约、保护、管理水资源和防治水害等方面成绩显著的单位和个人，由人民政府给予奖励。

第十二条　国家对水资源实行流域管理与行政区域管理相结合的管理体制。

国务院水行政主管部门负责全国水资源的统一管理和监督工作。

国务院水行政主管部门在国家确定的重要江河、湖泊设立的流域管理机构（以下简称流域管理机构），在所管辖的范围内行使法律、行政法规规定的和国务院水行政主管部门授予的水资源管理和监督职责。

县级以上地方人民政府水行政主管部门按照规定的权限，负责本行政区域内水资源的统一管理和监督工作。

第十三条　国务院有关部门按照职责分工，负责水资源开发、利用、节约和保护的有关工作。

县级以上地方人民政府有关部门按照职责分工，负责本行政区域内水资源开发、利用、节约和保护的有关工作。

第二章　水　资　源　规　划

第十四条　国家制定全国水资源战略规划。

开发、利用、节约、保护水资源和防治水害，应当按照流域、区域统一制定规划。规划分为流域规划和区域规划。流域规划包括流域综合规划和流域专业规划；区域规划包括区域综合规划和区域专业规划。

前款所称综合规划，是指根据经济社会发展需要和水资源开发利用现状编制的开发、利用、节约、保护水资源和防治水害的总体部署。前款所称专业规划，是指防洪、治涝、灌溉、航运、供水、水力发电、竹木流放、渔业、水资源保护、水土保持、防沙治沙、节约用水等规划。

第十五条　流域范围内的区域规划应当服从流域规划，专业规划应当服从综合规划。

流域综合规划和区域综合规划以及与土地利用关系密切的专业规划，应当与国民经济和社会发展规划以及土地利用总体规划、城市总体规划和环境保护规划相协调，兼顾各地区、各行业的需要。

第十六条 制定规划，必须进行水资源综合科学考察和调查评价。水资源综合科学考察和调查评价，由县级以上人民政府水行政主管部门会同同级有关部门组织进行。

县级以上人民政府应当加强水文、水资源信息系统建设。县级以上人民政府水行政主管部门和流域管理机构应当加强对水资源的动态监测。

基本水文资料应当按照国家有关规定予以公开。

第十七条 国家确定的重要江河、湖泊的流域综合规划，由国务院水行政主管部门会同国务院有关部门和有关省、自治区、直辖市人民政府编制，报国务院批准。跨省、自治区、直辖市的其他江河、湖泊的流域综合规划和区域综合规划，由有关流域管理机构会同江河、湖泊所在地的省、自治区、直辖市人民政府水行政主管部门和有关部门编制，分别经有关省、自治区、直辖市人民政府审查提出意见后，报国务院水行政主管部门审核；国务院水行政主管部门征求国务院有关部门意见后，报国务院或者其授权的部门批准。

前款规定以外的其他江河、湖泊的流域综合规划和区域综合规划，由县级以上地方人民政府水行政主管部门会同同级有关部门和有关地方人民政府编制，报本级人民政府或者其授权的部门批准，并报上一级水行政主管部门备案。

专业规划由县级以上人民政府有关部门编制，征求同级其他有关部门意见后，报本级人民政府批准。其中，防洪规划、水土保持规划的编制、批准，依照防洪法、水土保持法的有关规定执行。

第十八条 规划一经批准，必须严格执行。

经批准的规划需要修改时，必须按照规划编制程序经原批准机关批准。

第十九条 建设水工程，必须符合流域综合规划。在国家确定的重要江河、湖泊和跨省、自治区、直辖市的江河、湖泊上建设水工程，其工程可行性研究报告报请批准前，有关流域管理机构应当对水工程的建设是否符合流域综合规划进行审查并签署意见；在其他江河、湖泊上建设水工程，其工程可行性研究报告报请批准前，县级以上地方人民政府水行政主管部门应当按照管理权限对水工程的建设是否符合流域综合规划进行审查并签署意见。水工程建设涉及防洪的，依照防洪法的有关规定执行；涉及其他地区和行业的，建设单位应当事先征求有关地区和部门的意见。

第三章　水资源开发利用

第二十条　开发、利用水资源，应当坚持兴利与除害相结合，兼顾上下游、左右岸和有关地区之间的利益，充分发挥水资源的综合效益，并服从防洪的总体安排。

第二十一条　开发、利用水资源，应当首先满足城乡居民生活用水，并兼顾农业、工业、生态环境用水以及航运等需要。

在干旱和半干旱地区开发、利用水资源，应当充分考虑生态环境用水需要。

第二十二条　跨流域调水，应当进行全面规划和科学论证，统筹兼顾调出和调入流域的用水需要，防止对生态环境造成破坏。

第二十三条　地方各级人民政府应当结合本地区水资源的实际情况，按照地表水与地下水统一调度开发、开源与节流相结合、节流优先和污水处理再利用的原则，合理组织开发、综合利用水资源。

国民经济和社会发展规划以及城市总体规划的编制、重大建设项目的布局，应当与当地水资源条件和防洪要求相适应，并进行科学论证；在水资源不足的地区，应当对城市规模和建设耗水量大的工业、农业和服务业项目加以限制。

第二十四条　在水资源短缺的地区，国家鼓励对雨水和微咸水的收集、开发、利用和对海水的利用、淡化。

第二十五条　地方各级人民政府应当加强对灌溉、排涝、水土保持工作的领导，促进农业生产发展；在容易发生盐碱化和渍害的地区，应当采取措施，控制和降低地下水的水位。

农村集体经济组织或者其成员依法在本集体经济组织所有的集体土地或者承包土地上投资兴建水工程设施的，按照谁投资建设谁管理和谁受益的原则，对水工程设施及其蓄水进行管理和合理使用。

农村集体经济组织修建水库应当经县级以上地方人民政府水行政主管部门批准。

第二十六条　国家鼓励开发、利用水能资源。在水能丰富的河流，应当有计划地进行多目标梯级开发。

建设水力发电站，应当保护生态环境，兼顾防洪、供水、灌溉、航运、竹木流放和渔业等方面的需要。

第二十七条　国家鼓励开发、利用水运资源。在水生生物洄游通道、通航或者竹木流放的河流上修建永久性拦河闸坝，建设单位应当同时修建过鱼、过船、过木设施，或者经国务院授权的部门批准采取其他补救措施，并妥善安排施工和蓄水期间的水生生物保护、航运和竹木流放，所需费用由建设单位承担。

在不通航的河流或者人工水道上修建闸坝后可以通航的，闸坝建设单位应当同时修建过船设施或者预留过船设施位置。

第二十八条 任何单位和个人引水、截（蓄）水、排水，不得损害公共利益和他人的合法权益。

第二十九条 国家对水工程建设移民实行开发性移民的方针，按照前期补偿、补助与后期扶持相结合的原则，妥善安排移民的生产和生活，保护移民的合法权益。

移民安置应当与工程建设同步进行。建设单位应当根据安置地区的环境容量和可持续发展的原则，因地制宜，编制移民安置规划，经依法批准后，由有关地方人民政府组织实施。所需移民经费列入工程建设投资计划。

第四章　水资源、水域和水工程的保护

第三十条 县级以上人民政府水行政主管部门、流域管理机构以及其他有关部门在制定水资源开发、利用规划和调度水资源时，应当注意维持江河的合理流量和湖泊、水库以及地下水的合理水位，维护水体的自然净化能力。

第三十一条 从事水资源开发、利用、节约、保护和防治水害等水事活动，应当遵守经批准的规划；因违反规划造成江河和湖泊水域使用功能降低、地下水超采、地面沉降、水体污染的，应当承担治理责任。

开采矿藏或者建设地下工程，因疏干排水导致地下水水位下降、水源枯竭或者地面塌陷，采矿单位或者建设单位应当采取补救措施；对他人生活和生产造成损失的，依法给予补偿。

第三十二条 国务院水行政主管部门会同国务院环境保护行政主管部门、有关部门和有关省、自治区、直辖市人民政府，按照流域综合规划、水资源保护规划和经济社会发展要求，拟定国家确定的重要江河、湖泊的水功能区划，报国务院批准。跨省、自治区、直辖市的其他江河、湖泊的水功能区划，由有关流域管理机构会同江河、湖泊所在地的省、自治区、直辖市人民政府水行政主管部门、环境保护行政主管部门和其他有关部门拟定，分别经有关省、自治区、直辖市人民政府审查提出意见后，由国务院水行政主管部门会同国务院环境保护行政主管部门审核，报国务院或者其授权的部门批准。

前款规定以外的其他江河、湖泊的水功能区划，由县级以上地方人民政府水行政主管部门会同同级人民政府环境保护行政主管部门和有关部门拟定，报

同级人民政府或者其授权的部门批准，并报上一级水行政主管部门和环境保护行政主管部门备案。

县级以上人民政府水行政主管部门或者流域管理机构应当按照水功能区对水质的要求和水体的自然净化能力，核定该水域的纳污能力，向环境保护行政主管部门提出该水域的限制排污总量意见。

县级以上地方人民政府水行政主管部门和流域管理机构应当对水功能区的水质状况进行监测，发现重点污染物排放总量超过控制指标的，或者水功能区的水质未达到水域使用功能对水质的要求的，应当及时报告有关人民政府采取治理措施，并向环境保护行政主管部门通报。

第三十三条　国家建立饮用水水源保护区制度。省、自治区、直辖市人民政府应当划定饮用水水源保护区，并采取措施，防止水源枯竭和水体污染，保证城乡居民饮用水安全。

第三十四条　禁止在饮用水水源保护区内设置排污口。

在江河、湖泊新建、改建或者扩大排污口，应当经过有管辖权的水行政主管部门或者流域管理机构同意，由环境保护行政主管部门负责对该建设项目的环境影响报告书进行审批。

第三十五条　从事工程建设，占用农业灌溉水源、灌排工程设施，或者对原有灌溉用水、供水水源有不利影响的，建设单位应当采取相应的补救措施；造成损失的，依法给予补偿。

第三十六条　在地下水超采地区，县级以上地方人民政府应当采取措施，严格控制开采地下水。在地下水严重超采地区，经省、自治区、直辖市人民政府批准，可以划定地下水禁止开采或者限制开采区。在沿海地区开采地下水，应当经过科学论证，并采取措施，防止地面沉降和海水入侵。

第三十七条　禁止在江河、湖泊、水库、运河、渠道内弃置、堆放阻碍行洪的物体和种植阻碍行洪的林木及高秆作物。

禁止在河道管理范围内建设妨碍行洪的建筑物、构筑物以及从事影响河势稳定、危害河岸堤防安全和其他妨碍河道行洪的活动。

第三十八条　在河道管理范围内建设桥梁、码头和其他拦河、跨河、临河建筑物、构筑物，铺设跨河管道、电缆，应当符合国家规定的防洪标准和其他有关的技术要求，工程建设方案应当依照防洪法的有关规定报经有关水行政主管部门审查同意。

因建设前款工程设施，需要扩建、改建、拆除或者损坏原有水工程设施的，建设单位应当负担扩建、改建的费用和损失补偿。但是，原有工程设施属于违法工程的除外。

第三十九条 国家实行河道采砂许可制度。河道采砂许可制度实施办法，由国务院规定。

在河道管理范围内采砂，影响河势稳定或者危及堤防安全的，有关县级以上人民政府水行政主管部门应当划定禁采区和规定禁采期，并予以公告。

第四十条 禁止围湖造地。已经围垦的，应当按照国家规定的防洪标准有计划地退地还湖。

禁止围垦河道。确需围垦的，应当经过科学论证，经省、自治区、直辖市人民政府水行政主管部门或者国务院水行政主管部门同意后，报本级人民政府批准。

第四十一条 单位和个人有保护水工程的义务，不得侵占、毁坏堤防、护岸、防汛、水文监测、水文地质监测等工程设施。

第四十二条 县级以上地方人民政府应当采取措施，保障本行政区域内水工程，特别是水坝和堤防的安全，限期消除险情。水行政主管部门应当加强对水工程安全的监督管理。

第四十三条 国家对水工程实施保护。国家所有的水工程应当按照国务院的规定划定工程管理和保护范围。

国务院水行政主管部门或者流域管理机构管理的水工程，由主管部门或者流域管理机构商有关省、自治区、直辖市人民政府划定工程管理和保护范围。

前款规定以外的其他水工程，应当按照省、自治区、直辖市人民政府的规定，划定工程保护范围和保护职责。

在水工程保护范围内，禁止从事影响水工程运行和危害水工程安全的爆破、打井、采石、取土等活动。

第五章 水资源配置和节约使用

第四十四条 国务院发展计划主管部门和国务院水行政主管部门负责全国水资源的宏观调配。全国的和跨省、自治区、直辖市的水中长期供求规划，由国务院水行政主管部门会同有关部门制订，经国务院发展计划主管部门审查批准后执行。地方的水中长期供求规划，由县级以上地方人民政府水行政主管部门会同同级有关部门依据上一级水中长期供求规划和本地区的实际情况制订，经本级人民政府发展计划主管部门审查批准后执行。

水中长期供求规划应当依据水的供求现状、国民经济和社会发展规划、流域规划、区域规划，按照水资源供需协调、综合平衡、保护生态、厉行节约、合理开源的原则制定。

第四十五条 调蓄径流和分配水量，应当依据流域规划和水中长期供求规划，以流域为单元制定水量分配方案。

跨省、自治区、直辖市的水量分配方案和旱情紧急情况下的水量调度预案，由流域管理机构商有关省、自治区、直辖市人民政府制订，报国务院或者其授权的部门批准后执行。其他跨行政区域的水量分配方案和旱情紧急情况下的水量调度预案，由共同的上一级人民政府水行政主管部门商有关地方人民政府制订，报本级人民政府批准后执行。

水量分配方案和旱情紧急情况下的水量调度预案经批准后，有关地方人民政府必须执行。

在不同行政区域之间的边界河流上建设水资源开发、利用项目，应当符合该流域经批准的水量分配方案，由有关县级以上地方人民政府报共同的上一级人民政府水行政主管部门或者有关流域管理机构批准。

第四十六条　县级以上地方人民政府水行政主管部门或者流域管理机构应当根据批准的水量分配方案和年度预测来水量，制定年度水量分配方案和调度计划，实施水量统一调度；有关地方人民政府必须服从。

国家确定的重要江河、湖泊的年度水量分配方案，应当纳入国家的国民经济和社会发展年度计划。

第四十七条　国家对用水实行总量控制和定额管理相结合的制度。

省、自治区、直辖市人民政府有关行业主管部门应当制订本行政区域内行业用水定额，报同级水行政主管部门和质量监督检验行政主管部门审核同意后，由省、自治区、直辖市人民政府公布，并报国务院水行政主管部门和国务院质量监督检验行政主管部门备案。

县级以上地方人民政府发展计划主管部门会同同级水行政主管部门，根据用水定额、经济技术条件以及水量分配方案确定的可供本行政区域使用的水量，制定年度用水计划，对本行政区域内的年度用水实行总量控制。

第四十八条　直接从江河、湖泊或者地下取用水资源的单位和个人，应当按照国家取水许可制度和水资源有偿使用制度的规定，向水行政主管部门或者流域管理机构申请领取取水许可证，并缴纳水资源费，取得取水权。但是，家庭生活和零星散养、圈养畜禽饮用等少量取水的除外。

实施取水许可制度和征收管理水资源费的具体办法，由国务院规定。

第四十九条　用水应当计量，并按照批准的用水计划用水。

用水实行计量收费和超定额累进加价制度。

第五十条　各级人民政府应当推行节水灌溉方式和节水技术，对农业蓄水、输水工程采取必要的防渗漏措施，提高农业用水效率。

第五十一条　工业用水应当采用先进技术、工艺和设备，增加循环用水次数，提高水的重复利用率。

国家逐步淘汰落后的、耗水量高的工艺、设备和产品，具体名录由国务院经济综合主管部门会同国务院水行政主管部门和有关部门制定并公布。生产者、销售者或者生产经营中的使用者应当在规定的时间内停止生产、销售或者使用列入名录的工艺、设备和产品。

第五十二条 城市人民政府应当因地制宜采取有效措施，推广节水型生活用水器具，降低城市供水管网漏失率，提高生活用水效率；加强城市污水集中处理，鼓励使用再生水，提高污水再生利用率。

第五十三条 新建、扩建、改建建设项目，应当制订节水措施方案，配套建设节水设施。节水设施应当与主体工程同时设计、同时施工、同时投产。

供水企业和自建供水设施的单位应当加强供水设施的维护管理，减少水的漏失。

第五十四条 各级人民政府应当积极采取措施，改善城乡居民的饮用水条件。

第五十五条 使用水工程供应的水，应当按照国家规定向供水单位缴纳水费。供水价格应当按照补偿成本、合理收益、优质优价、公平负担的原则确定。具体办法由省级以上人民政府价格主管部门会同同级水行政主管部门或者其他供水行政主管部门依据职权制定。

第六章　水事纠纷处理与执法监督检查

第五十六条 不同行政区域之间发生水事纠纷的，应当协商处理；协商不成的，由上一级人民政府裁决，有关各方必须遵照执行。在水事纠纷解决前，未经各方达成协议或者共同的上一级人民政府批准，在行政区域交界线两侧一定范围内，任何一方不得修建排水、阻水、取水和截（蓄）水工程，不得单方面改变水的现状。

第五十七条 单位之间、个人之间、单位与个人之间发生的水事纠纷，应当协商解决；当事人不愿协商或者协商不成的，可以申请县级以上地方人民政府或者其授权的部门调解，也可以直接向人民法院提起民事诉讼。县级以上地方人民政府或者其授权的部门调解不成的，当事人可以向人民法院提起民事诉讼。

在水事纠纷解决前，当事人不得单方面改变现状。

第五十八条 县级以上人民政府或者其授权的部门在处理水事纠纷时，有权采取临时处置措施，有关各方或者当事人必须服从。

第五十九条 县级以上人民政府水行政主管部门和流域管理机构应当对违

反本法的行为加强监督检查并依法进行查处。

水政监督检查人员应当忠于职守，秉公执法。

第六十条 县级以上人民政府水行政主管部门、流域管理机构及其水政监督检查人员履行本法规定的监督检查职责时，有权采取下列措施：

（一）要求被检查单位提供有关文件、证照、资料；

（二）要求被检查单位就执行本法的有关问题作出说明；

（三）进入被检查单位的生产场所进行调查；

（四）责令被检查单位停止违反本法的行为，履行法定义务。

第六十一条 有关单位或者个人对水政监督检查人员的监督检查工作应当给予配合，不得拒绝或者阻碍水政监督检查人员依法执行职务。

第六十二条 水政监督检查人员在履行监督检查职责时，应当向被检查单位或者个人出示执法证件。

第六十三条 县级以上人民政府或者上级水行政主管部门发现本级或者下级水行政主管部门在监督检查工作中有违法或者失职行为的，应当责令其限期改正。

第七章 法 律 责 任

第六十四条 水行政主管部门或者其他有关部门以及水工程管理单位及其工作人员，利用职务上的便利收取他人财物、其他好处或者玩忽职守，对不符合法定条件的单位或者个人核发许可证、签署审查同意意见，不按照水量分配方案分配水量，不按照国家有关规定收取水资源费，不履行监督职责，或者发现违法行为不予查处，造成严重后果，构成犯罪的，对负有责任的主管人员和其他直接责任人员依照刑法的有关规定追究刑事责任；尚不够刑事处罚的，依法给予行政处分。

第六十五条 在河道管理范围内建设妨碍行洪的建筑物、构筑物，或者从事影响河势稳定、危害河岸堤防安全和其他妨碍河道行洪的活动的，由县级以上人民政府水行政主管部门或者流域管理机构依据职权，责令停止违法行为，限期拆除违法建筑物、构筑物，恢复原状；逾期不拆除、不恢复原状的，强行拆除，所需费用由违法单位或者个人负担，并处1万元以上10万元以下的罚款。

未经水行政主管部门或者流域管理机构同意，擅自修建水工程，或者建设桥梁、码头和其他拦河、跨河、临河建筑物、构筑物，铺设跨河管道、电缆，且防洪法未作规定的，由县级以上人民政府水行政主管部门或者流域管理机构依据职权，责令停止违法行为，限期补办有关手续；逾期不补办或者补办未被批准的，责令限期拆除违法建筑物、构筑物；逾期不拆除的，强行拆除，所需费用由违法单位或者个人负担，并处 1 万元以上 10 万元以下的罚款。

虽经水行政主管部门或者流域管理机构同意，但未按照要求修建前款所列工程设施的，由县级以上人民政府水行政主管部门或者流域管理机构依据职权，责令限期改正，按照情节轻重，处 1 万元以上 10 万元以下的罚款。

第六十六条 有下列行为之一，且防洪法未作规定的，由县级以上人民政府水行政主管部门或者流域管理机构依据职权，责令停止违法行为，限期清除障碍或者采取其他补救措施，处 1 万元以上 5 万元以下的罚款：

（一）在江河、湖泊、水库、运河、渠道内弃置、堆放阻碍行洪的物体和种植阻碍行洪的林木及高秆作物的；

（二）围湖造地或者未经批准围垦河道的。

第六十七条 在饮用水水源保护区内设置排污口的，由县级以上地方人民政府责令限期拆除、恢复原状；逾期不拆除、不恢复原状的，强行拆除、恢复原状，并处 5 万元以上 10 万元以下的罚款。

未经水行政主管部门或者流域管理机构审查同意，擅自在江河、湖泊新建、改建或者扩大排污口的，由县级以上人民政府水行政主管部门或者流域管理机构依据职权，责令停止违法行为，限期恢复原状，处 5 万元以上 10 万元以下的罚款。

第六十八条 生产、销售或者在生产经营中使用国家明令淘汰的落后的、耗水量高的工艺、设备和产品的，由县级以上地方人民政府经济综合主管部门责令停止生产、销售或者使用，处 2 万元以上 10 万元以下的罚款。

第六十九条 有下列行为之一的，由县级以上人民政府水行政主管部门或者流域管理机构依据职权，责令停止违法行为，限期采取补救措施，处 2 万元以上 10 万元以下的罚款；情节严重的，吊销其取水许可证：

（一）未经批准擅自取水的；

（二）未依照批准的取水许可规定条件取水的。

第七十条 拒不缴纳、拖延缴纳或者拖欠水资源费的，由县级以上人民政府水行政主管部门或者流域管理机构依据职权，责令限期缴纳；逾期不缴纳的，从滞纳之日起按日加收滞纳部分 2‰ 的滞纳金，并处应缴或者补缴水资源费 1 倍以上 5 倍以下的罚款。

第七十一条 建设项目的节水设施没有建成或者没有达到国家规定的要求，擅自投入使用的，由县级以上人民政府有关部门或者流域管理机构依据职权，责令停止使用，限期改正，处 5 万元以上 10 万元以下的罚款。

第七十二条 有下列行为之一，构成犯罪的，依照刑法的有关规定追究刑事责任；尚不够刑事处罚，且防洪法未作规定的，由县级以上地方人民政府水行政主管部门或者流域管理机构依据职权，责令停止违法行为，采取补救措施，处1万元以上5万元以下的罚款；违反治安管理处罚条例的，由公安机关依法给予治安管理处罚；给他人造成损失的，依法承担赔偿责任：

（一）侵占、毁坏水工程及堤防、护岸等有关设施，毁坏防汛、水文监测、水文地质监测设施的；

（二）在水工程保护范围内，从事影响水工程运行和危害水工程安全的爆破、打井、采石、取土等活动的。

第七十三条　侵占、盗窃或者抢夺防汛物资、防洪排涝、农田水利、水文监测和测量以及其他水工程设备和器材，贪污或者挪用国家救灾、抢险、防汛、移民安置和补偿及其他水利建设款物，构成犯罪的，依照刑法的有关规定追究刑事责任。

第七十四条　在水事纠纷发生及其处理过程中煽动闹事、结伙斗殴、抢夺或者损坏公私财物、非法限制他人人身自由，构成犯罪的，依照刑法的有关规定追究刑事责任；尚不够刑事处罚的，由公安机关依法给予治安管理处罚。

第七十五条　不同行政区域之间发生水事纠纷，有下列行为之一的，对负有责任的主管人员和其他直接责任人员依法给予行政处分：

（一）拒不执行水量分配方案和水量调度预案的；

（二）拒不服从水量统一调度的；

（三）拒不执行上一级人民政府的裁决的；

（四）在水事纠纷解决前，未经各方达成协议或者上一级人民政府批准，单方面违反本法规定改变水的现状的。

第七十六条　引水、截（蓄）水、排水，损害公共利益或者他人合法权益的，依法承担民事责任。

第七十七条　对违反本法第三十九条有关河道采砂许可制度规定的行政处罚，由国务院规定。

第八章　附　　则

第七十八条　中华人民共和国缔结或者参加的与国际或者国境边界河流、湖泊有关的国际条约、协定与中华人民共和国法律有不同规定的，适用国际条约、协定的规定。但是，中华人民共和国声明保留的条款除外。

第七十九条　本法所称水工程，是指在江河、湖泊和地下水源上开发、利用、控制、调配和保护水资源的各类工程。

第八十条　海水的开发、利用、保护和管理，依照有关法律的规定执行。

第八十一条 从事防洪活动，依照防洪法的规定执行。

水污染防治，依照水污染防治法的规定执行。

第八十二条 本法自 2002 年 10 月 1 日起施行。

二、《中华人民共和国防洪法》

（1997 年 8 月 29 日第八届全国人民代表大会常务委员会第二十七次会议通过，自 1998 年 1 月 1 日起施行）

第一章　总　　则

第一条 为了防治洪水，防御、减轻洪涝灾害，维护人民的生命和财产安全，保障社会主义现代化建设顺利进行，制定本法。

第二条 防洪工作实行全面规划、统筹兼顾、预防为主、综合治理、局部利益服从全局利益的原则。

第三条 防洪工程设施建设，应当纳入国民经济和社会发展计划。防洪费用按照政府投入同受益者合理承担相结合的原则筹集。

第四条 开发利用和保护水资源，应当服从防洪总体安排，实行兴利与除害相结合的原则。江河、湖泊治理以及防洪工程设施建设，应当符合流域综合规划，与流域水资源的综合开发相结合。本法所称综合规划是指开发利用水资源和防治水害的综合规划。

第五条 防洪工作按照流域或者区域实行统一规划、分级实施和流域管理与行政区域管理相结合的制度。

第六条 任何单位和个人都有保护防洪工程设施和依法参加防汛抗洪的义务。

第七条 各级人民政府应当加强对防洪工作的统一领导，组织有关部门、单位，动员社会力量，依靠科技进步，有计划地进行江河、湖泊治理，采取措施加强防洪工程设施建设，巩固、提高防洪能力。

各级人民政府应当组织有关部门、单位，动员社会力量，做好防汛抗洪和洪涝灾害后的恢复与救济工作。

各级人民政府应当对蓄滞洪区予以扶持；蓄滞洪后，应当依照国家规定予以补偿或者救助。

第八条 国务院水行政主管部门在国务院的领导下，负责全国防洪的组织、协调、监督、指导等日常工作。

　　国务院水行政主管部门在国家确定的重要江河、湖泊设立的流域管理机构，在所管辖的范围内行使法律、行政法规规定和国务院水行政主管部门授权的防洪协调和监督管理职责。

　　国务院建设行政主管部门和其他有关部门在国务院的领导下，按照各自的职责，负责有关的防洪工作。

　　县级以上地方人民政府水行政主管部门在本级人民政府的领导下，负责本行政区域内防洪的组织、协调、监督、指导等日常工作。

　　县级以上地方人民政府建设行政主管部门和其他有关部门在本级人民政府的领导下，按照各自的职责，负责有关的防洪工作。

第二章　防　洪　规　划

　　第九条　防洪规划是指为防治某一流域、河段或者区域的洪涝灾害而制定的总体部署，包括国家确定的重要江河、湖泊的流域防洪规划，其他江河、河段、湖泊的防洪规划以及区域防洪规划。

　　防洪规划应当服从所在流域、区域的综合规划；区域防洪规划应当服从所在流域的流域防洪规划。防洪规划是江河、湖泊治理和防洪工程设施建设的基本依据。

　　第十条　国家确定的重要江河、湖泊的防洪规划，由国务院水行政主管部门依据该江河、湖泊的流域综合规划，会同有关部门和有关省、自治区、直辖市人民政府编制，报国务院批准。

　　其他江河、河段、湖泊的防洪规划或者区域防洪规划，由县级以上地方人民政府水行政主管部门分别依据流域综合规划、区域综合规划，会同有关部门和有关地区编制，报本级人民政府批准，并报上一级人民政府水行政主管部门备案；跨省、自治区、直辖市的江河、河段、湖泊的防洪规划由有关流域管理机构会同江河、河段、湖泊所在地的省、自治区、直辖市人民政府水行政主管部门、有关主管部门拟定，分别经有关省、自治区、直辖市人民政府审查提出意见后，报国务院水行政主管部门批准。

　　城市防洪规划，由城市人民政府组织水行政主管部门、建设行政主管部门和其他有关部门依据流域防洪规划、上一级人民政府区域防洪规划编制，按照国务院规定的审批程序批准后纳入城市总体规划。

　　修改防洪规划，应当报经原批准机关批准。

　　第十一条　编制防洪规划，应当遵循确保重点、兼顾一般，以及防汛和抗旱相结合、工程措施和非工程措施相结合的原则，充分考虑洪涝规律和上下游、左右岸的关系以及国民经济对防洪的要求，并与国土规划和土地利用总体规划相协调。

防洪规划应当确定防护对象、治理目标和任务、防洪措施和实施方案，划定洪泛区、蓄滞洪区和防洪保护区的范围，规定蓄滞洪区的使用原则。

第十二条 受风暴潮威胁的沿海地区的县级以上地方人民政府，应当把防御风暴潮纳入本地区的防洪规划，加强海堤（海塘）、挡潮闸和沿海防护林等防御风暴潮工程体系的建设，监督建筑物、构筑物的设计和施工符合防御风暴潮的需要。

第十三条 山洪可能诱发山体滑坡、崩塌和泥石流的地区以及其他山洪多发地区的县级以上地方人民政府，应当组织负责地质矿产管理工作的部门、水行政主管部门和其他有关部门对山体滑坡、崩塌和泥石流隐患进行全面调查，划定重点防治区，采取防治措施。

城市、村镇和其他居民点以及工厂、矿山、铁路和公路干线的布局，应当避开山洪威胁；已经建在受山洪威胁的地方的，应当采取防御措施。

第十四条 平原、洼地、水网圩区、山谷、盆地等易涝地区的有关地方人民政府，应当制定除涝治涝规划，组织有关部门、单位采取相应的治理措施，完善排水系统，发展耐涝农作物种类和品种，开展洪涝、干旱、盐碱综合治理。

城市人民政府应当加强对城区排涝管网、泵站的建设和管理。

第十五条 国务院水行政主管部门应当会同有关部门和省、自治区、直辖市人民政府制定长江、黄河、珠江、辽河、淮河、海河入海河口的整治规划。

在前款入海河口围海造地，应当符合河口整治规划。

第十六条 防洪规划确定的河道整治计划用地和规划建设的堤防用地范围内的土地，经土地管理部门和水行政主管部门会同有关地区核定，报经县级以上人民政府按照国务院规定的权限批准后，可以划定为规划保留区；该规划保留区范围内的土地涉及其他项目用地的，有关土地管理部门和水行政主管部门核定时，应当征求有关部门的意见。

规划保留区依照前款规定划定后，应当公告。

前款规划保留区内不得建设与防洪无关的工矿工程设施；在特殊情况下，国家工矿建设项目确需占用前款规划保留区内的土地的，应当按照国家规定的基本建设程序报请批准，并征求有关水行政主管部门的意见。

防洪规划确定的扩大或者开辟的人工排洪道用地范围内的土地，经省级以上人民政府土地管理部门和水行政主管部门会同有关部门、有关地区核定，报省级以上人民政府按照国务院规定的权限批准后，可以划定为规划保留区，适用前款规定。

第十七条 在江河、湖泊上建设防洪工程和其他水工程、水电站等，应当符合防洪规划的要求；水库应当按照防洪规划的要求留足防洪库容。

前款规定的防洪工程和其他水工程、水电站的可行性研究报告按照国家规定的基本建设程序报请批准时，应当附具有关水行政主管部门签署的符合防洪规划要求的规划同意书。

第三章 治理与防护

第十八条 防治江河洪水，应当蓄泄兼施，充分发挥河道行洪能力和水库、洼淀、湖泊调蓄洪水的功能，加强河道防护，因地制宜地采取定期清淤疏浚等措施，保持行洪畅通。

防治江河洪水，应当保护、扩大流域林草植被，涵养水源，加强流域水土保持综合治理。

第十九条 整治河道和修建控制引导河水流向、保护堤岸等工程，应当兼顾上下游、左右岸的关系，按照规划治导线实施，不得任意改变河水流向。

国家确定的重要江河的规划治导线由流域管理机构拟定，报国务院水行政主管部门批准。

其他江河、河段的规划治导线由县级以上地方人民政府水行政主管部门拟定，报本级人民政府批准；跨省、自治区、直辖市的江河、河段和省、自治区、直辖市之间的省界河道的规划治导线由有关流域管理机构组织江河、河段所在地的省、自治区、直辖市人民政府水行政主管部门拟定，经有关省、自治区、直辖市人民政府审查提出意见后，报国务院水行政主管部门批准。

第二十条 整治河道、湖泊，涉及航道的，应当兼顾航运需要，并事先征求交通主管部门的意见。整治航道，应当符合江河、湖泊防洪安全要求，并事先征求水行政主管部门的意见。

在竹木流放的河流和渔业水域整治河道的，应当兼顾竹木水运和渔业发展的需要，并事先征求林业、渔业行政主管部门的意见。在河道中流放竹木，不得影响行洪和防洪工程设施的安全。

第二十一条 河道、湖泊管理实行按水系统一管理和分级管理相结合的原则，加强防护，确保畅通。

国家确定的重要江河、湖泊的主要河段，跨省、自治区、直辖市的重要河段、湖泊，省、自治区、直辖市之间的省界河道、湖泊以及国（边）界河道、湖泊，由流域管理机构和江河、湖泊所在地的省、自治区、直辖市人民政府水行政主管部门按照国务院水行政主管部门的划定依法实施管理。其他河道、湖泊，由县级以上地方人民政府水行政主管部门按照国务院水行政主管部门或者国务院水行政主管部门授权的机构的划定依法实施管理。

有堤防的河道、湖泊，其管理范围为两岸堤防之间的水域、沙洲、滩地、行洪区和堤防及护堤地；无堤防的河道、湖泊，其管理范围为历史最高洪水位或者设计洪水位之间的水域、沙洲、滩地和行洪区。

流域管理机构直接管理的河道、湖泊管理范围，由流域管理机构会同有关县级以上地方人民政府依照前款规定界定；其他河道、湖泊管理范围，由有关县级以上地方人民政府依照前款规定界定。

第二十二条 河道、湖泊管理范围内的土地和岸线的利用，应当符合行洪、输水的要求。

禁止在河道、湖泊管理范围内建设妨碍行洪的建筑物、构筑物，倾倒垃圾、渣土，从事影响河势稳定、危害河岸堤防安全和其他妨碍河道行洪的活动。

禁止在行洪河道内种植阻碍行洪的林木和高秆作物。

在船舶航行可能危及堤岸安全的河段，应当限定航速。限定航速的标志，由交通主管部门与水行政主管部门商定后设置。

第二十三条 禁止围湖造地。已经围垦的，应当按照国家规定的防洪标准进行治理，有计划地退地还湖。

禁止围垦河道。确需围垦的，应当进行科学论证，经水行政主管部门确认不妨碍行洪、输水后，报省级以上人民政府批准。

第二十四条 对居住在行洪河道内的居民，当地人民政府应当有计划地组织外迁。

第二十五条 护堤护岸的林木，由河道、湖泊管理机构组织营造和管理。护堤护岸林木，不得任意砍伐。采伐护堤护岸林木的，须经河道、湖泊管理机构同意后，依法办理采伐许可手续，并完成规定的更新补种任务。

第二十六条 对壅水、阻水严重的桥梁、引道、码头和其他跨河工程设施，根据防洪标准，有关水行政主管部门可以报请县级以上人民政府按照国务院规定的权限责令建设单位限期改建或者拆除。

第二十七条 建设跨河、穿河、穿堤、临河的桥梁、码头、道路、渡口、管道、缆线、取水、排水等工程设施，应当符合防洪标准、岸线规划、航运要求和其他技术要求，不得危害堤防安全，影响河势稳定、妨碍行洪畅通；其可行性研究报告按照国家规定的基本建设程序报请批准前，其中的工程建设方案应当经有关水行政主管部门根据前述防洪要求审查同意。

前款工程设施需要占用河道、湖泊管理范围内土地，跨越河道、湖泊空间或者穿越河床的，建设单位应当经有关水行政主管部门对该工程设施建设的位置和界限审查批准后，方可依法办理开工手续；安排施工时，应当按照水行政主管部门审查批准的位置和界限进行。

第二十八条　对于河道、湖泊管理范围内依照本法规定建设的工程设施，水行政主管部门有权依法检查；水行政主管部门检查时，被检查者应当如实提供有关的情况和资料。

前款规定的工程设施竣工验收时，应当有水行政主管部门参加。

第四章　防洪区和防洪工程设施的管理

第二十九条　防洪区是指洪水泛滥可能淹及的地区，分为洪泛区、蓄滞洪区和防洪保护区。

洪泛区是指尚无工程设施保护的洪水泛滥所及的地区。

蓄滞洪区是指包括分洪口在内的河堤背水面以外临时贮存洪水的低洼地区及湖泊等。

防洪保护区是指在防洪标准内受防洪工程设施保护的地区。洪泛区、蓄滞洪区和防洪保护区的范围，在防洪规划或者防御洪水方案中划定，并报请省级以上人民政府按照国务院规定的权限批准后予以公告。

第三十条　各级人民政府应当按照防洪规划对防洪区内的土地利用实行分区管理。

第三十一条　地方各级人民政府应当加强对防洪区安全建设工作的领导，组织有关部门、单位对防洪区内的单位和居民进行防洪教育，普及防洪知识，提高水患意识；按照防洪规划和防御洪水方案建立并完善防洪体系和水文、气象、通信、预警以及洪涝灾害监测系统，提高防御洪水能力；组织防洪区内的单位和居民积极参加防洪工作，因地制宜地采取防洪避洪措施。

第三十二条　洪泛区、蓄滞洪区所在地的省、自治区、直辖市人民政府应当组织有关地区和部门，按照防洪规划的要求，制定洪泛区、蓄滞洪区安全建设计划，控制蓄滞洪区人口增长，对居住在经常使用的蓄滞洪区的居民，有计划地组织外迁，并采取其他必要的安全保护措施。

因蓄滞洪区而直接受益的地区和单位，应当对蓄滞洪区承担国家规定的补偿、救助义务。国务院和有关的省、自治区、直辖市人民政府应当建立对蓄滞洪区的扶持和补偿、救助制度。

国务院和有关的省、自治区、直辖市人民政府可以制定洪泛区、蓄滞洪区安全建设管理办法以及对蓄滞洪区的扶持和补偿、救助办法。

第三十三条　在洪泛区、蓄滞洪区内建设非防洪建设项目，应当就洪水对建设项目可能产生的影响和建设项目对防洪可能产生的影响作出评价，编制洪水影响评价报告，提出防御措施。建设项目可行性研究报告按照国家规定的基本建设程序报请批准时，应当附具有关水行政主管部门审查批准的洪水影响评价报告。

在蓄滞洪区内建设的油田、铁路、公路、矿山、电厂、电信设施和管道，其洪水影响评价报告应当包括建设单位自行安排的防洪避洪方案。建设项目投入生产或者使用时，其防洪工程设施应当经水行政主管部门验收。

在蓄滞洪区内建造房屋应当采用平顶式结构。

第三十四条 大中城市，重要的铁路、公路干线，大型骨干企业，应当列为防洪重点，确保安全。

受洪水威胁的城市、经济开发区、工矿区和国家重要的农业生产基地等，应当重点保护，建设必要的防洪工程设施。

城市建设不得擅自填堵原有河道沟叉、贮水湖塘洼淀和废除原有防洪围堤；确需填堵或者废除的，应当经水行政主管部门审查同意，并报城市人民政府批准。

第三十五条 属于国家所有的防洪工程设施，应当按照经批准的设计，在竣工验收前由县级以上人民政府按照国家规定，划定管理和保护范围。

属于集体所有的防洪工程设施，应当按照省、自治区、直辖市人民政府的规定，划定保护范围。

在防洪工程设施保护范围内，禁止进行爆破、打井、采石、取土等危害防洪工程设施安全的活动。

第三十六条 各级人民政府应当组织有关部门加强对水库大坝的定期检查和监督管理。对未达到设计洪水标准、抗震设防要求或者有严重质量缺陷的险坝，大坝主管部门应当组织有关单位采取除险加固措施，限期消除危险或者重建，有关人民政府应当优先安排所需资金。对可能出现垮坝的水库，应当事先制定应急抢险和居民临时撤离方案。

各级人民政府和有关主管部门应当加强对尾矿坝的监督管理，采取措施，避免因洪水导致垮坝。

第三十七条 任何单位和个人不得破坏、侵占、毁损水库大坝、堤防、水闸、护岸、抽水站、排水渠系等防洪工程和水文、通信设施以及防汛备用的器材、物料等。

第五章 防 汛 抗 洪

第三十八条 防汛抗洪工作实行各级人民政府行政首长负责制，统一指挥、分级分部门负责。

第三十九条　国务院设立国家防汛指挥机构，负责领导、组织全国的防汛抗洪工作，其办事机构设在国务院水行政主管部门。

在国家确定的重要江河、湖泊可以设立由有关省、自治区、直辖市人民政府和该江河、湖泊的流域管理机构负责人等组成的防汛指挥机构，指挥所管辖范围内的防汛抗洪工作，其办事机构设在流域管理机构。

有防汛抗洪任务的县级以上地方人民政府设立由有关部门、当地驻军、人民武装部负责人等组成的防汛指挥机构，在上级防汛指挥机构和本级人民政府的领导下，指挥本地区的防汛抗洪工作，其办事机构设在同级水行政主管部门；必要时，经城市人民政府决定，防汛指挥机构也可以在建设行政主管部门设城市市区办事机构，在防汛指挥机构的统一领导下，负责城市市区的防汛抗洪日常工作。

第四十条　有防汛抗洪任务的县级以上地方人民政府根据流域综合规划、防洪工程实际状况和国家规定的防洪标准，制定防御洪水方案（包括对特大洪水的处置措施）。

长江、黄河、淮河、海河的防御洪水方案，由国家防汛指挥机构制定，报国务院批准；跨省、自治区、直辖市的其他江河的防御洪水方案，由有关流域管理机构会同有关省、自治区、直辖市人民政府制定，报国务院或者国务院授权的有关部门批准。防御洪水方案经批准后，有关地方人民政府必须执行。

各级防汛指挥机构和承担防汛抗洪任务的部门和单位，必须根据防御洪水方案做好防汛抗洪准备工作。

第四十一条　省、自治区、直辖市人民政府防汛指挥机构根据当地的洪水规律，规定汛期起止日期。当江河、湖泊的水情接近保证水位或者安全流量，水库水位接近设计洪水位，或者防洪工程设施发生重大险情时，有关县级以上人民政府防汛指挥机构可以宣布进入紧急防汛期。

第四十二条　对河道、湖泊范围内阻碍行洪的障碍物，按照谁设障、谁清除的原则，由防汛指挥机构责令限期清除；逾期不清除的，由防汛指挥机构组织强行清除，所需费用由设障者承担。

在紧急防汛期，国家防汛指挥机构或者其授权的流域、省、自治区、直辖市防汛指挥机构有权对壅水、阻水严重的桥梁、引道、码头和其他跨河工程设施作出紧急处置。

第四十三条　在汛期，气象、水文、海洋等有关部门应当按照各自的职责，及时向有关防汛指挥机构提供天气、水文等实时信息和风暴潮预报；电信部门应当优先提供防汛抗洪通信的服务；运输、电力、物资材料供应等有关部门应当优先为防汛抗洪服务。

中国人民解放军、中国人民武装警察部队和民兵应当执行国家赋予的抗洪抢险任务。

第四十四条 在汛期，水库、闸坝和其他水工程设施的运用，必须服从有关的防汛指挥机构的调度指挥和监督。

在汛期，水库不得擅自在汛期限制水位以上蓄水，其汛期限制水位以上的防洪库容的运用，必须服从防汛指挥机构的调度指挥和监督。

在凌汛期，有防凌汛任务的江河的上游水库的下泄水量必须征得有关的防汛指挥机构的同意，并接受其监督。

第四十五条 在紧急防汛期，防汛指挥机构根据防汛抗洪的需要，有权在其管辖范围内调用物资、设备、交通运输工具和人力，决定采取取土占地、砍伐林木、清除阻水障碍物和其他必要的紧急措施；必要时，公安、交通等有关部门按照防汛指挥机构的决定，依法实施陆地和水面交通管制。

依照前款规定调用的物资、设备、交通运输工具等，在汛期结束后应当及时归还；造成损坏或者无法归还的，按照国务院有关规定给予适当补偿或者作其他处理。取土占地、砍伐林木的，在汛期结束后依法向有关部门补办手续；有关地方人民政府对取土后的土地组织复垦，对砍伐的林木组织补种。

第四十六条 江河、湖泊水位或者流量达到国家规定的分洪标准，需要启用蓄滞洪区时，国务院，国家防汛指挥机构，流域防汛指挥机构，省、自治区、直辖市人民政府，省、自治区、直辖市防汛指挥机构，按照依法经批准的防御洪水方案中规定的启用条件和批准程序，决定启用蓄滞洪区。依法启用蓄滞洪区，任何单位和个人不得阻拦、拖延；遇到阻拦、拖延时，由有关县级以上地方人民政府强制实施。

第四十七条 发生洪涝灾害后，有关人民政府应当组织有关部门、单位做好灾区的生活供给、卫生防疫、救灾物资供应、治安管理、学校复课、恢复生产和重建家园等救灾工作以及所管辖地区的各项水毁工程设施修复工作。水毁防洪工程设施的修复，应当优先列入有关部门的年度建设计划。

国家鼓励、扶持开展洪水保险。

第六章 保 障 措 施

第四十八条 各级人民政府应当采取措施，提高防洪投入的总体水平。

第四十九条 江河、湖泊的治理和防洪工程设施的建设和维护所需投资，按照事权和财权相统一的原则，分级负责，由中央和地方财政承担。城市防洪工程设施的建设和维护所需投资，由城市人民政府承担。

受洪水威胁地区的油田、管道、铁路、公路、矿山、电力、电信等企业、事业单位应当自筹资金，兴建必要的防洪自保工程。

第五十条　中央财政应当安排资金，用于国家确定的重要江河、湖泊的堤坝遭受特大洪涝灾害时的抗洪抢险和水毁防洪工程修复。省、自治区、直辖市人民政府应当在本级财政预算中安排资金，用于本行政区域内遭受特大洪涝灾害地区的抗洪抢险和水毁防洪工程修复。

第五十一条　国家设立水利建设基金，用于防洪工程和水利工程的维护和建设。具体办法由国务院规定。

受洪水威胁的省、自治区、直辖市为加强本行政区域内防洪工程设施建设，提高防御洪水能力，按照国务院的有关规定，可以规定在防洪保护区范围内征收河道工程修建维护管理费。

第五十二条　有防洪任务的地方各级人民政府应当根据国务院的有关规定，安排一定比例的农村义务工和劳动积累工，用于防洪工程设施的建设、维护。

第五十三条　任何单位和个人不得截留、挪用防洪、救灾资金和物资。

各级人民政府审计机关应当加强对防洪、救灾资金使用情况的审计监督。

第七章　法　律　责　任

第五十四条　违反本法第十七条规定，未经水行政主管部门签署规划同意书，擅自在江河、湖泊上建设防洪工程和其他水工程、水电站的，责令停止违法行为，补办规划同意书手续；违反规划同意书的要求，严重影响防洪的，责令限期拆除；违反规划同意书的要求，影响防洪但尚可采取补救措施的，责令限期采取补救措施，可以处1万元以上10万元以下的罚款。

第五十五条　违反本法第十九条规定，未按照规划治导线整治河道和修建控制引导河水流向、保护堤岸等工程，影响防洪的，责令停止违法行为，恢复原状或者采取其他补救措施，可以处1万元以上10万元以下的罚款。

第五十六条　违反本法第二十二条第二款、第三款规定，有下列行为之一的，责令停止违法行为，排除阻碍或者采取其他补救措施，可以处5万元以下的罚款：

（一）在河道、湖泊管理范围内建设妨碍行洪的建筑物、构筑物的；

（二）在河道、湖泊管理范围内倾倒垃圾、渣土，从事影响河势稳定、危害河岸堤防安全和其他妨碍河道行洪的活动的；

（三）在行洪河道内种植阻碍行洪的林木和高秆作物的。

第五十七条　违反本法第十五条第二款、第二十三条规定，围海造地、围湖造地、围垦河道的，责令停止违法行为，恢复原状或者采取其他补救措施，可以处 5 万元以下的罚款；既不恢复原状也不采取其他补救措施的，代为恢复原状或者采取其他补救措施，所需费用由违法者承担。

第五十八条 违反本法第二十七条规定，未经水行政主管部门对其工程建设方案审查同意或者未按照有关水行政主管部门审查批准的位置、界限，在河道、湖泊管理范围内从事工程设施建设活动的，责令停止违法行为，补办审查同意或者审查批准手续；工程设施建设严重影响防洪的，责令限期拆除，逾期不拆除的，强行拆除，所需费用由建设单位承担；影响行洪但尚可采取补救措施的，责令限期采取补救措施，可以处 1 万元以上 10 万元以下的罚款。

第五十九条 违反本法第三十三条第一款规定，在洪泛区、蓄滞洪区内建设非防洪建设项目，未编制洪水影响评价报告的，责令限期改正；逾期不改正的，处 5 万元以下的罚款。

违反本法第三十三条第二款规定，防洪工程设施未经验收，即将建设项目投入生产或者使用的，责令停止生产或者使用，限期验收防洪工程设施，可以处 5 万元以下的罚款。

第六十条 违反本法第三十四条规定，因城市建设擅自填堵原有河道沟叉、贮水湖塘洼淀和废除原有防洪围堤的，城市人民政府应当责令停止违法行为，限期恢复原状或者采取其他补救措施。

第六十一条 违反本法规定，破坏、侵占、毁损堤防、水闸、护岸、抽水站、排水渠系等防洪工程和水文、通信设施以及防汛备用的器材、物料的，责令停止违法行为，采取补救措施，可以处 5 万元以下的罚款；造成损坏的，依法承担民事责任；应当给予治安管理处罚的，依照治安管理处罚条例的规定处罚；构成犯罪的，依法追究刑事责任。

第六十二条 阻碍、威胁防汛指挥机构、水行政主管部门或者流域管理机构的工作人员依法执行职务，构成犯罪的，依法追究刑事责任；尚不构成犯罪，应当给予治安管理处罚的，依照治安管理处罚条例的规定处罚。

第六十三条 截留、挪用防洪、救灾资金和物资，构成犯罪的，依法追究刑事责任；尚不构成犯罪的，给予行政处分。

第六十四条 除本法第六十条的规定外，本章规定的行政处罚和行政措施，由县级以上人民政府水行政主管部门决定，或者由流域管理机构按照国务院水行政主管部门规定的权限决定。但是，本法第六十一条、第六十二条规定的治安管理处罚的决定机关，按照治安管理处罚条例的规定执行。

第六十五条 国家工作人员，有下列行为之一，构成犯罪的，依法追究刑事责任；尚不构成犯罪的，给予行政处分：

（一）违反本法第十七条、第十九条、第二十二条第二款、第二十二条第三款、第二十七条或者第三十四条规定，严重影响防洪的；

（二）滥用职权，玩忽职守，徇私舞弊，致使防汛抗洪工作遭受重大损失的；

（三）拒不执行防御洪水方案、防汛抢险指令或者蓄滞洪方案、措施、汛期调度运用计划等防汛调度方案的；

（四）违反本法规定，导致或者加重毗邻地区或者其他单位洪灾损失的。

第八章　附　　则

第六十六条　本法自 1998 年 1 月 1 日起施行。

三、《中华人民共和国防汛条例》

（1991 年 7 月 2 日中华人民共和国国务院令第 86 号发布　根据 2005 年 7 月 15 日《国务院关于修改〈中华人民共和国防汛条例〉的决定》修订）

第一章　总　　则

第一条　为了做好防汛抗洪工作，保障人民生命财产安全和经济建设的顺利进行，根据《中华人民共和国水法》，制定本条例。

第二条　在中华人民共和国境内进行防汛抗洪活动，适用本条例。

第三条　防汛工作实行"安全第一，常备不懈，以防为主，全力抢险"的方针，遵循团结协作和局部利益服从全局利益的原则。

第四条　防汛工作实行各级人民政府行政首长负责制，实行统一指挥，分级分部门负责。各有关部门实行防汛岗位责任制。

第五条　任何单位和个人都有参加防汛抗洪的义务。

中国人民解放军和武装警察部队是防汛抗洪的重要力量。

第二章　防　汛　组　织

第六条　国务院设立国家防汛抗旱总指挥部，负责组织领导全国的防汛抗洪工作，其办事机构设在国务院水行政主管部门。

长江和黄河，可以设立由有关省、自治区、直辖市人民政府和该江河的流域管理机构（以下简称流域机构）负责人等组成的防汛指挥机构，负责指挥所辖范围的防汛抗洪工作，其办事机构设在流域机构。长江和黄河的重大防汛抗洪事项须经国家防汛抗旱总指挥部批准后执行。

国务院水行政主管部门所属的淮河、海河、珠江、松花江、辽河、太湖等流域机构，设立防汛办事机构，负责协调本流域的防汛日常工作。

第七条 有防汛任务的县级以上地方人民政府设立防汛指挥部，由有关部门、当地驻军、人民武装部负责人组成，由各级人民政府首长担任指挥。各级人民政府防汛指挥部在上级人民政府防汛指挥部和同级人民政府的领导下，执行上级防汛指令，制定各项防汛抗洪措施，统一指挥本地区的防汛抗洪工作。

各级人民政府防汛指挥部办事机构设在同级水行政主管部门；城市市区的防汛指挥部办事机构也可以设在城建主管部门，负责管理所辖范围的防汛日常工作。

第八条 石油、电力、邮电、铁路、公路、航运、工矿以及商业、物资等有防汛任务的部门和单位，汛期应当设立防汛机构，在有管辖权的人民政府防汛指挥部统一领导下，负责做好本行业和本单位的防汛工作。

第九条 河道管理机构、水利水电工程管理单位和江河沿岸在建工程的建设单位，必须加强对所辖水工程设施的管理维护，保证其安全正常运行，组织和参加防汛抗洪工作。

第十条 有防汛任务的地方人民政府应当组织以民兵为骨干的群众性防汛队伍，并责成有关部门将防汛队伍组成人员登记造册，明确各自的任务和责任。

河道管理机构和其他防洪工程管理单位可以结合平时的管理任务，组织本单位的防汛抢险队伍，作为紧急抢险的骨干力量。

第三章 防 汛 准 备

第十一条 有防汛任务的县级以上人民政府，应当根据流域综合规划、防洪工程实际状况和国家规定的防洪标准，制定防御洪水方案（包括对特大洪水的处置措施）。

长江、黄河、淮河、海河的防御洪水方案，由国家防汛抗旱总指挥部制定，报国务院批准后施行；跨省、自治区、直辖市的其他江河的防御洪水方案，有关省、自治区、直辖市人民政府制定后，经有管辖权的流域机构审查同意，由省、自治区、直辖市人民政府报国务院或其授权的机构批准后施行。

有防汛抗洪任务的城市人民政府，应当根据流域综合规划和江河的防御洪水方案，制定本城市的防御洪水方案，报上级人民政府或其授权的机构批准后施行。

防御洪水方案经批准后，有关地方人民政府必须执行。

第十二条 有防汛任务的地方，应当根据经批准的防御洪水方案制定洪水调度方案。长江、黄河、淮河、海河（海河流域的永定河、大清河、漳卫南运河和北三河）、松花江、辽河、珠江和太湖流域的洪水调度方案，由有关流域机构会同有关省、自治区、直辖市人民政府制定，报国家防汛总指挥部批准。跨省、自治区、直辖市的其他江河的洪水调度方案，由有关流域机构会同有关省、自治区、直辖市人民政府制定，报流域防汛指挥机构批准；没有设立流域防汛指挥机构的，报国家防汛总指挥部批准。其他江河的洪水调度方案，由有管辖权的水行政主管部门会同有关地方人民政府制定，报有管辖权的防汛指挥机构批准。

洪水调度方案经批准后，有关地方人民政府必须执行。修改洪水调度方案，应当报经原批准机关批准。

第十三条 有防汛抗洪任务的企业应当根据所在流域或者地区经批准的防御洪水方案和洪水调度方案，规定本企业的防汛抗洪措施，在征得其所在地县级人民政府水行政主管部门同意后，由有管辖权的防汛指挥机构监督实施。

第十四条 水库、水电站、拦河闸坝等工程的管理部门，应当根据工程规划设计、经批准的防御洪水方案和洪水调度方案以及工程实际状况，在兴利服从防洪，保证安全的前提下，制定汛期调度运用计划，经上级主管部门审查批准后，报有管辖权的人民政府防汛指挥部备案，并接受其监督。

经国家防汛抗旱总指挥部认定的对防汛抗洪关系重大的水电站，其防洪库容的汛期调度运用计划经上级主管部门审查同意后，须经有管辖权的人民政府防汛指挥部批准。

汛期调度运用计划经批准后，由水库、水电站、拦河闸坝等工程的管理部门负责执行。

有防凌任务的江河，其上游水库在凌汛期间的下泄水量，必须征得有管辖权的人民政府防汛指挥部的同意，并接受其监督。

第十五条 各级防汛指挥部应当在汛前对各类防洪设施组织检查，发现影响防洪安全的问题，责成责任单位在规定的期限内处理，不得贻误防汛抗洪工作。

各有关部门和单位按照防汛指挥部的统一部署，对所管辖的防洪工程设施进行汛前检查后，必须将影响防洪安全的问题和处理措施报有管辖权的防汛指挥部和上级主管部门，并按照该防汛指挥部的要求予以处理。

第十六条 关于河道清障和对壅水、阻水严重的桥梁、引道、码头和其他跨河工程设施的改建或者拆除，按照《中华人民共和国河道管理条例》的规定执行。

第十七条 蓄滞洪区所在地的省级人民政府应当按照国务院的有关规定，

组织有关部门和市、县，制定所管辖的蓄滞洪区的安全与建设规划，并予实施。

各级地方人民政府必须对所管辖的蓄滞洪区的通信、预报警报、避洪、撤退道路等安全设施，以及紧急撤离和救生的准备工作进行汛前检查，发现影响安全的问题，及时处理。

第十八条 山洪、泥石流易发地区，当地有关部门应当指定预防监测员及时监测。雨季到来之前，当地人民政府防汛指挥部应当组织有关单位进行安全检查，对险情征兆明显的地区，应当及时把群众撤离险区。

风暴潮易发地区，当地有关部门应当加强对水库、海堤、闸坝、高压电线等设施和房屋的安全检查，发现影响安全的问题，及时处理。

第十九条 地区之间在防汛抗洪方面发生的水事纠纷，由发生纠纷地区共同的上一级人民政府或其授权的主管部门处理。

前款所指人民政府或者部门在处理防汛抗洪方面的水事纠纷时，有权采取临时紧急处置措施，有关当事各方必须服从并贯彻执行。

第二十条 有防汛任务的地方人民政府应当建设和完善江河堤防、水库、蓄滞洪区等防洪设施，以及该地区的防汛通信、预报警报系统。

第二十一条 各级防汛指挥部应当储备一定数量的防汛抢险物资，由商业、供销、物资部门代储的，可以支付适当的保管费。受洪水威胁的单位和群众应当储备一定的防汛抢险物料。

防汛抢险所需的主要物资，由计划主管部门在年度计划中予以安排。

第二十二条 各级人民政府防汛指挥部汛前应当向有关单位和当地驻军介绍防御洪水方案，组织交流防汛抢险经验。有关方面汛期应当及时通报水情。

第四章 防 汛 与 抢 险

第二十三条 省级人民政府防汛指挥部，可以根据当地的洪水规律，规定汛期起止日期。当江河、湖泊、水库的水情接近保证水位或者安全流量时，或者防洪工程设施发生重大险情，情况紧急时，县级以上地方人民政府可以宣布进入紧急防汛期，并报告上级人民政府防汛指挥部。

第二十四条 防汛期内，各级防汛指挥部必须有负责人主持工作。有关责任人员必须坚守岗位，及时掌握汛情，并按照防御洪水方案和汛期调度运用计划进行调度。

第二十五条 在汛期，水利、电力、气象、海洋、农林等部门的水文站、雨量站，必须及时准确地向各级防汛指挥部提供实时水文信息；气象部门必须及时向各级防汛指挥部提供有关天气预报和实时气象信息；水文部门必须及时向各级防汛指挥部提供有关水文预报；海洋部门必须及时向沿海地区防汛指挥部提供风暴潮预报。

第二十六条　在汛期，河道、水库、闸坝、水运设施等水工程管理单位及其主管部门在执行汛期调度运用计划时，必须服从有管辖权的人民政府防汛指挥部的统一调度指挥或者监督。

在汛期，以发电为主的水库，其汛限水位以上的防洪库容以及洪水调度运用必须服从有管辖权的人民政府防汛指挥部的统一调度指挥。

第二十七条　在汛期，河道、水库、水电站、闸坝等水工程管理单位必须按照规定对水工程进行巡查，发现险情，必须立即采取抢护措施，并及时向防汛指挥部和上级主管部门报告。其他任何单位和个人发现水工程设施出现险情，应当立即向防汛指挥部和水工程管理单位报告。

第二十八条　在汛期，公路、铁路、航运、民航等部门应当及时运送防汛抢险人员和物资；电力部门应当保证防汛用电。

第二十九条　在汛期，电力调度通信设施必须服从防汛工作需要；邮电部门必须保证汛情和防汛指令的及时、准确传递，电视、广播、公路、铁路、航运、民航、公安、林业、石油等部门应当运用本部门的通信工具优先为防汛抗洪服务。

电视、广播、新闻单位应当根据人民政府防汛指挥部提供的汛情，及时向公众发布防汛信息。

第三十条　在紧急防汛期，地方人民政府防汛指挥部必须由人民政府负责人主持工作，组织动员本地区各有关单位和个人投入抗洪抢险。所有单位和个人必须听从指挥，承担人民政府防汛指挥部分配的抗洪抢险任务。

第三十一条　在紧急防汛期，公安部门应当按照人民政府防汛指挥部的要求，加强治安管理和安全保卫工作。必要时须由有关部门依法实行陆地和水面交通管制。

第三十二条　在紧急防汛期，为了防汛抢险需要，防汛指挥部有权在其管辖范围内，调用物资、设备、交通运输工具和人力，事后应当及时归还或者给予适当补偿。因抢险需要取土占地、砍伐林木、清除阻水障碍物的，任何单位和个人不得阻拦。

前款所指取土占地、砍伐林木的，事后应当依法向有关部门补办手续。

第三十三条　当河道水位或者流量达到规定的分洪、滞洪标准时，有管辖权的人民政府防汛指挥部有权根据经批准的分洪、滞洪方案，采取分洪、滞洪措施。采取上述措施对毗邻地区有危害的，须经有管辖权的上级防汛指挥机构批准，并事先通知有关地区。

在非常情况下，为保护国家确定的重点地区和大局安全，必须作出局部牺牲时，在报经有管辖权的上级人民政府防汛指挥部批准后，当地人民政府防汛指挥部可以采取非常紧急措施。

实施上述措施时，任何单位和个人不得阻拦，如遇到阻拦和拖延时，有管辖权的人民政府有权组织强制实施。

第三十四条 当洪水威胁群众安全时，当地人民政府应当及时组织群众撤离至安全地带，并做好生活安排。

第三十五条 按照水的天然流势或者防洪、排涝工程的设计标准，或者经批准的运行方案下泄的洪水，下游地区不得设障阻水或者缩小河道的过水能力；上游地区不得擅自增大下泄流量。

未经有管辖权的人民政府或其授权的部门批准，任何单位和个人不得改变江河河势的自然控制点。

第五章 善 后 工 作

第三十六条 在发生洪水灾害的地区，物资、商业、供销、农业、公路、铁路、航运、民航等部门应当做好抢险救灾物资的供应和运输；民政、卫生、教育等部门应当做好灾区群众的生活供给、医疗防疫、学校复课以及恢复生产等救灾工作；水利、电力、邮电、公路等部门应当做好所管辖的水毁工程的修复工作。

第三十七条 地方各级人民政府防汛指挥部，应当按照国家统计部门批准的洪涝灾害统计报表的要求，核实和统计所管辖范围的洪涝灾情，报上级主管部门和同级统计部门，有关单位和个人不得虚报、瞒报、伪造、篡改。

第三十八条 洪水灾害发生后，各级人民政府防汛指挥部应当积极组织和帮助灾区群众恢复和发展生产。修复水毁工程所需费用，应当优先列入有关主管部门年度建设计划。

第六章 防 汛 经 费

第三十九条 由财政部门安排的防汛经费，按照分级管理的原则，分别列入中央财政和地方财政预算。

在汛期，有防汛任务的地区的单位和个人应当承担一定的防汛抢险的劳务和费用，具体办法由省、自治区、直辖市人民政府制定。

第四十条 防御特大洪水的经费管理，按照有关规定执行。

第四十一条 对蓄滞洪区，逐步推行洪水保险制度，具体办法另行制定。

第七章 奖 励 与 处 罚

第四十二条 有下列事迹之一的单位和个人，可以由县级以上人民政府给予表彰或者奖励：

（一）在执行抗洪抢险任务时，组织严密，指挥得当，防守得力，奋力抢险，出色完成任务者；

（二）坚持巡堤查险，遇到险情及时报告，奋力抗洪抢险，成绩显著者；

（三）在危险关头，组织群众保护国家和人民财产，抢救群众有功者；

（四）为防汛调度、抗洪抢险献计献策，效益显著者；

（五）气象、雨情、水情测报和预报准确及时，情报传递迅速，克服困难，抢测洪水，因而减轻重大洪水灾害者；

（六）及时供应防汛物料和工具，爱护防汛器材，节约经费开支，完成防汛抢险任务成绩显著者；

（七）有其他特殊贡献，成绩显著者。

第四十三条 有下列行为之一者，视情节和危害后果，由其所在单位或者上级主管机关给予行政处分；应当给予治安管理处罚的，依照《中华人民共和国治安管理处罚条例》的规定处罚；构成犯罪的，依法追究刑事责任：

（一）拒不执行经批准的防御洪水方案、洪水调度方案，或者拒不执行有管辖权的防汛指挥机构的防汛调度方案或者防汛抢险指令的；

（二）玩忽职守，或者在防汛抢险的紧要关头临阵逃脱的；

（三）非法扒口决堤或者开闸的；

（四）挪用、盗窃、贪污防汛或者救灾的钱款或者物资的；

（五）阻碍防汛指挥机构工作人员依法执行职务的；

（六）盗窃、毁损或者破坏堤防、护岸、闸坝等水工程建筑物和防汛工程设施以及水文监测、测量设施、气象测报设施、河岸地质监测设施、通信照明设施的；

（七）其他危害防汛抢险工作的。

第四十四条 违反河道和水库大坝的安全管理，依照《中华人民共和国河道管理条例》和《水库大坝安全管理条例》的有关规定处理。

第四十五条 虚报、瞒报洪涝灾情，或者伪造、篡改洪涝灾害统计资料的，依照《中华人民共和国统计法》及其实施细则的有关规定处理。

第四十六条 当事人对行政处罚不服的，可以在接到处罚通知之日起15日内，向作出处罚决定机关的上一级机关申请复议；对复议决定不服的，可以在接到复议决定之日起15日内，向人民法院起诉。当事人也可以在接到处罚通知之日起 15 日内，直接向人民法院起诉。

当事人逾期不申请复议或者不向人民法院起诉，又不履行处罚决定的，由作出处罚决定的机关申请人民法院强制执行；在汛期，也可以由作出处罚决定的机关强制执行；对治安管理处罚不服的，依照《中华人民共和国治安管理处罚条例》的规定办理。

当事人在申请复议或者诉讼期间，不停止行政处罚决定的执行。

第八章　附　　则

第四十七条　省、自治区、直辖市人民政府，可以根据本条例的规定，结合本地区的实际情况，制定实施细则。

第四十八条　本条例由国务院水行政主管部门负责解释。

第四十九条　本条例自发布之日起施行。

四、《中华人民共和国水库大坝安全管理条例》

（1991 年 3 月 22 日中华人民共和国国务院令第 77 号发布，自发布之日起施行）

第一章　总　　则

第一条　为加强水库大坝安全管理，保障人民生命财产和社会主义建设的安全，根据《中华人民共和国水法》，制定本条例。

第二条　本条例适用于中华人民共和国境内坝高 15m 以上或者库容 100 万 m^3 以上的水库大坝（以下简称大坝）。大坝包括永久性挡水建筑物以及与其配合运用的泄洪、输水和过船建筑等。

坝高 15m 以下、10m 以上或者库容 100 万 m^3 以下、10 万 m^3 以上，对重要城镇、交通干线、重要军事设施、工矿区安全有潜在危险的大坝，其安全管理参照本条例执行。

第三条　国务院水行政主管部门会同国务院有关主管部门对全国的大坝安全实施监督。县级以上地方人民政府水行政主管部门会同有关主管部门对本行政区域内的大坝安全实施监督。

各级水利、能源、建设、交通、农业等有关部门，是其所管辖的大坝的主管部门。

第四条　各级人民政府及其大坝主管部门对其所管辖的大坝的安全实行行政领导负责制。

第五条　大坝的建设和管理应当贯彻安全第一的方针。

第六条　任何单位和个人都有保护大坝安全的义务。

第二章　大　坝　建　设

第七条　兴建大坝必须符合由国务院水行政主管部门会同有关大坝主管部门制定的大坝安全技术标准。

第八条　兴建大坝必须进行工程设计。大坝的工程设计必须由具有相应资格证书的单位承担。

大坝的工程设计应当包括工程观测、通信、动力、照明、交通、消防等管理设施的设计。

第九条　大坝施工必须由具有相应资格证书的单位承担。大坝施工单位必须按照施工承包合同规定的设计文件、图纸要求和有关技术标准进行施工。

建设单位和设计单位应当派驻代表，对施工质量进行监督检查。质量不符合设计要求的，必须返工或者采取补救措施。

第十条　兴建大坝时，建设单位应当按照批准的设计，提请县级以上人民政府依照国家规定划定管理和保护范围，树立标志。

已建大坝尚未划定管理和保护范围的，大坝主管部门应当根据安全管理的需要，提请县级以上人民政府划定。

第十一条　大坝开工后，大坝主管部门应当组建大坝管理单位，由其按照工程基本建设验收规程参与质量检查以及大坝分部、分项验收和蓄水验收工作。

大坝竣工后，建设单位应当申请大坝主管部门组织验收。

第三章　大　坝　管　理

第十二条　大坝及其设施受国家保护，任何单位和个人不得侵占、毁坏。大坝管理单位应当加强大坝的安全保卫工作。

第十三条　禁止在大坝管理和保护范围内进行爆破、打井、采石、采矿、挖沙、取土、修坟等危害大坝安全的活动。

第十四条　非大坝管理人员不得操作大坝的泄洪闸门、输水闸门以及其他设施，大坝管理人员操作时应当遵守有关的规章制度。禁止任何单位和个人干扰大坝的正常管理工作。

第十五条　禁止在大坝的集水区域内乱伐林木、陡坡开荒等导致水库淤积的活动。禁止在库区内围垦和进行采石、取土等危及山体的活动。

第十六条　大坝坝顶确需兼做公路的，须经科学论证和大坝主管部门批准，并采取相应的安全维护措施。

第十七条　禁止在坝体修建码头、渠道、堆放杂物、晾晒粮草。在大坝管理和保护范围内修建码头、鱼塘的，须经大坝主管部门批准，并与坝脚和泄水、输水建筑物保持一定距离，不得影响大坝安全、工程管理和抢险工作。

第十八条　大坝主管部门应当配备具有相应业务水平的大坝安全管理人员。

大坝管理单位应当建立、健全安全管理规章制度。

第十九条　大坝管理单位必须按照有关技术标准，对大坝进行安全监测和检查；对监测资料应当及时整理分析，随时掌握大坝运行状况。发现异常现象和不安全因素时，大坝管理单位应当立即报告大坝主管部门，及时采取措施。

第二十条　大坝管理单位必须做好大坝的养护修理工作，保证大坝和闸门启闭设备完好。

第二十一条　大坝的运行，必须在保证安全的前提下，发挥综合效益。大坝管理单位应当根据批准的计划和大坝主管部门的指令进行水库的调度运用。

在汛期，综合利用的水库，其调度运用必须服从防汛指挥机构的统一指挥；以发电为主的水库，其汛限水位以上的防汛库容及其洪水调度运用，必须服从防汛指挥机构的统一指挥。

任何单位和个人不得非法干预水库的调度运用。

第二十二条　大坝主管部门应当建立大坝定期安全检查、鉴定制度。

汛前、汛后，以及暴风、暴雨、特大洪水或者强烈地震发生后，大坝主管部门应当组织对其所管辖的大坝的安全进行检查。

第二十三条　大坝主管部门对其所管辖的大坝应当按期注册登记，建立技术档案。大坝注册登记办法由国务院水行政主管部门制定。

第二十四条　大坝管理单位和有关部门应当做好防汛抢险物料的准备和气象水情预报，并保证水情传递、报警以及大坝管理单位与大坝主管部门、上级防汛指挥机构之间联系通畅。

第二十五条　大坝出现险情征兆时，大坝管理单位应当立即报告大坝主管部门和上级防汛指挥机构，并采取抢救措施；有垮坝危险时，应当采取一切措施向预计的垮坝淹没地区发出警报，做好转移工作。

第四章　险　坝　处　理

第二十六条　对尚未达到设计洪水标准、抗震设防标准或者有严重质量缺陷的险坝，大坝主管部门应当组织有关单位进行分类，采取除险加固等措施，或者废弃重建。

在险坝加固前，大坝管理单位应当制定保坝应急措施；经论证必须改变原设计运行方式的，应当报请大坝主管部门审批。

第二十七条　大坝主管部门应当对其所管辖的需要加固的险坝制定加固计划，限期消除危险；有关人民政府应当优先安排所需资金和物料。

险坝加固必须由具有相应设计资格证书的单位作出加固设计，经审批后组织实施。险坝加固竣工后，由大坝主管部门组织验收。

第二十八条　大坝主管部门应当组织有关单位，对险坝可能出现的垮坝方式、淹没范围作出预估，并制定应急方案，报防汛指挥机构批准。

第五章　罚　　则

第二十九条　违反本条例规定，有下列行为之一的，由大坝主管部门责令其停止违法行为，赔偿损失，采取补救措施，可以并处罚款；应当给予治安管理处罚的，由公安机关依照《中华人民共和国治安管理处罚条例》的规定处罚；构成犯罪的，依法追究刑事责任：

（一）毁坏大坝或者其观测、通信、动力、照明、交通、消防等管理设施的；

（二）在大坝管理和保护范围内进行爆破、打井、采石、采矿、取土、挖沙、修坟等危害大坝安全活动的；

（三）擅自操作大坝的泄洪闸门、输水库闸门以及其他设施，破坏大坝正常运行的；

（四）在库区内围垦的；

（五）在坝体修建码头、渠道或者堆放杂物、晾晒粮草的；

（六）擅自在大坝管理和保护范围内修建码头、鱼塘的。

第三十条　盗窃或者抢夺大坝工程设施、器材的，依照刑法规定追究刑事责任。

第三十一条　由于勘测设计失误、施工质量低劣，调度运用不当以及滥用职权、玩忽职守，导致大坝事故的，由其所在单位或其上级主管机关对责任人员给予行政处分；构成犯罪的，依法追究刑事责任。

第三十二条　当事人对行政处罚决定不服的，可以在接到处罚通知之日起15日内，向作出处罚决定机关的上一级机关申请复议；对复议决定不服的，可以在接到复议决定之日起15日内，向人民法院起诉。当事人也可以在接到处罚通知之日起15日内，直接向人民法院起诉。当事人逾期不申请复议或者不向人民法院起诉又不履行处罚决定的，由作出处罚决定的机关申请人民法院强制执行。

对治安管理处罚不服的，依照《中华人民共和国治安管理处罚条例》的规定办理。

第六章 附 则

第三十三条 国务院有关部门和各省、自治区、直辖市人民政府可以根据本条例制定实施细则。

第三十四条 本条例自发布之日起施行。

五、《中华人民共和国河道管理条例》

（1988 年 6 月 3 日国务院第七次常务会议通过，1988 年 6 月 10 日中华人民共和国国务院令第 3 号发布，自发布之日起施行）

第一章 总 则

第一条 为加强河道管理，保障防洪安全，发挥江河湖泊的综合效益，根据《中华人民共和国水法》，制定本条例。

第二条 本条例适用于中华人民共和国领域内的河道（包括湖泊、人工水道、行洪区、蓄洪区、滞洪区）。

河道内的航道，同时适用《中华人民共和国航道管理条例》。

第三条 开发利用江河湖泊水资源和防治水害，应当全面规划、统筹兼顾、综合利用、讲求效益，服从防洪的总体安排，促进各项事业的发展。

第四条 国务院水利行政主管部门是全国河道的主管机关。

各省、自治区、直辖市的水利行政主管部门是该行政区域的河道主管机关。

第五条 国家对河道实行按水系统一管理和分级管理相结合的原则。

长江、黄河、淮河、海河、珠江、松花江、辽河等大江大河的主要河段，跨省、自治区、直辖市的重要河段，省、自治区、直辖市之间的边界河道以及国境边界河道，由国家授权的江河流域管理机构实施管理，或者由上述河道所在省、自治区、直辖市的河道主管机关根据流域统一规划实施管理。其他河道由省、自治区、直辖市或市、县的河道主管机关实施管理。

第六条 河道划分等级。河道等级标准由国务院水利行政主管部门制定。

第七条 河道防汛和清障工作实行地方人民政府行政首长负责制。

第八条 各级人民政府河道主管机关以及河道监理人员，必须按照国家法律、法规，加强河道管理，执行洪水计划和防洪调度命令，维护水工程和人民生命财产安全。

第九条　一切单位和个人都有保护河道堤防安全和参加防汛抢险的义务。

第二章　河道整治与建设

第十条　河道的整治与建设，应当服从流域综合规划，符合国家规定的防洪标准、通航标准和其他有关技术要求，维护堤防安全，保持河势稳定和行洪、航运通畅。

第十一条　修建开发水利、防治水害、整治河道的各类工程和跨河、穿河、穿堤、临河的桥梁、码头、道路、渡口、管道、缆线等建设物及设施，建设单位必须按照河道管理权限，将工程建设方案报送河道主管机关审查同意后，方可按照基本建设程序履行审批手续。

建设项目经批准后，建设单位应当将施工安排告知河道主管机关。

第十二条　修建桥梁、码头和其他设施，必须按照国家规定的防洪标准所确定的河宽进行，不得缩窄行洪通道。

桥梁和栈桥的梁底必须高于设计洪水位，并按照防洪和航运的要求，留有一定的超高。设计洪水位由河道主管机关根据防洪规划确定。

跨越河道的管道、线路的净空高度必须符合防洪和航运的要求。

第十三条　交通部门进行航道整治，应当符合防洪安全要求，并事先征求河道主管机关对有关设计和计划的意见。

水利部门进行河道整治，涉及航道的，应当兼顾航运的需要，并事先征求交通部门对有关设计和计划的意见。

在国家规定可以流放竹木的河流和重要的渔业水域进行河道、航道整治，建设单位应当兼顾竹木水运和渔业发展的需要，并事先将有关设计和计划送同级林业、渔业主管部门征求意见。

第十四条　堤防上已修建的涵闸、泵站和埋设的穿堤管道、缆线等建筑物及设施，河道主管机关应当定期检查，对不符合工程安全要求的，限期改建。

在堤防上新建前款所指建筑物及设施，必须经河道主管机关验收合格后方可启用，并服从河道主管机关的安全管理。

第十五条　确需利用堤顶或者戗台兼做公路的，须经上级河道主管机关批准。堤身和堤顶公路的管理和维护办法，由河道主管机关商交通部门制定。

第十六条　城镇建设和发展不得占用河道滩地。城镇规划的临河界限，由河道主管机关会同城镇规划等有关部门确定。沿河城镇在编制和审查城镇规划时，应当事先征求河道主管机关的意见。

第十七条 河道岸线的利用和建设，应当服从河道整治规划和航道整治规划。计划部门在审批利用河道岸线的建设项目时，应当事先征求河道主管机关的意见。

河道岸线的界限，由河道主管机关会同交通等有关部门报县级以上地方人民政府划定。

第十八条 河道清淤和加固堤防取土以及按照防洪规划进行河道整治需要占用的土地，由当地人民政府调剂解决。

因修建水库、整治河道所增加的可利用土地，属于国家所有，可以由县级以上人民政府用于移民安置和河道整治工程。

第十九条 省、自治区、直辖市以河道为边界的，在河道两岸外侧各10km之内，以及跨省、自治区、直辖市的河道，未经有关各方达成协议或者国务院水利行政主管部门批准，禁止单方面修建排水、阻水、引水、蓄水工程以及河道整治工程。

第三章 河 道 保 护

第二十条 有堤防的河道，其管理范围为两岸堤防之间的水域、沙洲、滩地（包括可耕地）、行洪区，两岸堤防及护堤地。

无堤防的河道，其管理范围根据历史最高洪水位或者设计洪水位确定。

河道的具体管理范围，由县级以上地方人民政府负责划定。

第二十一条 在河道管理范围内，水域和土地的利用应当符合江河行洪、输水和航运的要求；滩地的利用，应当由河道主管机关会同土地管理等有关部门制定规划，报县级以上地方人民政府批准后实施。

第二十二条 禁止损毁堤防、护岸、闸坝等水工程建筑物和防汛设施、水文监测和测量设施、河岸地质监测设施以及通信照明等设施。

在防汛抢险期间，无关人员和车辆不得上堤。

因降雨雪等造成堤顶泥泞期间，禁止车辆通行，但防汛抢险车辆除外。

第二十三条 禁止非管理人员操作河道上的涵闸闸门，禁止任何组织和个人干扰河道管理单位的正常工作。

第二十四条 在河道管理范围内，禁止修建围堤、阻水渠道、阻水道路；种植高秆农作物、芦苇、杞柳、荻柴和树木（堤防防护林除外）；设置拦河渔具；弃置矿渣、石渣、煤灰、泥土、垃圾等。

在堤防和护堤地，禁止建房、放牧、开渠、打井、挖窖、葬坟、晒粮、存放物料、开采地下资源、进行考古发掘以及开展集市贸易活动。

第二十五条 在河道管理范围内进行下列活动，必须报经河道主管机关批准；涉及其他部门的，由河道主管机关会同有关部门批准：

（一）采砂、取土、淘金、弃置砂石或者淤泥；

（二）爆破、钻探、挖筑鱼塘；

（三）在河道滩地存放物料、修建厂房或者其他建筑设施；

（四）在河道滩地开采地下资源及进行考古发掘。

第二十六条　根据堤防的重要程度、堤基土质条件等，河道主管机关报经县级以上人民政府批准，可以在河道管理范围的相连地域划定堤防安全保护区。在堤防安全保护区内，禁止进行打井、钻探、爆破、挖筑鱼塘、采石、取土等危害堤防安全的活动。

第二十七条　禁止围湖造田。已经围垦的，应当按照国家规定的防洪标准进行治理，逐步退田还湖。湖泊的开发利用规划必须经河道主管机关审查同意。

禁止围垦河流，确需围垦的，必须经过科学论证，并经省级以上人民政府批准。

第二十八条　加强河道滩地、堤防和河岸的水土保持工作，防止水土流失、河道淤积。

第二十九条　江河的故道、旧堤、原有工程设施等，非经河道主管机关批准，不得填堵、占用或者拆毁。

第三十条　护堤护岸林木，由河道管理单位组织营造和管理，其他任何单位和个人不得侵占、砍伐或者破坏。

河道管理单位对护堤护岸林木进行抚育和更新性质的采伐及用于防汛抢险的采伐，根据国家有关规定免交育林基金。

第三十一条　在为保证堤岸安全需要限制航速的河段，河道主管机关应当会同交通部门设立限制航速的标志，通行的船舶不得超速行驶。

在汛期，船舶的行驶和停靠必须遵守防汛指挥部的规定。

第三十二条　山区河道有山体滑坡、崩岸、泥石流等自然灾害的河段，河道主管机关应当会同地质、交通等部门加强监测。在上述河段，禁止从事开山采石、采矿、开荒等危及山体稳定的活动。

第三十三条　在河道中流放竹木，不得影响行洪、航运和水工程安全，并服从当地河道主管机关的安全管理。

在汛期，河道主管机关有权对河道上的竹木和其他漂流物进行紧急处置。

第三十四条　向河道、湖泊排污的排污口的设置和扩大，排污单位在向环境保护部门申报之前，应当征得河道主管机关的同意。

第三十五条　在河道管理范围内，禁止堆放、倾倒、掩埋、排放污染水体的物体。禁止在河道内清洗装贮过油类或者有毒污染物的车辆、容器。

河道主管机关应当开展河道水质监测工作，协同环境保护部门对水污染防治实施监督管理。

第四章 河 道 清 障

第三十六条 对河道管理范围内的阻水障碍物，按照"谁设障、谁清除"的原则，由河道主管机关提出清障计划和实施方案，由防汛指挥部责令设障者在规定的期限内清除。逾期不清除的，由防汛指挥部组织强行清除，并由设障者负担全部清障费用。

第三十七条 对壅水、阻水严重的桥梁、引道、码头和其他跨河工程设施，根据国家规定的防洪标准，由河道主管机关提出意见并报经人民政府批准，责成原建设单位在规定的期限内改建或者拆除。汛期影响防洪安全的，必须服从防汛指挥部的紧急处理决定。

第五章 经 费

第三十八条 河道堤防的防汛岁修费，按照分级管理的原则，分别由中央财政和地方财政负担，列入中央和地方年度财政预算。

第三十九条 受益范围明确的堤防、护岸、水闸、圩垸、海塘和排涝工程设施，河道主管机关可以向受益的工商企业等单位和农户收取河道工程修建维护管理费，其标准应当根据工程修建和维护管理费用确定。收费的具体标准和计收办法由省、自治区、直辖市人民政府制定。

第四十条 在河道管理范围内采砂、取土、淘金，必须按照经批准的范围和作业方式进行，并向河道主管机关缴纳管理费。收费的标准和计收办法由国务院水利行政主管部门会同国务院财政主管部门制定。

第四十一条 任何单位和个人，凡对堤防、护岸和其他水工程设施造成损坏或者造成河道淤积的，由责任者负责修复、清淤或者承担维修费用。

第四十二条 河道主管机关收取的各项费用，用于河道堤防工程的建设、管理、维修和设施的更新改造。结余资金可以连年结转使用，任何部门不得截取或者挪用。

第四十三条 河道两岸的城镇和农村，当地县级以上人民政府可以在汛期组织堤防保护区域内的单位和个人义务出工，对河道堤防工程进行维修和加固。

第六章 罚 则

第四十四条 违反本条例规定，有下列行为之一的，县级以上地方人民政府河道主管机关除责令其纠正违法行为、采取补救措施外，可以并处警告、罚款、没收非法所得；对有关责任人员，由其所在单位或者上级主管机关给予行政处分；构成犯罪的，依法追究刑事责任：

（一）在河道管理范围内弃置、堆放阻碍行洪物体的；种植阻碍行洪的林木或者高秆植物的；修建围堤、阻水渠道、阻水道路的；

（二）在堤防、护堤地建房、放牧、开渠、打井、挖窖、葬坟、晒粮、存放物料、开采地下资源、进行考古发掘以及开展集市贸易活动的；

（三）未经批准或者不按照国家规定的防洪标准、工程安全标准整治河道或者修建水工程建筑物和其他设施的；

（四）未经批准或者不按照河道主管机关的规定在河道管理范围内采砂、取土、淘金、弃置砂石或者淤泥、爆破、钻探、挖筑鱼塘的；

（五）未经批准在河道滩地存放物料、修建厂房或者其他建筑设施，以及开采地下资源或者进行考古发掘的；

（六）违反本条例第二十七条的规定，围垦湖泊、河流的；

（七）擅自砍伐护堤护岸林木的；

（八）汛期违反防汛指挥部的规定或者指令的。

第四十五条　违反本条例规定，有下列行为之一的，县级以上地方人民政府河道主管机关除责令其纠正违法行为、赔偿损失、采取补救措施外，可以并处警告、罚款；应当给予治安管理处罚的，按照《中华人民共和国治安管理处罚条例》的规定处罚；构成犯罪的，依法追究刑事责任：

（一）损毁堤防、护岸、闸坝、水工程建筑物，损毁防汛设施、水文监测和测量设施、河岸地质监测设施以及通信照明等设施；

（二）在堤防安全保护区内进行打井、钻探、爆破、挖筑鱼塘、采石、取土等危害堤防安全的活动的；

（三）非管理人员操作河道上的涵闸闸门或者干扰河道管理单位正常工作的。

第四十六条　当事人对行政处罚决定不服的，可以在接到处罚通知之日起15日内，向作出处罚决定的机关的上一级机关申请复议，对复议决定不服的，可以在接到复议决定之日起15日内，向人民法院起诉。当事人也可以在接到处罚通知之日起15日内，直接向人民法院起诉。当事人逾期不申请复议或者不向人民法院起诉又不履行处罚决定的，由作出处罚决定的机关申请人民法院强制执行。对治安管理处罚不服的，按照《中华人民共和国治安管理处罚条例》的规定办理。

第四十七条　对违反本条例规定，造成国家、集体、个人经济损失的，受害方可以请求县级以上河道主管机关处理。受害方也可以直接向人民法院起诉。

当事人对河道主管机关的处理决定不服的，可以在接到通知之日起 15 日内，向人民法院起诉。

第四十八条 河道主管机关的工作人员以及河道监理人员玩忽职守、滥用职权、徇私舞弊的，由其所在单位或者上级主管机关给予行政处分；对公共财产、国家和人民利益造成重大损失的，依法追究刑事责任。

第七章 附 则

第四十九条 各省、自治区、直辖市人民政府，可以根据本条例的规定，结合本地区的实际情况，制定实施办法。

第五十条 本条例由国务院水利行政主管部门负责解释。

第五十一条 本条例自发布之日起施行。

六、《蓄滞洪区运用补偿暂行办法》

（2000 年 5 月 23 日国务院第二十八次常务会议通过，2000 年 5 月 27 日中华人民共和国国务院令第 286 号发布，自发布之日起施行）

第一章 总 则

第一条 为了保障蓄滞洪区的正常运用，确保受洪水威胁的重点地区的防洪安全，合理补偿蓄滞洪区内居民因蓄滞洪遭受的损失，根据《中华人民共和国防洪法》，制定本办法。

第二条 本办法适用于附录所列国家蓄滞洪区。

依照《中华人民共和国防洪法》的规定，国务院或者国务院水行政主管部门批准的防洪规划或者防御洪水方案需要修改，并相应调整国家蓄滞洪区时，由国务院水行政主管部门对本办法附录提出修订意见，报国务院批准、公布。

第三条 蓄滞洪区运用补偿，遵循下列原则：

（一）保障蓄滞洪区居民的基本生活；

（二）有利于蓄滞洪区恢复农业生产；

（三）与国家财政承受能力相适应。

第四条 蓄滞洪区所在地的各级地方人民政府应当按照国家有关规定，加强蓄滞洪区的安全建设和管理，调整产业结构，控制人口增长，有计划地组织人口外迁。

第五条　蓄滞洪区运用前，蓄滞洪区所在地的各级地方人民政府应当组织有关部门和单位做好蓄滞洪区内人员、财产的转移和保护工作，尽量减少蓄滞洪造成的损失。

第六条　国务院财政主管部门和国务院水行政主管部门依照本办法的规定，负责全国蓄滞洪区运用补偿工作的组织实施和监督管理。

国务院水行政主管部门在国家确定的重要江河、湖泊设立的流域管理机构，对所辖区域内蓄滞洪区运用补偿工作实施监督、指导。

蓄滞洪区所在地的地方各级人民政府依照本办法的规定，负责本行政区域内蓄滞洪区运用补偿工作的具体实施和管理。上一级人民政府应当对下一级人民政府的蓄滞洪区运用补偿工作实施监督。

蓄滞洪区所在地的县级以上地方人民政府有关部门在本级人民政府规定的职责范围内，负责蓄滞洪区运用补偿的有关工作。

第七条　任何组织和个人不得骗取、侵吞和挪用蓄滞洪区运用补偿资金。

第八条　审计机关应当加强对蓄滞洪区运用补偿资金的管理和使用情况的审计监督。

第二章　补偿对象、范围和标准

第九条　蓄滞洪区内具有常住户口的居民（以下简称区内居民），在蓄滞洪区运用后，依照本办法的规定获得补偿。

区内居民除依照本办法获得蓄滞洪区运用补偿外，同时按照国家有关规定享受与其他洪水灾区灾民同样的政府救助和社会捐助。

第十条　蓄滞洪区运用后，对区内居民遭受的下列损失给予补偿：

（一）农作物、专业养殖和经济林水毁损失；

（二）住房水毁损失；

（三）无法转移的家庭农业生产机械和役畜以及家庭主要耐用消费品水毁损失。

第十一条　蓄滞洪区运用后造成的下列损失，不予补偿：

（一）根据国家有关规定，应当退田而拒不退田，应当迁出而拒不迁出，或者退田、迁出后擅自返耕、返迁造成的水毁损失；

（二）违反蓄滞洪区安全建设规划或者方案建造的住房水毁损失；

（三）按照转移命令能转移而未转移的家庭农业生产机械和役畜以及家庭主要耐用消费品水毁损失。

第十二条　蓄滞洪区运用后，按照下列标准给予补偿：

（一）农作物、专业养殖和经济林，分别按照蓄滞洪前三年平均年产值的50％～70％、40％～50％、40％～50％补偿，具体补偿标准由蓄滞洪区所在地的省级人民政府根据蓄滞洪后的实际水毁情况在上述规定的幅度内确定。

（二）住房，按照水毁损失的70％补偿。

（三）家庭农业生产机械和役畜以及家庭主要耐用消费品，按照水毁损失的50％补偿。但是，家庭农业生产机械和役畜以及家庭主要耐用消费品的登记总价值在2000元以下的，按照水毁损失的100％补偿；水毁损失超过2000元不足4000元的，按照2000元补偿。

第十三条 已下达蓄滞洪转移命令，因情况变化未实施蓄滞洪造成损失的，给予适当补偿。

第三章 补偿程序

第十四条 蓄滞洪区所在地的县级人民政府应当组织有关部门和乡（镇）人民政府（含街道办事处，下同）对区内居民的承包土地、住房、家庭农业生产机械和役畜以及家庭主要耐用消费品逐户进行登记，并由村（居）民委员会张榜公布；在规定时间内村（居）民无异议的，由县、乡、村分级建档立卡。

以村或者居民委员会为单位进行财产登记时，应当有村（居）民委员会干部、村（居）民代表参加。

第十五条 已登记公布的区内居民的承包土地、住房或者其他财产发生变更时，村（居）民委员会应当于每年汛前汇总，并向乡（镇）人民政府提出财产变更登记申请，由乡（镇）人民政府核实登记后，报蓄滞洪区所在地的县级人民政府指定的部门备案。

第十六条 蓄滞洪区所在地的县级人民政府应当及时将区内居民的承包土地、住房、家庭农业生产机械和役畜以及家庭主要耐用消费品的登记情况及变更登记情况汇总后抄报所在流域管理机构备案。流域管理机构应当根据每年汛期预报，对财产登记及变更登记情况进行必要的抽查。

第十七条 蓄滞洪区运用后，蓄滞洪区所在地的县级人民政府应当及时组织有关部门和乡（镇）人民政府核查区内居民损失情况，按照规定的补偿标准，提出补偿方案，经省级人民政府或者其授权的主管部门核实后，由省级人民政府上报国务院。

以村或者居民委员会为单位核查损失时，应当有村（居）民委员会干部、村（居）民代表参加，并对损失情况张榜公布。

省级人民政府上报的补偿方案，由国务院财政主管部门和国务院水行政主管部门负责审查、核定，提出补偿资金的总额，报国务院批准后下达。

省级人民政府在上报补偿方案时，应当附具所在流域管理机构签署的意见。

第十八条　蓄滞洪区运用补偿资金由中央财政和蓄滞洪区所在地的省级财政共同承担；具体承担比例由国务院财政主管部门根据蓄滞洪后的实际损失情况和省级财政收入水平拟定，报国务院批准。

蓄滞洪区运用后，补偿资金应当及时、足额拨付到位。资金拨付和管理办法由国务院财政主管部门会同国务院水行政主管部门制定。

第十九条　蓄滞洪区所在地的县级人民政府在补偿资金拨付到位后，应当及时制定具体补偿方案，由乡（镇）人民政府逐户确定具体补偿金额，并由村（居）民委员会张榜公布。

补偿金额公布无异议后，由乡（镇）人民政府组织发放补偿凭证，区内居民持补偿凭证、村（居）民委员会出具的证明和身份证明到县级财政主管部门指定的机构领取补偿金。

第二十条　流域管理机构应当加强对所辖区域内补偿资金发放情况的监督，必要时应当会同省级人民政府或者其授权的主管部门进行调查，并及时将补偿资金总的发放情况上报国务院财政主管部门和国务院水行政主管部门，同时抄送省级人民政府。

第四章　罚　　则

第二十一条　有下列行为之一的，由蓄滞洪区所在地的县级以上地方人民政府责令立即改正，并对直接负责的主管人员和其他直接责任人员依法给予行政处分：

（一）在财产登记工作中弄虚作假的；

（二）在蓄滞洪区运用补偿过程中谎报、虚报损失的。

第二十二条　骗取、侵吞或者挪用补偿资金，构成犯罪的，依法追究刑事责任；尚不构成犯罪的，依法给予行政处分。

第五章　附　　则

第二十三条　本办法规定的财产登记、财产变更登记等有关文书格式，由国务院水行政主管部门统一制定，蓄滞洪区所在地的省级人民政府水行政主管部门负责印制。

第二十四条　财产登记、财产变更登记不得向区内居民收取任何费用，所需费用由蓄滞洪区所在地县级人民政府统筹解决。

第二十五条　省级人民政府批准的防洪规划或者防御洪水方案中确定的蓄

滞洪区的运用补偿办法，由有关省级人民政府制定。

第二十六条 本办法自发布之日起施行。

附：国家蓄滞洪区名录

长江流域：围堤湖、六角山、九垸、西官垸、安澧垸、澧南垸、安昌垸、安化垸、南顶垸、和康垸、南汉垸、民主垸、共双茶、城西垸、屈原农场、义和垸、北湖垸、集成安合、钱粮湖、建设垸、建新农场、君山农场、大通湖东、江南陆城、荆江分洪区、宛市扩建区、虎西备蓄区、人民大垸、洪湖分洪区、杜家台、西凉湖、东西湖、武湖、张渡湖、白潭湖、康山圩、珠湖圩、黄湖圩、方洲斜塘、华阳河。（共40个）

黄河流域：北金堤、东平湖、北展宽区、南展宽区、大功。（共5个）

海河流域：永定河泛区、小清河分洪区、东淀、文安洼、贾口洼、兰沟洼、宁晋泊、大陆泽、良相坡、长虹渠、白寺坡、大名泛区、恩县洼、盛庄洼、青甸洼、黄庄洼、大黄铺洼、三角淀、白洋淀、小滩坡、任固坡、共渠西、广润坡、团泊洼、永年洼、献县泛区。（共26个）

淮河流域：濛洼、城西湖、城东湖、瓦埠湖、老汪湖、泥河洼、老王坡、蛟停湖、黄墩湖、南润段、邱家湖、姜家湖、唐垛湖、寿西湖、董峰湖、上六坊堤、下六坊堤、石姚湾、洛河洼、汤渔湖、荆山湖、方邱湖、临北段、花园湖、香浮段、潘村洼。（共26个）

七、《特大防汛抗旱补助费使用管理办法》

第一章　总　　则

第一条 为了加强特大防汛抗旱补助费的管理，提高资金使用效益，更好地支持防汛抗旱工作，完善国家防灾抗灾体系，促进国民经济稳定发展，特制定本办法。

第二条 特大防汛抗旱补助费是中央财政预算安排的，用于补助遭受特大水旱灾害的省（含自治区、直辖市、计划单列市，下同）、新疆生产建设兵团进行防汛抢险、抗旱及中央直管的大江大河大湖防汛抢险的专项资金。

第三条 防汛抗旱资金的筹集，坚持"地方自力更生为主，国家支持为辅"的原则。各省、新疆生产建设兵团在遭受特大水旱灾害时，要实行多渠道、多层次、多形式的办法筹集资金。首先从地方财力中安排防汛抗旱资金，地方财力确有困难的，可向中央申请特大防汛抗旱补助费。

第四条　特大防汛抗旱补助费必须专款专用，任何部门和单位不得以任何理由挤占挪用。各级财政、水利部门要加强对此项资金的监督和管理，确保资金安全有效运行。

第二章　特大防汛补助费使用范围

第五条　特大防汛补助费用于应急度汛，抗洪抢险，水毁（含震毁，下同）水利工程和设施（包括水文测报设施和防汛通信设施，下同）修复，以及分蓄洪区群众的安全转移。主要用于以下几个方面：

（一）大江大河大湖堤防（含重要支堤、分蓄洪区围堤，下同）和重要海堤及其涵闸、泵站，河道工程；

（二）大中型水库和重点小型水库的应急抢险；

（三）水文测报设施；

（四）防汛通信设施；

（五）国界河流境内堤防；

（六）分蓄洪区群众安全转移。

直接承担堤防防汛任务的国有农业企业（包括农场、渔场，下同）、监狱农场和劳教农场辖区内的大江大河大湖堤防在遭受特大洪水、风暴潮后的抗洪抢险和水毁堤防工程修复费用超过自身承受能力时，可给予适当补助。

第六条　特大防汛补助费的开支范围包括：

（一）伙食补助费。参加防汛抢险和组织分蓄洪区群众安全转移的人员伙食补助；

（二）物资材料费。应急度汛、防汛抢险及修复水毁水利工程和设施所需物资材料的采购、运输、储备、报损等费用；

（三）防汛抢险专用设备费。在防汛抢险期间，临时购置用于巡堤查险、堵口复堤等小型专用设备的费用，以及为防汛抢险租用小型专用设备的租金和费用；

（四）通信费。为防汛抢险、修复水毁水利工程和设施、组织分蓄洪区群众安全转移，临时架设、租用报汛通信线路、通信工具及其维修费用；

（五）水文测报费。在防汛抢险期间，水文测报费用超过正常支出部分的费用，以及为测报洪水临时设置水文报汛站所需的费用；

（六）运输费。为应急度汛、防汛抢险、修复水毁水利工程和设施、组织分蓄洪区群众安全转移，租用及控制的运输工具所发生的租金和运输费用；

（七）机械使用费。为应急度汛、防汛抢险、修复水毁水利工程和设施动用的各类机械的燃料、台班费及检修费；

（八）其他费用。为防汛抢险耗用的电费以及临时防汛指挥机构在发生洪水期间开支的办公费、会议费、邮电费等。

第七条　特大防汛补助费中用于水毁水利工程和设施修复、防汛物资材料设备集中批量购置的，可实行项目管理、实行项目管理后，直接负责项目实施的部门和单位（含施工单位）可以提取总和不超过安排用于该项目的特大防汛补助费3%的管理费，用于该项目的前期勘测设计和项目建设的监督管理工作。

第八条　凡属下列各项不得在特大防汛补助费中列支：

（一）小河流及灌溉渠道、渡槽等农田水利设施的水毁修复费用；

（二）工矿、铁路、公路、邮电等部门和企业（不包括直接承担堤防防汛任务的国有农业企业、监狱农场和劳教农场）的防汛抢险费；

（三）列入国家或地方基本建设计划项目的在建工程水毁修复及应急度汛所需经费；

（四）城市骨干防洪工程建设所需投资；

（五）其他应在正常防汛经费中列支的费用。

第三章　特大抗旱补助费使用范围

第九条　特大抗旱补助费主要用于对遭受特大干旱灾害的地区为兴建应急抗旱设施、添置提运水设备及运行费用的补助。

第十条　特大抗旱补助费的开支范围具体包括：

（一）县及县以下抗旱服务组织添置抗旱设备、简易运输工具等所发生的费用补助；

（二）在特大干旱期间，为抗旱应急修建水源设施和提运水所发生的费用补助；

（三）为解决特大干旱期间临时发生的农村人畜饮水困难而运送水所发生的费用补助；

（四）抗旱中油、电费支出超过正常支出部分的费用补助；

（五）为抗旱进行大面积人工增雨所发生的飞行费、材料费及抗旱节水、集雨等抗旱新技术、新措施的示范、推广和应用所发生的费用补助。

第十一条　国家鼓励社会各方面力量兴办抗旱服务组织，并遵循谁投资、谁受益，产权归谁所有的原则。对农村集体、农民兴办的抗旱服务组织和抗旱股份合作制小型水利设施，特大抗旱补助费可酌情给予补助。

第十二条　下列各项不得在特大抗旱补助费中列支：

（一）正常的人畜饮水和乡镇供水设施的修建费用；

（二）为抗旱工作提供数据资料而设的墒情测报点及其仪器设备费用；

（三）印发抗旱材料、文件等耗用的宣传费用；

（四）各级抗旱服务组织的人员机构费用。

第四章　申报和审批

第十三条　遭受特大水旱灾害的省要求中央财政给予特大防汛抗旱补助费的，可由省财政、水利厅（局）向财政部、水利部申报。新疆生产建设兵团可直接向财政部、水利部申报。

水利部直属事业单位所需的特大防汛抗旱补助费由相应的主管委（局）直接向水利部申报，由水利部汇总后向财政部申报。

报告的主要内容包括：水旱灾情、抗灾措施、地方自筹防汛抗旱资金落实情况及申请补助的金额等。

第十四条　凡属下列情况之一的，中央财政不予批准下拨特大防汛抗旱补助费：

（一）局部受灾，灾情不重的；

（二）自行削减水利投资，导致抗灾能力下降，灾情扩大的；

（三）越级申报的。

第十五条　特大防汛抗旱补助费的分配方案，由财政部商水利部根据受灾省灾情大小和自筹资金落实情况确定，并由财政部下拨给省财政厅（局）。

分配给水利部各直属事业单位的特大防汛补助费由财政部拨给水利部。

分配给新疆生产建设兵团的特大防汛抗旱补助费由财政部拨给新疆生产建设兵团。

第五章　监督管理

第十六条　为了加强财政资金的预算监督管理，中央财政下拨给省的特大防汛抗旱补助费由各省财政部门商水利部门确定资金分配方案后，财政部门发文下拨。

第十七条　特大防汛抗旱补助费要建立严格的预决算管理制度。用特大防汛补助费购买的防汛物资材料和用特大抗旱补助费购置的抗旱设备、设施，属国有资产，应登记造册，加强管理，在防汛抗旱后要及时清点入库。

第十八条　各级财政、水利部门要及时对特大防汛抗旱补助费的使用进行检查和监督。对挤占挪用特大防汛抗旱补助费的单位，除追回挤占挪用资金外，并建议有关部门对负有直接责任的主管人员和其他直接责任人员给予行政处分，构成犯罪的，移送司法机关依法追究刑事责任。

第十九条　各级财政、水利部门对特大防汛抗旱补助费的使用管理要及时进行总结。各省、新疆生产建设兵团、水利部直属事业单位要将特大防汛抗旱补助费使用管理情况总结和防汛抗旱工作总结及时报送财政部、水利部。

第六章　附　　则

第二十条　各省财政、水利厅（局）和新疆生产建设兵团可根据本办法制定具体实施细则，报财政部、水利部备案。

地方财政安排的防汛抗旱资金，由各省财政、水利厅（局）参照本办法，根据本地实际情况，制定使用管理办法，报财政部、水利部备案。水利部可根据本办法制定本部直属事业单位的具体实施细则，并抄送财政部备案。

水利部可根据本办法制定本部直属事业单位的具体实施细则，并抄送财政部备案。

第二十一条　本办法由财政部负责解释。

第二十二条　本办法自 1999 年 1 月 1 日起执行。1994 年 12 月 19 日财政部、水利部发布的《特大防汛抗旱补助费使用管理暂行办法》及以前制定的有关特大防汛抗旱补助费的其他规定同时废止。

八、《中央级防汛物资储备及其经费管理办法》

1　总　　则

第一条　为了加强中央级防汛物资储备及其经费的管理，促进防汛工作的开展，特制定本办法。

第二条　中央级防汛物资储备是为了贯彻"安全第一，常备不懈，以防为主、全力抢险"的防汛工作方针，由国家防汛抗旱总指挥部办公室负责储备，用于解决遭受特大水灾地区防汛抢险物资不足的一项重要措施。

第三条　防汛物资储备以地方各级水利防汛部门为主。中央级防汛物资储备坚持"讲究实效，定额储备"的原则，重点支持遭受特大洪涝灾害地区防汛抢险物资的应急需要。

第四条　防汛物资储备经费必须专款专用，严禁挪作他用。

2　物资储备品种、定额和方式

第五条　中央级防汛物资储备的品种是编织袋、麻袋、橡皮船、冲锋舟、救生船、救生衣、救生圈。其他物资均不储备。

第六条　中央级防汛物资储备定额由国家防汛抗旱总指挥部根据历年的储备量确定。各项物资年储备定额是：编织袋 400 万条；麻袋 10 万条；橡皮船 3000 艘；冲锋舟 20 艘；救生船 5 艘；救生衣 1 万件；救生圈 0.6 万件。上述物资储备定额的增减，由国家防汛抗旱办公室商财政部后报国家防汛抗旱总指挥部批准。

第七条　中央级防汛物资采取委托储备的方式储备。受委托单位即代储单位由国家防汛抗旱办公室指定。

3　物 资 储 备 管 理

第八条　中央级防汛物资储备管理要求是做好物资定额储备，保证物资安全、完整，保证及时调用。

第九条　国家防汛抗旱办公室对中央级防汛储备物资的管理职责是：

1. 制定各项防汛储备物资的具体管理制度，并监督代储单位贯彻执行；

2. 定期检查各代储点防汛储备物资的保管养护情况；

3. 负责向有关单位及时报送防汛储备物资的储存情况、调用情况和更新计划；

4. 负责防汛储备物资的调用管理；

5. 负责防汛储备物资货源的组织；

6. 负责与使用单位结算调用的防汛储备物资款项。

第十条　中央级防汛储备物资的代储单位的管理职责是：

1. 做好防汛储备物资的日常管理工作，定期向国家防汛抗旱办公室报送防汛物资的储备管理情况；

2. 每年汛前，按国家防汛抗旱办公室要求，对委托储备的防汛物资做好随时发放的各项工作；

3. 每年汛后，动用了防汛储备物资的，委托储备单位要及时进行清点，并向国家防汛抗旱办公室报告防汛物资动用和库存的情况。

第十一条　中央级防汛储备物资属国家专项储备物资，必须"专物专用"。未经国家防汛抗旱办公室批准同意，任何单位和个人不得动用。

4　物 资 调 用 及 其 结 算

第十二条　中央级防汛储备物资的调用，坚持以下原则：

1. "先近后远"，先调用离防汛抢险地点最近的防汛储备物资，不足时再调用离抢险地点较近的防汛储备物资；

2."满足急需"，当有多处申请调用防汛储备物资时，若不能同时满足，则先满足急需的单位；

3."先主后次"，当有多处申请调用防汛储备物资时，若不能同时满足，则先满足防汛重点地区、关系重大的防洪工程的抢险。

第十三条 中央级防汛储备物资的调用，由流域机构或省级防汛指挥部向国家防汛抗旱办公室提出申请，经国家防汛抗旱办公室批准同意后，向代储单位发调拨令。若情况紧急，也可先电话联系报批，然后补办文手续。申请调用防汛储备物资的内容包括用途、需用物资品名、数量、运往地点、时间要求等。

第十四条 中央级防汛物资的代储单位接到调拨令后，必须立即组织发货，并及时向国家防汛抗旱办公室反馈调拨情况。

第十五条 中央级防汛储备物资的运输采用铁路、公路或空运的方式。具体由代储单位根据当时情况确定。若联系运输有困难，可电告国家防汛抗旱办公室，请有关部门给予支持。

第十六条 申请中央级防汛储备物资的单位，要做好防汛物资的接收工作。防汛抢险结束后，未动用或可回收的中央级防汛储备物资，由申请单位自行处理，中央不再回收存储。

第十七条 调用的中央级防汛储备物资的价款（按调运时市场价计算）及其所发生的调运费用，均由申请单位承付。申请单位要及时与国家防汛抗旱总指挥部办公室结算。逾期不结算的，收取 $1\%\sim5\%$ 的滞纳金。

因价款结算不及时而影响防汛物资储备的，由国家防汛抗旱总指挥部办公室负责，财政部不再另外增拨防汛物资储备经费。

5 物资储备经费、更新经费和管理费

第十八条 中央级防汛物资储备经费由中央财政根据国家防汛抗旱总指挥部批准的防汛物资储备定额、各项物资市场价格及物资运往代储单位所需费用核定，从特大防汛经费中安排支出。防汛储备物资的补充，其经费由收回的调用物资价款解决；因物资价格上涨，收回的调用物资价款不足以补充时，其不足部分从特大防汛经费中解决。

第十九条 中央级防汛储备物资的更新经费是指因储存年限到期或非人为破损而拨为的物资进行更新所需要的经费。此项经费由中央财政根据国家防汛抗旱办公室申请更新防汛物资储备的报告核定后，从特大防汛经费中专项安排。

第二十条 代储单位对因储存年限到期或非人为破损需折价变卖、报废的中央级防汛储备物资，要及时专题报告国家防汛抗旱办公室，说明原因和具体

处理意见，经国家防汛抗旱办公室批准同意后方可进行处理。处理的防汛储备物资及其款项要及时报财政部备案，物资款项交由国家防汛抗旱办公室用于更新储备物资。

代储单位要加强中央级防汛储备物资的管理。因管理不善或人为因素导致毁损的防汛储备物资，其更新经费必须由代储单位负担。

第二十一条 代储单位因储备中央级防汛储备物资所发生的年管理费用只包括代储物资仓库折旧费、占用费、代储物资保险费、代储物资维护保养费和人工费等内容。

第二十二条 代储单位因储备中央级防汛物资所发生的年管理费，中央财政按实际储备物资金额的 5％ 计算，每年从特大防汛经费中安排下拨给水利部，由国家防汛抗旱办公室负责安排、与各代储单位进行结算。如有结余，结转下年继续用于管理费支出，并抵顶下年度相应的财政拨款。

第二十三条 中央级防汛物资储备经费、更新经费和管理费属财政专项补助资金，必须加强管理，专款专用。国家防汛抗旱总指挥部办公室每个年度终了要向中央财政报送中央级防汛储备物资的库存情况、调用情况，价款结算情况，报送上述经费的安排和使用、结余情况。

6 附 则

第二十四条 中央直属水利事业单位和省、自治区、直辖市防汛储备物资的管理，可以参照执行本办法。也可以根据本单位、本地区具体情况另行制定管理办法。

第二十五条 本办法自发布之日起执行。以前发布的有关防汛储备物资的管理规定与本办法有抵触的，以本办法为准。

第二十六条 本办法由财政部负责解释。

九、《各级地方人民政府行政首长防汛抗旱工作职责》

国家防汛抗旱总指挥部关于印发
《各级地方人民政府行政首长防汛抗旱工作职责》的通知

国汛〔2003〕1 号

各省、自治区、直辖市人民政府、防汛抗旱指挥部：

1995 年我部印发的《各级地方人民政府行政首长防汛工作职责》，为保障防汛工作的顺利开展，夺取抗洪抢险斗争的胜利发挥了重要作用。1998年，我国颁布的《中华人民共和国防洪法》，对防汛工作实行行政首长负责制作了明确规定。根据国务院领导的指示和新时期防汛抗旱工作的要求，对原各级地方人民政府行政首长防汛职责进行了补充修订，增加了抗旱工作职责，现印发你们，请认真贯彻执行。

　　附件：各级地方人民政府行政首长防汛抗旱工作职责

国家防汛抗旱总指挥部
二〇〇三年四月二十四日

附件：

各级地方人民政府行政首长防汛抗旱工作职责

　　根据《中华人民共和国防洪法》、《中华人民共和国防汛条例》的有关规定和实际工作需要，我国的防汛抗旱工作实行各级人民政府行政首长负责制。地方各级行政首长在防汛抗旱工作方面的主要职责是：

　　一、负责组织制定本地区有关防汛抗旱的法规、政策。组织做好防汛抗旱宣传和思想动员工作，增强各级干部和广大群众水的忧患意识。

　　二、根据流域总体规划，动员全社会的力量，广泛筹集资金，加快本地区防汛抗旱工程建设，不断提高抗御洪水和干旱灾害的能力。负责督促本地区重大清障项目的完成。负责督促本地区加强水资源管理，厉行节约用水。

　　三、负责组建本地区常设防汛抗旱办事机构，协调解决防汛抗旱经费和物资等问题，确保防汛抗旱工作顺利开展。

　　四、组织有关部门制订本地区的防御江河洪水、山洪和台风灾害的各项预案（包括运用蓄滞洪区方案等），制订本地区抗旱预案和旱情紧急情况下的水量调度预案，并督促各项措施的落实。

　　五、根据本地区汛情、旱情，及时做出防汛抗旱工作部署，组织指挥当地群众参加抗洪抢险和抗旱减灾，坚决贯彻执行上级的防汛调度命令和水量调度指令。在防御洪水设计标准内，要确保防洪工程的安全；遇超标准洪水，要采取一切必要措施，尽量减少洪水灾害，切实防止因洪水而造成人员伤亡事故；尽最大努力减轻旱灾对城乡人民生活、工农业生产和生态环境的影响。重大情况及时向上级报告。

　　六、水旱灾害发生后，要立即组织各方面力量迅速开展救灾工作，安排好群众生活，尽快恢复生产，修复水毁防洪和抗旱工程，保持社会稳定。

　　七、各级行政首长对本地区的防汛抗旱工作必须切实负起责任，确保安全度汛和有效抗旱，防止发生重大灾害损失。如因思想麻痹、工作疏忽或处置失当而造成重大灾害后果的，要追究领导责任，情节严重的要绳之以法。

十、《国家防总关于加强山洪灾害防御工作的意见》

关于印发《国家防总关于
加强山洪灾害防御工作的意见》的通知

国汛〔2003〕8号

各省、自治区、直辖市人民政府：

经国务院领导同意，现将《国家防总关于加强山洪灾害防御工作的意见》印发给你们，请认真贯彻执行。

近年来，我国山洪灾害问题日益突出，防御山洪灾害已经成为当前防汛工作的一个重点和难点。国务院领导对山洪灾害的防御工作非常重视，多次作出重要批示，要求切实把山洪灾害防御工作抓实抓好，千方百计减少人员伤亡和财产损失。各地要从实践"三个代表"重要思想的高度，本着对人民生命安全高度负责的精神，组织有关部门，按照《国家防总关于加强山洪灾害防御工作的意见》的要求，结合本地的实际情况，切实做好山洪灾害防御工作。

附件：《国家防总关于加强山洪灾害防御工作的意见》

国家防汛抗旱总指挥部
二〇〇三年七月八日

附件：

国家防总关于加强山洪灾害防御工作的意见

近年来，我国山丘区因降雨引发山洪灾害（包括山丘区洪水、泥石流、滑坡等）问题日益突出，由于山洪灾害突发性强，破坏性大，每年都造成大量人员伤亡和财产损失，严重影响山丘区社会安定和经济发展。据初步统计，今年上半年全国因山洪灾害共造成184人死亡，57人失踪，财产损失也十分严重。党中央、国务院领导对山洪灾害防御工作高度重视，多次作出重要批示。为切实加强山洪灾害防御工作，保障人民生命安全和山丘区经济社会发展，提出以下意见：

一、提高认识，切实加强山洪灾害防御工作的领导。各级地方政府要深刻认识做好山洪灾害防御工作的重要性和迫切性，本着对人民生命安全高度负责的精神，下大力气把防御山洪灾害工作抓实抓好，最大限度地避免和减少人员伤亡、减轻财产损失。各级地方政府要建立和落实防御山洪灾害责任制，主要领导要对防御山洪灾害工作负总责。突出抓好基层责任制的落实，将责任具体落实到县、乡（镇）和村。要将各级责任人逐级上报备案并公布于众，接受群众监督，对因工作失职而造成人员伤亡的，要严肃处理。

二、加强协作，建立和完善防御山洪灾害部门分工责任制。各省、自治区、直辖市可根据政府部门职能分工和防御山洪灾害的实际，明确各相关部门的职责。各级人民政府防汛抗旱指挥部要对山洪灾害防御工作统一部署安排，加强对山洪灾害防御工作的督促、检查和指导，水利、国土资源、气象、建设、环保、民政等有关部门要进一步明确分工和责任，加强联系，协同配合。气象部门负责诱发山洪灾害的天气监测和预报工作，要提前做好强降雨和灾害性天气预报，为山洪灾害防御提供气象预报信息，报当地政府和防汛抗旱指挥部；国土资源部门负责地质灾害防治规划和治理，全面掌握地质灾害的分布情况，确定降雨可能诱发泥石流、滑坡等灾害的危险区域，分析标明灾害可能发生的程度及影响范围，把防灾"明白卡"发放到村、户，并加强监测预警；水利部门要做好山丘区洪水预报测报和水库调度以及各类水利工程的安全度汛工作，最大限度地减少山丘区洪水灾害造成的损失；建设部门要全面掌握山洪灾害易发地区群众居住分布情况，加强城乡居民点的规划建设和管理，进一步强化城乡规划编制和审批工作，严格对山洪灾害易发地区工程项目的规划审批，使各类设施建设要尽可能避开山洪灾害危险区域；环保部门要加强山丘区生态环境的监测和保护，提出防治山洪灾害的生态保护对策；民政部门要做好山洪灾害危险区群众转移安置和生活救助工作。各地防汛抗旱指挥部要加强山洪灾害防御工作的组织协调和督促检查，并建立成员会商制度，及时研究和处理突发的山洪灾害。

三、进一步修订完善和落实防御山洪灾害预案。按照部门的职责分工，水利、国土、气象等部门编制和细化各部门的防御山洪灾害预案，报当地政府和防汛抗旱指挥部。各级政府和防汛抗旱指挥部要加强督促和检查并汇总编制防御山洪灾害预案。预案应对防御山洪灾害预测预报、发布预警、人员撤离安置、生活保障及卫生防疫等各个环节都有安排和要求，并明确责任部门和责任人。要加强实时监测和预报预警，尤其要提高基层气象、水文部门的预报测报能力，在山洪灾害频发、影响严重的区域建设一批简易可靠的预报监测和警报设施，加强山洪灾害多发地区局部降雨和山洪灾害的实时预报。要及时通报山洪灾害的实时监测信息，并把信息送到村、户，使危险区的群众提早得到预报信息，提前转移受威胁地区的群众，做到测报有设施，预警有手段，转移有措施，尽量避免人员伤亡。

四、不断总结经验教训，强化山洪灾害报告制度。各地要认真总结经验教训，切实加强对山洪灾害的管理，建立健全统计报告制度和灾后分析评价制度。为掌握分析山洪灾害的发生规律，不断总结经验教训，山洪灾害发生后，各级防汛抗旱指挥部要按照山洪灾害情况报表的内容和要求，及时核实情况，如实统计上报。对造成人员伤亡和财产损失较大的山洪灾害要认真总结分析成灾原因，尤其是对防御山洪灾害预案的实施情况、实施效果、存在的问题等进行深入、细致的分析总结和评价，不断改进防御措施，不断提高防御山洪灾害的能力。省级防汛抗旱指挥部要对每次防御山洪灾害工作，包括预案、组织实施、减灾效果、存在问题等作出评价，并通报有关部门和上报国家防总办公室。

五、抓紧编制山洪灾害防治规划，禁止人为诱发山洪灾害的各类活动。各地要按照国家山洪灾害防治规划工作的统一安排，抓紧编制山洪灾害防治规划，提出山洪灾害危险区的防治对策和措施，建立和完善防灾减灾体系，从根本上尽快提高防御山洪灾害的能力，避免和减少人员伤亡。对山洪灾害易发区的工程建设项目必须进行地质灾害危险性评估。各级政府有关部门要加大执法与监督力度，规范各类活动，提前采取措施，防止因修路、建房、开矿等工程建设诱发山洪灾害。

六、加大宣传力度，提高群众防范意识。各地要向社会公布山洪灾害危险区分布范围和相应的防御措施，采用广播、电视、宣传栏等方式大力宣传山洪灾害的预防常识，提高群众防灾、避灾意识。每年汛期是山洪灾害的多发期，各级政府要组织有关部门对居住在危险区的群众开展防灾、避灾演练活动，不断提高群测群防能力，防患于未然。

参 考 文 献

1 国家防汛抗旱总指挥部，水利部南京水文水资源研究所. 中国水旱灾害. 北京：中国水利水电出版社，1997

2 徐乾清主编. 中国防洪减灾对策研究. 北京：中国水利水电出版社，2002

3 朱尔明，赵广和. 中国水利发展战略研究. 北京：中国水利水电出版社，2002

4 王孝忠主编. 湖南的水灾及其防治. 长沙：湖南人民出版社，1999

5 湖南省防汛抗旱指挥部. 山洪灾害防治百题问答. 长沙：湖南人民出版社，2002

6 《中国水利百科全书》编辑委员会. 中国水利百科全书. 北京：水利电力出版社，1990

7 国家防汛抗旱总指挥部办公室. 防汛手册. 北京：中国科学技术出版社，1992

8 黄朝忠主编. 中国防汛抗洪指南. 北京：解放军出版社，1998

9 水利部防洪抗旱减灾工程技术研究中心. 2002 年防汛抗旱减灾进展，2003

10 国家防汛抗旱总指挥部办公室. 江河防汛抢险实用技术图解. 北京：中国水利水电出版社，2003

11 李宪文，王章立等. '98 大洪水百问. 北京：中国水利水电出版社，1999

12 万海斌主编. 抗洪抢险成功百例. 北京：中国水利水电出版社，2000